THÉORIE ÉLÉMENTAIRE

DE

L'ÉLECTRICITÉ

ET DU

MAGNÉTISME

exposée spécialement au point de vue

de la

PRODUCTION, DE L'UTILISATION & DE LA DISTRIBUTION INDUSTRIELLES DE L'ÉLECTRICITÉ

par

F. VAN RYSSELBERGHE,

Chargé du cours des applications de l'Électricité, aux Écoles spéciales
de l'Université de Gand;

AVEC LA COLLABORATION DE

E. LAGRANGE,
Capitaine du Génie,
Docteur en Sciences Physiques et Mathématiques,
Professeur à l'École militaire de Bruxelles.

G. ROYERS,
Ingénieur en chef,
Directeur des travaux communaux
à Anvers.

GAND,
AD. HOSTE, ÉDITEUR.
Rue des Champs, 49.

PARIS,
G. MASSON, ÉDITEUR,
LIBRAIRE DE L'ACADÉMIE DE MÉDECINE,
Boulevard Saint-Germain, 120.

1889

THÉORIE ÉLÉMENTAIRE

DE

L'ÉLECTRICITÉ

ET DU

MAGNÉTISME

Bruxelles. — F. Hayez, imprimeur de l'Académie royale des sciences,
des lettres et des beaux-arts de Belgique,
Rue de Louvain, 108.

THÉORIE ÉLÉMENTAIRE

DE

L'ÉLECTRICITÉ

ET DU

MAGNÉTISME

exposée spécialement au point de vue

de la

PRODUCTION, DE L'UTILISATION & DE LA DISTRIBUTION INDUSTRIELLES DE L'ÉLECTRICITÉ

par

F. VAN RYSSELBERGHE,

Chargé du cours des applications de l'Électricité, aux Écoles spéciales
de l'Université de Gand;

AVEC LA COLLABORATION DE

E. LAGRANGE,	**G. ROYERS,**
Capitaine du Génie,	Ingénieur en chef,
Docteur en Sciences Physiques et Mathématiques,	Directeur des travaux communaux
Professeur à l'École militaire de Bruxelles.	à Anvers.

GAND,   PARIS,

AD. HOSTE, ÉDITEUR,   G. MASSON, ÉDITEUR,
     LIBRAIRE DE L'ACADÉMIE DE MÉDECINE,

Rue des Champs, 49.   Boulevard Saint-Germain, 120.

1889

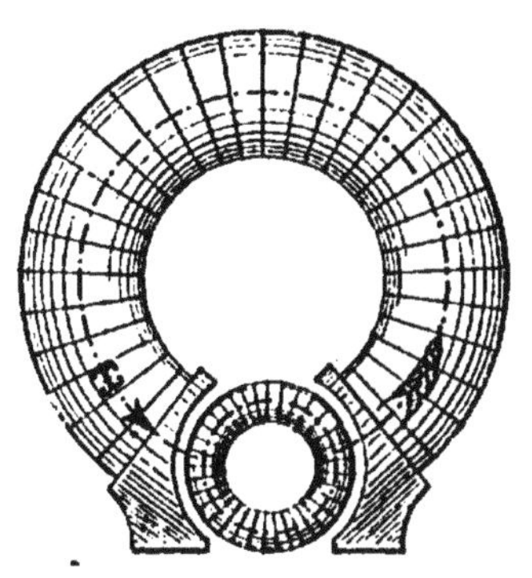

TABLE DES MATIÈRES.

PREMIÈRE PARTIE.

THÉORIE ÉLÉMENTAIRE DE L'ÉLECTRICITÉ ET DU MAGNÉTISME.

CHAPITRE I.

MATIÈRE ET MOUVEMENT. — ÉNERGIE.

CHAPITRE II.

THÉORÈMES GÉNÉRAUX SUR LA FORCE.

CHAPITRE III.

MAGNÉTISME.

CHAPITRE IV.

ÉLECTRICITÉ. — PRINCIPES GÉNÉRAUX.

CHAPITRE V.

APPLICATIONS DE LA LOI DE OHM.

CHAPITRE VI.

INDUCTION ÉLECTROSTATIQUE.

CHAPITRE VII.

ÉLECTRO-MAGNÉTISME.

CHAPITRE VIII.

UNITÉS ÉLECTRIQUES.

CHAPITRE IX.

INDUCTION MAGNÉTIQUE.

CHAPITRE X.

INDUCTION ÉLECTROMAGNÉTIQUE.

DEUXIÈME PARTIE.

PRODUCTION DE L'ÉLECTRICITÉ.

CHAPITRE XI.

DESCRIPTION DES MACHINES DYNAMO.

CHAPITRE XII.

THÉORIE GÉNÉRALE DES MACHINES DYNAMO.

CHAPITRE XIII.

RENDEMENT DES MACHINES DYNAMO.

CHAPITRE XIV.

ÉLECTROLYSE.

CHAPITRE XV.

THERMO-ÉLECTRICITÉ.

TROISIÈME PARTIE.

MOTEURS ET LAMPES ÉLECTRIQUES.

CHAPITRE XVI.

MOTEURS ÉLECTRIQUES.

CHAPITRE XVII.

LAMPES ÉLECTRIQUES.

QUATRIÈME PARTIE.

DISTRIBUTION DE L'ÉNERGIE.

—

CHAPITRE XVIII.

CHAPITRE XIX.

DISTRIBUTION ÉLECTRIQUE.

CHAPITRE XX.

CHAPITRE XXI.

CHAPITRE XXII.

CHAPITRE XXIII.

———

Un Index alphabétique des matières se trouve à la fin du volume.

ERRATA.

Page   5, ligne   9, *au lieu de* : une masse pesant 500 kilogr., *lisez* : une masse de 500 kilogr.

—   5, — 11, — en raison de cette charge, *lisez* : en raison du poids de cette masse.

— 12, — 12, — points matériels graves, *lisez* : points matériels inertes.

— 17, —   3, — champ de force préexistant, *lisez* : champ de force résultant.

— 92. — 13, — $\Sigma' \dfrac{q''}{\Lambda''}$ *lisez* : $\Sigma \dfrac{q''}{\Delta''}$.

— 95, —   7, — l'intérieure e, A, *lisez* : l'intérieure, A.

— 100, fig. 37, — R,   *lisez* : r.

— 112, ligne   4, — $d\Delta = -\dfrac{d}{\sin\alpha}\cos\alpha . d\alpha$, *lisez* : $d\Delta = -\dfrac{d}{\sin^2\alpha}\cos\alpha . d\alpha$.

— 117. —   5, — $\omega = 4\pi\varphi$, *lisez* : $w = 4\pi\varphi$.

— 117. —   7, — $\omega = 4\pi . ki$, *lisez* : $w = 4\pi . ki$.

— 127 et 128. Les formules y sont écrites dans le système électromagnétique dans lequel le coefficient k est égal à l'unité.
En général, la formule du § **109** devrait s'écrire $w = ki\, \mathfrak{F}$.

— 142, ligne 22, *au lieu de* Δ_2, *lisez* : Δ^2.

— 167, —   8, — E, *lisez* : E_1.

— 168, — 24, — $w'' = \dfrac{\mathfrak{L}\, i_{1_1}^2}{2}$, *lisez* : $w'' = \dfrac{\mathfrak{L}\, i_1^2}{2}$.

— 171, —   8, — $\mathrm{E}_1 i_1 dt = -[d\tau + dw]$, *lisez* : $\mathrm{E}_1 i_1 dt = -[d\tau + dw']$.

— 173, — 18, — $\sin\omega_1 d\omega$, *lisez* : $\sin\omega . d\omega$.

— 175, — 21, — les variations du flux, *lisez* : les variations du flux total.

— 176, — 20 et 24 et dans toutes les formules des pages 177 et 178, *au lieu de* : i, *lisez* : i_1.

— 240, — 25, *au lieu de* : Zincantimoine, *lisez* : zinc-antimoine.

———

Page 228, ligne   4, *au lieu de* : $k = 104 \times 10^{-6}$, *lisez* : $k = 936 \times 10^{-6}$.

— 259, lignes 5 et 28, *au lieu de* : 0.056, *lisez* : 0.066.

— 295, ligne 16, *au lieu de* : 580 mètres cubes, *lisez* : 0.580 mètre cube.

PRÉFACE.

*Ce livre s'adresse aux ingénieurs et aux inventeurs; à
ceux qui sont chargés de mettre en pratique les progrès
déjà réalisés, et à ceux qui préparent les progrès futurs.*

*Désireux de présenter le tableau des applications
industrielles de l'électricité considérée comme agent
moteur et comme moyen d'éclairage, nous n'avions songé
d'abord qu'à une description comparative des meilleures
machines, des meilleurs appareils et des meilleures installations.*

*Mais la préparation de ce travail nous a bientôt
fait comprendre que, ce qui a surtout progressé dans le
domaine de l'électricité, c'est la* THÉORIE *de celle-ci; la
plupart des progrès pratiques étant dus aux progrès de
la science.*

*L'électricité n'est plus une simple branche de la phy-
sique expérimentale, elle appartient désormais à la mécanique rationnelle, et ce sont les besoins des applications
pratiques qui l'ont poussée dans cette voie.*

*Réciproquement, la science a fait progresser l'industrie
électrique.*

*Aux tâtonnements, aux échecs, aux expériences coû-
teuses et aux vaines illusions a succédé la certitude du
calcul.*

*La théorie des machines électriques et les lois qui
régissent la production de l'électricité sont du domaine
de la science pure.*

*En même temps l'économie de la production et de la
distribution de l'énergie électrique décidera de l'importance plus ou moins grande que prendra l'utilisation de
cet agent si souple à la satisfaction des besoins usuels
de la vie.*

Sans vouloir diminuer en rien le mérite des premiers chercheurs, nous osons dire que la science exacte est un bon guide, et qu'elle sera toujours ce qu'elle a été dans le passé : une source féconde de progrès industriels.

Le premier essai de télégraphie transatlantique fut un échec. Qui oserait prétendre que sans l'intervention de savants tels que Sir W. Thomson, la télégraphie sous-marine serait aujourd'hui un fait accompli?

Ces considérations nous ont conduits à voir de plus haut la marche ascendante des applications industrielles de l'électricité.

Nous avons pensé que, ce que nous pouvions faire de mieux, c'était de présenter les grandes lois qui régissent la matière, et de faire cela dans un langage aussi simple que possible, en ne perdant jamais de vue que nous nous adressons à des hommes pratiques, avides de renseignements précis, plutôt qu'à des savants, cultivant la science par amour de la science.

Nous avons cru faire ainsi œuvre utile et opportune; car, ce qui a été fait jusqu'à présent dans la voie théorique se trouve dans des mémoires épars, écrits, le plus souvent, au point de vue exclusif de la science, et ne s'adressant pas spécialement à l'ingénieur.

Pour celui-ci, la lecture de ces travaux est aride, et, devant eux, le praticien ou bien recule, ou s'arrête rebuté.

Or, après avoir parcouru l'œuvre des Poisson, des Laplace, des Helmholz, des Weber, des W. Thomson, des Maxwell et de tant d'autres écrivains illustres qui ont traité ces matières à un point de vue purement scientifique, nous avons cru que, sans sacrifier à la rigueur du raisonnement, il était possible de simplifier.

Ceux qui se sont livrés à l'étude de la théorie générale des phénomènes de l'électricité et du magnétisme savent combien certains points de cette théorie présentent d'obscurité : il en est ainsi par exemple de la distinction entre l'induction magnétique et la force magnétique, à l'intérieur des milieux aimantés. Nous avons cherché, par une méthode que nous croyons nouvelle, à montrer comment on peut interpréter, physiquement, ces deux expressions de la force, si utiles pour l'éclaircissement des phénomènes qui rattachent l'électricité au magnétisme.

L'application de la grande loi de la conservation de l'énergie à l'évaluation de l'induction électro-magnétique présente une difficulté semblable. Nous avons indiqué comment celle-ci peut être levée.

Traitant une question de mécanique rationnelle, il nous était évidemment impossible de nous passer complétement de calculs abstraits.

Nous avons supposé que le lecteur possédait la physique expérimentale et les notions élémentaires de l'analyse. Mais nous n'avons recours à celle-ci que lorsqu'il n'est pas possible de faire autrement.

D'ailleurs, celui auquel ces notions seraient étrangères, ne peut songer : ni à contribuer sérieusement aux progrès futurs de l'électricité, ni même à appliquer, en parfaite connaissance de cause, les progrès déjà réalisés.

Notre ouvrage comprend quatre parties.

La première expose la théorie élémentaire de l'électricité et du magnétisme : c'est la base.

La deuxième donne la théorie de la production industrielle de l'électrité ainsi que la description succincte des principaux types de machines.

La troisième s'occupe des applications de l'électrité comme agent moteur et comme moyen d'éclairage.

La quatrième traite, d'une manière générale, de la distribution de l'énergie sous ses différentes formes. C'est l'étude comparative des moyens que l'on peut mettre en œuvre pour porter dans chaque maison, dans chaque atelier d'une grande ville, les avantages et les agréments qui résultent de l'emploi de l'électricité. Nous nous permettons d'y indiquer ce que nous croyons être la voie des améliorations futures, pour la satisfaction des besoins multiples nés du progrès et de la civilisation.

Nous nous proposons de publier ultérieurement un second volume, s'occupant plus spécialement de la technologie électrique.

Ici nous avons cru devoir ne tracer que les grandes lignes, pour qu'elles se gravent plus profondément dans l'esprit.

Une seule définition et un seul principe nous ont guidés dans l'exploration du vaste champ qui était devant nous : la définition de LA FORCE, *en général, et le principe de la* CONSERVATION DE L'ÉNERGIE.

Je veux, en terminant cette préface, faire une chose juste : reconnaître dans quelle large mesure M. Eugène Lagrange et M. Gustave Royers ont contribué à mon travail.

Le plan de l'ouvrage m'appartient : mais je n'aurais su l'exécuter sans le concours de mes deux amis, dont les connaissances spéciales, respectives, m'ont été indispensables.

F. Van Rysselberghe

PREMIÈRE PARTIE.

THÉORIE ÉLÉMENTAIRE

DE

L'ÉLECTRICITÉ

ET DU

MAGNÉTISME.

CHAPITRE PREMIER.

MATIÈRE ET MOUVEMENT. — ÉNERGIE.

1. Matière et mouvement. — L'univers se présente à nous comme *de la matière en mouvement*. Il est vrai qu'un corps peut être au repos par rapport à un autre : tel un bloc de granit, tombé de la montagne, et gisant immobile dans la plaine ; mais la Terre l'emporte à travers l'espace ; et le Soleil lui-même gravite, traînant à la remorque les globes éteints dont il fut l'origine, et dont il sera le tombeau.

2. Force. — En même temps que nous ne voyons pas de matière sans mouvement, l'observation semble nous indiquer que la matière est, par elle-même, incapable de modifier son état de mouvement ou de repos relatif ; nous exprimons cela en disant que la matière est *inerte*. La cause originelle du mouvement paraît donc distincte de la matière ; nous pouvons en tous cas la concevoir comme une entité distincte.

Quelle qu'elle soit, nous l'appelons : LA FORCE.

Quant à la matière, sans pouvoir en préciser la nature, nous dirons que c'est une SUBSTANCE INERTE ; les mots : matière inerte et matière, sont donc équivalents.

3. Masse. --- Pour nous la masse d'un corps sera la *quantité de matière inerte* qu'il contient.

Les expériences de Newton, montrant que, dans le vide, tous les corps tombent avec la même vitesse, prouvent que les poids de deux corps sont dans le même rapport que leurs masses.

La pesée peut donc fournir les valeurs des masses, et, comme elle est de beaucoup la méthode la plus pratique pour leur détermination, nous dirons que deux corps ont même masse lorsque, placés dans les plateaux d'une balance parfaite, à bras égaux, ils sont en équilibre : ils ont alors même « poids » et le poids est proportionnel à la masse.

Nous adopterons, pour *unité de masse, le gramme*, c'est-à-dire la millième partie de certain étalon conservé à Paris; et nous désignerons cette quantité par M.

4. Point matériel. — Le résultat de l'action de la force sur la masse d'un corps dépend, en général, de la forme de celui-ci ou plutôt de la distribution des éléments de la masse. Pour simplifier l'étude du mouvement, on commence par considérer des masses sans dimensions, c'est-à-dire des *points matériels*. Ainsi, soit une sphère de masse m et de rayon r : sa densité ρ est le rapport de sa masse à son volume v. Or, supposons que la sphère se contracte indéfiniment : la densité ρ ira croissant sans cesse à mesure que r diminue, puisque le produit ρv doit rester égal à une constante m; à la limite, nous aurons un *point* matériel de masse m.

5. Vitesse et accélération. — Le mouvement d'un point matériel, à un instant donné, est défini par la grandeur et la direction de sa *vitesse*. Deux points, se mouvant chacun d'une manière uniforme, possèdent même vitesse lorsqu'ils parcourent des espaces égaux en des temps égaux; et, si l'on compare deux mouvements uniformes, leurs vitesses sont entre elles comme les espaces parcourus en des temps égaux.

En d'autres termes : *la vitesse est le rapport entre l'espace parcouru et le temps employé à parcourir cet espace.*

Si la vitesse varie, on considère un intervalle de temps infiniment court *dt*. Soit *ds* l'espace parcouru dans cet intervalle ; on aura, pour la vitesse :

$$v = \frac{ds}{dt}$$

et *le taux de la variation de la vitesse,* ou

$$\frac{dv}{dt} = \frac{d^2s}{dt^2} \quad .$$

sera ce qu'on appelle l'*accélération* du mouvement.

Dans l'évaluation de ces rapports, il convient de mesurer les espaces, ainsi que les temps, au moyen d'unités invariables, convenablement choisies, ET QUI RESTENT CONVENUES.

Nous adopterons : pour unité de temps, *la seconde de temps moyen,* que nous désignerons par T, et pour unité de longueur, le *centimètre,* que nous désignerons par L.

Pour unité de vitesse: *celle du mobile qui, d'un mouvement uniforme, parcourrait l'unité de longueur en l'unité de temps ;* et nous désignerons cette vitesse par V.

Pour unité d'accélération : *celle du mouvement d'un mobile dont la vitesse augmente par seconde de l'unité de vitesse ;* et nous désignerons cette accélération par J.

6. Unité de force. — On déduit de l'expérience que lorsqu'une masse, c'est-à-dire une certaine quantité de matière *inerte,* se trouve exclusivement soumise à l'action d'une force constante, et que rien ne gêne son déplacement, sa vitesse augmente régulièrement de quantités égales en des temps égaux (la vitesse diminuerait si, le corps étant d'abord en mouvement uniforme, la force agissait en sens inverse de ce mouvement); l'expérience démontre en outre que cette augmentation ou cette diminution de vitesse, ou *cette accélération, est en raison directe de la grandeur de la force et en raison inverse de la masse à mouvoir*, en sorte que

$$f = kmj,$$

k étant le coefficient de proportionnalité qui dépend du choix des unités et qui représente en tous cas la valeur de la force quand $j = 1$ et $m = 1$.

Cela étant, il est rationnel d'adopter, et *nous adopterons, pour unité de force, la force qui, en l'unité de temps* T (la seconde) *imprime à l'unité de masse* M (au gramme) *une accélération égale à l'unité d'accélération* (un centimètre par seconde).

Cette unité de force se nomme LA DYNE et se désigne par F.

Il a été longtemps d'usage d'adopter, pour unité de force, le poids de l'étalon dont nous avons adopté la millième partie comme unité de masse, c'est-à-dire, le poids du kilogramme; on exprimait ainsi les quantités de force en « mesures de gravitation ». Mais comme l'intensité de la pesanteur varie d'un lieu à un autre, les données basées sur des mesures de ce genre étaient incomplètes, lorsqu'on n'indiquait pas en même temps la valeur de l'accélération, due à la gravité, à l'endroit de leur détermination.

On évite cet inconvénient en définissant l'unité de force comme nous l'avons fait ci-dessus.

Pour nous, le gramme est strictement une masse; ce n'est pas un poids; le poids d'une masse est une force.

Le poids du gramme, sous l'équateur, vaut 978 *dynes*, puisque le poids du gramme y imprimerait à cette masse une accélération de 978 centimètres par seconde. Or, comme la dyne, par définition, n'accélère la vitesse que d'un seul centimètre, nous avons :

$$\textit{une dyne} = \frac{\textit{poids du gramme sous l'équateur}}{978}.$$

donc une dyne équivaut, en chiffres ronds, au poids du milligramme sous l'équateur.

En général, g exprimant, en centimètres. l'accélération due à la pesanteur en un lieu quelconque, on a

$$F = \frac{\textit{poids du gramme en ce lieu}}{g}.$$

7. Puissance et Travail. — Lorsque nous appliquons notre force musculaire à soulever des masses, à écarter des obstacles, etc., nous effectuons un *travail*. Par exemple, qu'une masse pesant 5oo kilogrammes soit à transporter de la base au sommet d'une colline de 2o mètres de hauteur : le travail à accomplir est en raison directe de cette charge et de cette différence de niveau et, en thèse générale, il ne dépend pas d'autre chose ; il vaut 5oo × 20 = 1000 *kilogrammètres*.

Que l'on contourne lentement la colline ou que l'on gravisse la pente raide avec vivacité, le travail reste le même et sera accompli dès que les 5oo kilogrammes se trouveront amenés à 2o mètres au-dessus de leur niveau primitif. Seulement, on exerce plus de *puissance* lorsqu'on gravit la distance en quelques heures que lorsqu'on met plusieurs jours à faire le travail, soit par le fractionnement de la besogne en plusieurs voyages successifs, soit en prolongeant, de façon quelconque, la durée de l'opération.

En mécanique, *le produit d'une force par le chemin que son point d'application parcourt dans la direction de la force, s'appelle le travail de celle-ci ; et la puissance d'une source de travail est le travail qu'elle fournit en l'unité de temps.*

Dans le calcul d'un travail, le chemin parcouru par le point d'application de la force est à évaluer dans la direction de celle-ci. Si par suite d'une vitesse acquise ou pour toute autre cause, cette direction n'était pas, en tous points, tangente à la trajectoire parcourue par le mobile, le travail serait le produit de la force par la projection, sur sa direction, du chemin parcouru.

L'unité usuelle de travail est le *kilogrammètre*, c'est-à-dire le travail accompli lorsqu'un kilogramme a été élevé à un mètre de hauteur; et l'unité usuelle de *puissance* est le *cheval-vapeur*, soit la puissance du moteur accomplissant en une seconde un travail de 75 kilogrammètres.

Nous adopterons d'autres unités, savoir, pour le travail : *l'erg, ou le travail produit par l'unité de force* (la dyne) *lorsque son point d'application se déplace de l'unité de longueur* (le centimètre) *dans la direction de la force*; et pour la puissance : *l'erg-seconde, ou une puissance fournissant un erg par seconde* (transportant donc, par seconde, un milligramme à un centimètre de hauteur, — ceci en chiffres ronds). L'erg se désigne par W.

Plus exactement, sous nos latitudes :

$$1 \text{ kilogrammètre} = 9.81 \times 10^7 \text{ W},$$
$$1 \text{ cheval-vapeur} = 736 \times 10^7 \text{ ergs-seconde}.$$

8. Énergie et force vive. — Une masse en mouvement, par exemple un projectile lancé, possède une certaine quantité d'*énergie* qui se manifeste lors du choc contre un obstacle.

L'expérience démontre que *l'intensité de l'effet produit est en raison directe de la masse et du carré de la vitesse de celle-ci.*

Soit donc une masse de m grammes partant du repos pour tomber d'une hauteur de h centimètres; la quantité de force ici en action est le poids du corps, donc mg dynes, qui, multipliée par le chemin parcouru sous son action, donne mgh ergs pour le travail durant la chute. Nous savons en outre, par l'expérience et le calcul, que la vitesse acquise à la fin de la chute sera telle que

$$v^2 = 2gh.$$

Nous avons donc la relation :

$$mgh = \frac{1}{2} mv^2,$$

exprimant l'équivalence entre le travail accompli pendant la chute, et la force vive que possède le mobile au moment du choc.

Cette quantité $\frac{1}{2} mv^2,$

équivalente au travail exercé par la force sur la masse depuis l'instant où sa vitesse était nulle jusqu'au moment où elle a acquis la valeur v, est ce qu'on appelle la *quantité de force vive* de la masse, ou son *énergie actuelle*, ou son *énergie cinétique* (énergie due au mouvement) ; par opposition à *l'énergie potentielle* dont il sera question au paragraphe suivant.

On peut résumer ce qui précède en disant qu'*une force en action développe une quantité de force vive égale à son travail.*

9. Énergie potentielle. — Une masse pesante soutenue à une certaine hauteur ne possède pas d'énergie cinétique, puisque, abstraction faite du mouvement de la Terre, elle est au repos.

Mais comme il suffit de lui enlever son appui pour qu'elle acquière immédiatement de la force vive, c'est-à-dire de l'énergie « actuelle », nous dirons que, grâce à sa situation au-dessus du centre de la Terre, elle possède de *l'énergie latente* ou *potentielle* qui se transformera en énergie actuelle dès que les circonstances le permettront.

On appelle énergie potentielle d'une masse, la quantité de force vive que « la force » pourra imprimer à cette masse en épuisant sur elle toute son action; on pourrait dire que c'est le « travail futur » de la force. L'énergie actuelle résulte au contraire d'un travail passé.

Un exemple fera mieux saisir la portée de ces définitions. Soit un canon braqué verticalement : la chaleur produite par la combustion de la poudre vient, par l'intermédiaire des gaz dilatés, de lancer le projectile Celui-ci est sorti de l'arme avec une quantité d'énergie *actuelle* qui avait pour expression $\frac{1}{2} mv^2$, m étant la masse, v la vitesse initiale du boulet. Le poids de la masse exerce sur celle-ci un travail qui, négatif pendant le mouvement ascendant, en ralentit graduellement la vitesse, donc aussi la force vive ou l'énergie *actuelle*. Mais, en même temps, la masse s'éloigne davantage du centre de la Terre ; il en résulte une énergie *potentielle* sans cesse croissante jusqu'au sommet de la trajectoire où le projectile se tiendra un instant immobile, donc sans vitesse, et sans énergie actuelle, mais ayant acquis une énergie potentielle égale à la valeur que possédait l'énergie actuelle au départ et qui, pendant la descente, sous le travail positif de la pesanteur, se retransformera successivement en force vive.

A chaque instant, *l'accroissement de l'énergie actuelle est égal à la diminution de l'énergie potentielle : la somme de ces deux énergies, qu'on pourrait appeler l'énergie totale, reste donc constante.*

Reprenons le cas du projectile et considérons l'instant du retour au niveau du sol, la chute ayant lieu, par exemple, sur une plaque de blindage inébranlable. A cet instant, l'énergie actuelle était redevenue égale à la quantité de force vive initiale. Par le choc, la force vive disparaît, mais le boulet comme le corps choqué s'échauffent, et la quantité de chaleur ainsi produite est équivalente à la force vive disparue ; égale aussi, en thèse absolue, à la chaleur produite par la combustion de la poudre et qui avait lancé le projectile.

Il n'y a pas de perte : la force vive disparue réapparaît intégralement sous un autre mode d'énergie : la chaleur, et reste disponible pour le système de l'univers.

10. Conservation de l'énergie. — *La somme des énergies actuelles et potentielles est constante :* telle est la loi fondamentale de l'univers dans le système duquel il n'y a jamais ni diminution ni accroissement de l'énergie totale.

Le principe de la conservation de l'énergie a été établi par Helmholz dans un mémoire célèbre (*).

Blavier, dans son traité « *Des grandeurs électriques* », résume à peu près dans les termes suivants cette théorie féconde qui nous servira constamment de guide dans l'étude de l'électricité :

« Les forces naturelles, telles que la gravitation universelle, les réactions dues au magnétisme et à l'électricité, l'attraction moléculaire elle-même, sont dirigées suivant des centres fixes ou suivant les lignes droites qui lient deux à deux les points ou les masses mobiles.

» Dans un système de points matériels soumis à des forces de cette nature, qu'on nomme *forces centrales,* à chaque changement qui se manifeste dans la position des points, la somme des travaux effectués par les forces produit toujours un accroissement de force vive qui lui est égal. Réciproquement une perte de force vive correspond à un travail négatif égal des forces. De sorte que, comme dans le cas d'un corps qui tombe à la surface de la Terre, *la somme des énergies actuelles et potentielles est constante.*

» Pendant longtemps, on a cru que dans certaines actions mécaniques, telles que le frottement, le choc, etc., il y avait perte de force vive ; mais la théorie mécanique de la chaleur a permis de généraliser le principe de la conservation de l'énergie. Par le choc ou le frottement, il n'y a pas en réalité de perte de force vive, mais transformation de l'énergie qui se retrouve soit à l'état de chaleur, soit à l'état de vibration moléculaire, en un mot à l'état de potentiel sous une forme quelconque.

(*) *Die Erhaltung der Kraft,* 1847.

» On peut donc dire que la quantité d'énergie qui existe dans l'univers est invariable; qu'il ne peut ni s'en perdre ni s'en créer.

» Si, dans une circonstance donnée, on constate la production d'une certaine quantité de chaleur ou de travail, on peut être assuré qu'une quantité équivalente d'énergie potentielle, de travail, de force vive ou de chaleur a disparu à une distance plus ou moins grande; réciproquement, à toute consommation de travail doit correspondre un développement équivalent de force vive ou d'énergie sous une forme quelconque. »

11. Équivalent mécanique de la chaleur. — D'après ce qui précède, lorsqu'une certaine quantité de travail ou de force vive se transforme en chaleur, ou réciproquement lorsqu'une quantité de chaleur se transforme en travail, la transformation doit se faire suivant un rapport invariable, rapport qui ne peut dépendre que du choix des unités.

Plusieurs expérimentateurs se sont occupés de rechercher le rapport entre l'unité usuelle de travail (le kilogrammètre) et l'unité usuelle de chaleur ou la *calorie,* qui est la quantité de calorique requise pour élever d'un degré centigrade la température de 1 000 grammes d'eau. Les meilleures déterminations sont comprises entre 442 et 425 kilogrammètres par calorie. Nous adopterons, avec l'Association britannique pour l'avancement des sciences, le nombre 428 pour *équivalent mécanique de la chaleur.*

Mais, puisqu'il y a équivalence absolue entre les divers modes de l'énergie, il est rationnel d'adopter pour unité de chaleur celle qui équivaut à l'unité de travail, c'est-à-dire l'erg, défini au § 7. C'est ce que nous supposerons par la suite, adoptant l'erg pour unité générale de l'énergie, sous quelque forme qu'elle se présente.

L'équivalent d'une calorie (kilogr.-degré) $= 4{,}2 \times 10^{12}$ W.

CHAPITRE DEUXIÈME.

12. Loi élémentaire de la force. — La force se manifeste soit par des attractions, soit par des répulsions.

La loi élémentaire de la force, telle qu'elle nous a été révélée par l'observation dans un grand nombre de phénomènes naturels, est extrêmement simple : qu'il s'agisse de gravitation, d'électricité ou de magnétisme, *la force qui s'exerce entre deux points géométriques chargés de matière active, varie en raison inverse du carré de la distance des points, et en raison directe du produit des quantités de matière active en jeu.*

Il est probable que telle est la loi de toute action naturelle, du moins lorsqu'il s'agit de réactions entre éléments qui ne sont pas en contact.

Dans l'énoncé ci-dessus, le mot « quantité de matière active » signifie :

« Quantité de matière grave ou inerte » dans le cas de la gravitation ;

« Quantité d'électricité » dans le cas des réactions électriques ;

« Quantité de magnétisme » dans les cas des réactions magnétiques ; ainsi qu'il sera expliqué plus longuement aux chapitres suivants.

Afin d'abréger le discours, nous pouvons employer parfois le mot « masse » au lieu de « quantité de matière active »; mais il faudra se souvenir que masse n'implique l'idée d'inertie que lorsqu'il est question de matière grave. Dans les autres cas ce terme n'implique que l'idée de quantité.

En outre, nous affecterons les matières actives du signe +
ou du signe — suivant qu'elles repoussent ou attirent l'unité
de masse, celle-ci étant toujours prise positivement.

13. — Il est aisé de soumettre au calcul les conditions du
mouvement de *deux points* matériels graves sous le régime
de la loi élémentaire de la force; mais les difficultés com-
mencent lorsqu'on étudie les conditions du mouvement d'un
point matériel sous l'action combinée d'un système de points,
ceux-ci fussent-ils distribués uniformément dans l'espace.

Quant au problème général qui se rapporte aux actions
réciproques de deux corps physiques de forme quelconque,
les mathématiciens n'en ont pas abordé de plus difficile.

Il en est de même lorsqu'il s'agit de masses électriques
ou magnétiques.

Mais nous voulons nous placer au point de vue de l'ingénieur qui a le droit de négliger les spéculations méta-
physiques tant que celles-ci ne sont pas indispensables
à la solution pratique des problèmes qu'il rencontre sur sa
route. Or, après avoir parcouru l'œuvre des Poisson, des
Laplace, des Helmholz, des W. Thompson, des Maxwell
et de tant d'autres écrivains illustres qui ont traité la
matière au point de vue de la science pure, et connaissant
d'ailleurs par expérience les besoins de celui qui s'adonne
à la science appliquée, nous avons cru que, sans sacrifier à
la rigueur du raisonnement, il serait possible de coordonner
un traité pratique suffisamment clair et concis pour que
l'homme d'action ne recule pas devant sa lecture, et néanmoins assez complet pour que l'ingénieur y trouve tous les
éléments qui lui sont indispensables.

Telle est la tâche que nous nous sommes imposée.

14. Action d'un système de masses sur l'unité de masse.
— Il s'agit ici, comme dans tout ce qui va suivre, de forces
agissant suivant la loi élémentaire énoncée au § 12.

Soit m_1, m_2, ..., m_4 (fig. 1) des masses situées en des
points géométriques. L'espace, considéré au point de vue
des actions que ces masses pourront y exercer, s'appelle le

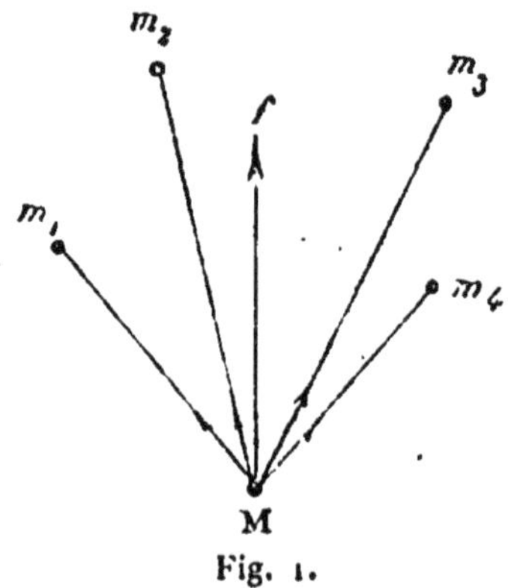

Fig. 1.

« *champ* » des forces dues à ces masses. Théoriquement ce
champ s'étend à l'infini; pratiquement il est limité par les
confins au delà desquels le travail des forces est négligeable.

Soit l'unité de masse M, placée en un point quelconque
du champ, et soit f la résultante de toutes les actions qu'elle
y subit de la part des masses : la valeur de cette résultante
s'appelle, indistinctement, *l'intensité du champ*, au point
considéré; *l'intensité de la force totale* ou la *force totale*,
ou encore *la force résultante*, ou même tout simplement
la force, en ce point.

Remarquons bien qu'il s'agit de l'action sur une masse
ou quantité M ou Q = 1, et que la définition s'applique
aussi bien aux champs électriques, auquel cas Q est l'unité
d'électricité à définir plus tard, que lorsqu'il s'agit de
masses graves.

L'action sur toute autre quantité m, concentrée au même
point P, serait mf.

Pour déterminer f, la marche générale à suivre est
celle-ci : décomposer chacune des forces suivant trois axes

passant par P ; la valeur de chacune des trois composantes
de la force totale sera la somme des composantes partielles.

Le calcul dont l'énoncé est si simple n'est pas toujours
facile à exécuter, mais il se simplifie très heureusement dans
la plupart des cas particuliers qui se présentent en pratique,
et dont les solutions suivent.

**15. Force due à un disque chargé, de densité uni-
forme.** — Lorsque chaque point d'une ligne, d'une surface
ou d'un volume donnés, est chargé de masses égales, la
masse ainsi distribuée sur l'unité de longueur, de surface
ou de volume, s'appelle la *densité* linéaire, superficielle ou
cubique.

Soit une distribution de densité uniforme ρ à la surface
d'un cercle de rayon a et proposons-nous de calculer la

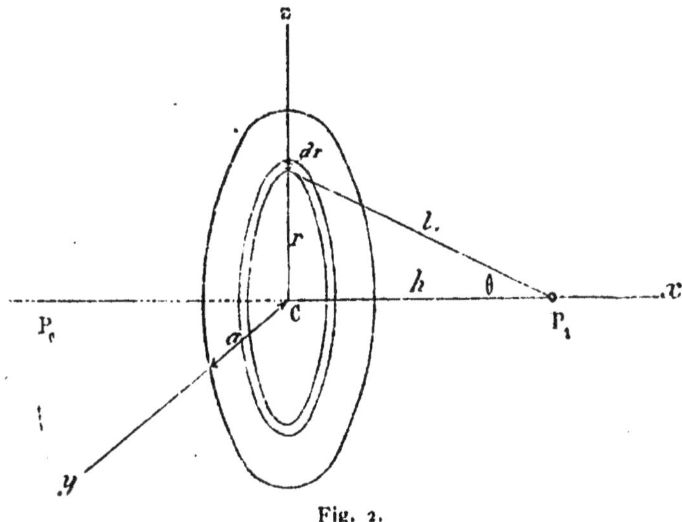

Fig. 2.

force due à ce disque, en un point P_1, pris sur la perpendiculaire élevée au centre du disque et à la distance $CP_1 = h$.

Il est évident qu'ici la composante suivant l'axe des y,
aussi bien que celle suivant l'axe des z, est nulle, et qu'il

suffit de calculer la composante suivant l'axe des x.

Or, considérons sur le disque une surface annulaire infiniment étroite, de rayon intérieur r et de rayon extérieur $r+dr$; sa masse sera $2\pi\rho r.dr$, et la force élémentaire, suivant l'axe, aura pour expression

$$df = \frac{2\pi\rho r.dr}{r^2 + h^2} \cos \theta$$

d'ailleurs

$$\cos \theta = \frac{h}{\sqrt{r^2 + h^2}}$$

d'où

$$f = 2\pi\rho \int_{r=0}^{r=a} \frac{hr}{(h^2 + r^2)^{\frac{3}{2}}} dr = 2\pi\rho\left(1 - \frac{h}{\sqrt{h^2 + a^2}}\right).$$

Telle est la valeur de la force que le disque exerce sur l'unité de masse placée sur son axe à la distance h.

16. Discussion. — Si $a = \infty$, h conservant une valeur finie quelconque; ou si $h = 0$, a ayant une valeur si minime qu'elle soit, on a, dans les deux cas,

$$f = 2\pi\rho.$$

Ce résultat est d'une très grande importance, comme nous le verrons par la suite.

Pour le moment, nous nous contenterons de faire cette remarque que si l'on tient compte, non seulement de la valeur algébrique, mais encore de la direction de la force f dans le voisinage du disque; en d'autres termes, si l'on considère les valeurs géométriques successives de f, il faudra compter positivement les forces dirigées dans un sens, et négativement celles dirigées en sens contraire. Par exemple, en un point qui irait de P_0 à P_1, en traversant le disque en C, on aurait des valeurs négatives

$$-2\pi\rho\left(1 - \frac{h}{\sqrt{a^2 + h^2}}\right)$$

en tous points compris entre P_o et C; et des valeurs positives

$$+ 2\pi\rho\left(1 - \frac{h}{\sqrt{a^2 + h^2}}\right).$$

en tous points compris entre C et P_1, en sorte qu'au centre, où $h = 0$, on passe de $- 2\pi\rho$ à $+ 2\pi\rho$.

Remarquons enfin que la différence absolue de ces deux valeurs est

$$4\pi\rho$$

Ce résultat est indépendant du rayon du disque. Il est vrai pour l'élément d'une surface quelconque.

17. Théorème. — Supposons qu'un disque chargé soit amené dans un champ de force préexistant, dû à un système quelconque, et considérons deux points infiniment voisins, P_o, P_1, mais situés l'un à gauche, l'autre à droite

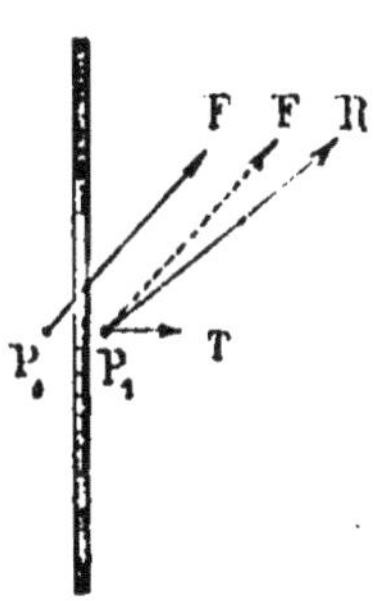

Fig. 3.

du disque. Enfin soit F la force totale du champ résultant, au point P_o. La force R au point P_1 sera la résultante de la force $P_1F = P_oF$ et d'une composante P_1T, normale au disque, et dont l'intensité est

$$4\pi\rho.$$

Cette proposition est vraie lors même que le disque considéré n'a qu'une étendue infiniment petite; donc elle subsiste pour l'élément d'une surface quelconque.

En sorte que, si le champ de force préexistant a ses lignes de force dirigées normalement à la surface, et si h est son intensité, on aura, en un point P_1, infiniment voisin de la surface,

$$f = h + 4\pi\rho.$$

18. Force due à une distribution uniforme de densité ρ, à la surface d'une sphère de rayon r (*) :

1° En tout point pris à l'intérieur de la sphère, la force résultante est nulle ;

2° En tout point pris à l'extérieur, l'action est la même que si toute la masse se trouvait concentrée au centre. L'action sur l'unité de masse placée à distance Δ du centre ($\Delta > r$) sera donc :

$$f_1 = \frac{4\pi r^2 \rho}{\Delta^2} ;$$

3° Si le point considéré se trouve à une distance infiniment petite de la surface, mais qu'il lui soit toujours extérieur, on a

$$f_2 = 4\pi\rho$$

4° Lorsque le point considéré appartient à la sphère elle-même, on a

$$f_3 = 2\pi\rho,$$

comme dans le cas du disque, et on remarque que, les valeurs f_2, f_3 étant indépendantes du rayon de courbure r, les deux résultats s'appliquent à une surface quelconque.

19. Réaction de la sphère sur un élément de sa

(*) On trouvera dans le beau traité *On Natural Philosophy*, par W. Thomson et Tait, page 349, la démonstration, par une méthode simple et élégante due à Newton, des théorèmes que nous nous contentons d'énoncer ici.

surface. — Tension superficielle. — Puisque l'action de la sphère sur l'unité de masse placée en un point quelconque de sa surface a pour expression $f_3 = 2\pi\rho$, l'action sur un élément dS de cette surface de densité ρ sera

$$T = 2\pi\rho^2 . \, dS = \frac{1}{2\pi} f_3^2 . \, dS.$$

S'il s'agit donc de masses qui se repoussent mutuellement, il s'établit, entre un élément quelconque dS et le restant de la sphère, une réaction, en vertu de laquelle l'élément tend à se séparer de la sphère. L'intensité de cette tendance, c'est-à-dire, sa valeur par unité de surface, s'appelle la *tension superficielle*.

Exprimée en dynes, par centimètre carré, sa valeur numérique est

$$T = 2\pi\rho^2, \quad \text{ou} \quad T = \frac{1}{2\pi} f_3^2, \quad \text{ou encore} \quad T = \frac{1}{8\pi} f^2.$$

On voit qu'elle est proportionnelle au carré de l'intensité de la force au point considéré, et indépendante du rayon.

20. Force due à une sphère massive de densité uniforme. — 1° En tout point extérieur, l'action est la même que si toute la masse se trouvait concentrée au centre; on a donc

$$f = \frac{4}{3} \pi r^3 . \frac{\rho}{\Delta^2} ,$$

r étant le rayon de la sphère,
ρ la densité cubique
et $\Delta > r$ la distance du centre au point considéré;

2° En tout point de la surface :

$$f = \frac{4}{3} \pi r \rho ;$$

3° En un point intérieur quelconque ($\Delta < r$) :

$$f = \frac{4}{3}\pi\rho\Delta.$$

On remarquera que cette dernière expression est indépendante du rayon de la sphère.

21. Potentiel. — Lignes de force. — Pour tous les systèmes dans lesquels les forces agissant entre les masses ne dépendent que des distances qui séparent ces masses (c'est le cas des systèmes électriques), l'étude des réactions se trouve souvent facilitée par la considération du travail absorbé ou développé à chaque instant par la résultante des forces agissant sur l'unité de quantité de matière active, c'est-à-dire par la considération de ce que nous appelons les variations de « potentiel ».

Nous définissons LE POTENTIEL *en un point* quelconque d'un champ de force comme *étant le travail produit par la force, sur l'unité de masse, lorsque celle-ci est déplacée, du point considéré, jusqu'à l'infini.*

Cela suppose d'abord que ce travail, c'est-à-dire, le potentiel, est indépendant du chemin parcouru.

En effet, dans les systèmes supposés (et nous n'en considérons pas d'autres), lorsque l'unité est déplacée d'un point A à un point B, le travail exécuté par la force résultante ne dépend que des positions des points A et B et non du chemin suivi pour aller de l'un à l'autre, comme nous allons le démontrer.

Soient m_1, m_2, ..., m_4 (fig. 4) différentes masses, de signes quelconques, agissant suivant la loi élémentaire exposée au § **12**, c'est-à-dire, en raison inverse du carré des distances; et soit l'unité de masse placée en un point quelconque P_1. Elle y subit, de la part des masses, une force qui, en général, n'est pas nulle; en d'autres termes la force résultante, en

un point quelconque d'un champ, a une valeur et une
direction déterminées, et l'unité de masse, abandonnée à

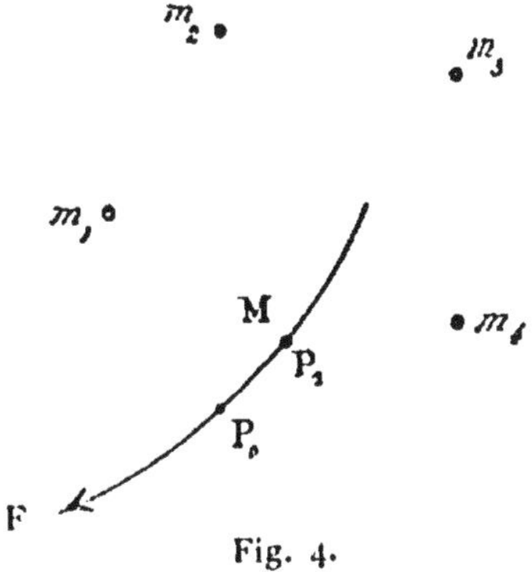

Fig. 4.

elle-même, décrirait, sous l'action de cette force, une trajectoire déterminée MF, que nous appelons *ligne de force* : et
dont la tangente donne, en chaque point, la direction de
la force.

Cela étant, supposons qu'après avoir fixé les masses agis-
santes nous conduisions l'unité de P_1 en P_0 (') par une route
quelconque, à l'encontre de l'action des masses ou dans le
sens de leur sollicitation ; arrivé en P_0 nous aurons dépensé
ou gagné une certaine quantité de travail.

Or, si nous revenons maintenant de P_0 en P_1 par un chemin quelconque, fût-il différent de celui parcouru en allant,
nous devrons nécessairement gagner ou dépenser la même
quantité de travail. Sans quoi nous n'aurions qu'à répéter
indéfiniment cette opération pour obtenir de l'énergie sans
dépense équivalente ; les masses du système ayant mêmes
positions respectives chaque fois que l'unité repasse par le
point P_1.

Le travail produit, en allant, doit donc être égal mais de
signe contraire à celui exécuté au retour ; de sorte qu'en

(') P_1 et P_0 sont deux points quelconques, non situés nécessairement sur une
même ligne de force.

allant de P_1 en P_2 par deux routes quelconques, les deux travaux auront même valeur et même signe.

22. Expression du potentiel. — Dès lors il est évident que le potentiel dû, en un point P_1, à un système de masses, est égal à la somme des potentiels dus à chacune des masses du système, chacun des travaux composants pouvant être évalué suivant une trajectoire quelconque menant du point considéré à l'infini, mais se calculant le plus commodément le long de la droite passant par le point P_1 et la masse dont on veut évaluer l'influence.

Ainsi, pour évaluer le potentiel dû, en P_1, à la masse m_1, nous déplacerons l'unité de masse de P_1 vers l'infini, le long de la droite $m_1 P_1$.

Soit, en un point quelconque de cette trajectoire, Δ la distance au point m_1; la force, due à cette masse, y a pour expression $f = \frac{m_1}{(\Delta)^2}$, et le travail élémentaire, pour un déplacement infiniment petit $d\Delta$, sera $\frac{m_1}{\Delta^2} \cdot d\Delta$, on a donc, par définition, pour le potentiel dû à m_1, en P_1 :

$$\int_{\Delta_1}^{\infty} \frac{m_1}{\Delta^2} \cdot d\Delta = \frac{m_1}{\Delta_1}.$$

Le potentiel dû à m_2 est de même $= \frac{m_2}{\Delta_2}$.

Nous aurons donc, pour le potentiel dû en P_1 à l'ensemble des masses m_1, m_2, ..., m_4

$$V = \frac{m_1}{\Delta_1} + \frac{m_2}{\Delta_2} + \cdots \frac{m_4}{\Delta_4} = \Sigma \frac{m}{\Delta}.$$

23. — D'après cette formule, on peut, dans le cas de forces agissant en raison directe des masses et en raison inverse du carré des distances, définir le potentiel comme suit :

Le potentiel est une expression mathématique dont la valeur, en chaque point de l'espace, est égale à la somme des rapports que l'on obtient en divisant chacune des masses que contient cet espace par sa distance au point considéré.

24. Expression de la force en fonction du potentiel. — Considérons, sur la ligne de force MF (fig. 4), deux points P_1, P_0, infiniment voisins, de sorte qu'on peut tenir pour constante, dans l'intervalle, la force résultante f, et, pour rectiligne, l'élément ds de la courbe MF entre ces deux points; enfin soit V_0 le potentiel en P_0, et V_1 le potentiel en P_1. Si l'on déplace l'unité de masse de P_0 à P_1, on aura, d'après la définition même du travail,

$$V_0 - V_1 \quad \text{ou} \quad -dV = f \cdot ds \; (^*), \quad \ldots \quad (1)$$

d'où

$$f = -\frac{dV}{ds} \cdot \quad \ldots \ldots \ldots \quad (2)$$

C'est l'expression de la force en fonction du potentiel.

On voit que *la force est égale au taux de la variation du potentiel, pris en signe contraire*, ou, ce qui est la même chose, au taux de la variation du travail, sur l'unité de masse, *le long de la ligne de force.*

25. Surfaces équipotentielles. — Le potentiel d'un point ne dépendant que de la situation de ce point, il s'ensuit qu'il existe des ensembles de points pour lesquels le potentiel a même valeur; chacun de ces ensembles forme une *surface équipotentielle* définie par une équation telle que

$$V = \sum \frac{m}{\Delta} = V_0,$$

ou, en coordonnées rectangulaires,

$$V = f(xyz) = V_0.$$

26. La force est partout normale aux surfaces équipotentielles. — En effet, désignons par f_i la composante

(*) La variation dV doit être estimée dans le sens du déplacement ds.

de la force dans le plan tangent à la surface équipotentielle $V = V_0$; on aura **(24)**

$$f_t \, dt = -\, dV,$$

mais puisque $V = \textit{constante,}$ sur toute la surface, on a

$$f_t = 0.$$

Ainsi la composante tangentielle est nulle.

Or, puisque la force totale n'est pas nulle (elle ne le devient qu'à l'infini), le résultat précédent indique que la force est normale à la surface équipotentielle.

Les lignes de force sont donc normales, en tous points, aux surfaces équipotentielles; et si dn désigne la distance normale entre deux surfaces infiniment voisines, on a

$$f = -\frac{dV}{dn}.$$

Dans le cas de la pesanteur, les surfaces équipotentielles sont des *surfaces de niveau.*

Si nous imaginons une surface équipotentielle rigide infiniment résistante, toute masse y sera en équilibre, puisque les composantes de la force, le long de la surface, sont constamment nulles. C'est pourquoi les surfaces équipotentielles sont encore dénommées : *surfaces d'équilibre.*

27. — Soient MO, M'O' (fig. 5) deux surfaces équipotentielles infiniment voisines, dn leur distance, et, en un point P, la normale commune à ces deux surfaces. Menons par le point P la droite PR faisant avec la normale un angle θ, et soit ds la portion de cette droite interceptée entre ces deux surfaces.

Si l'on nomme f_r la composante de la force totale f, estimée suivant cette direction quelconque PR, on aura évidemment

$$f_r = f \cos\theta,$$

mais on a aussi
$$ds = \frac{dn}{\cos \theta},$$

d'où
$$f_r = f\frac{dn}{ds} = -\frac{dV}{dn} \cdot \frac{dn}{ds} = -\frac{dV}{ds}.$$

On voit que *la composante de la force, suivant un axe quelconque, est égale au taux de la variation du potentiel le long de cet axe, pris en signe contraire.*

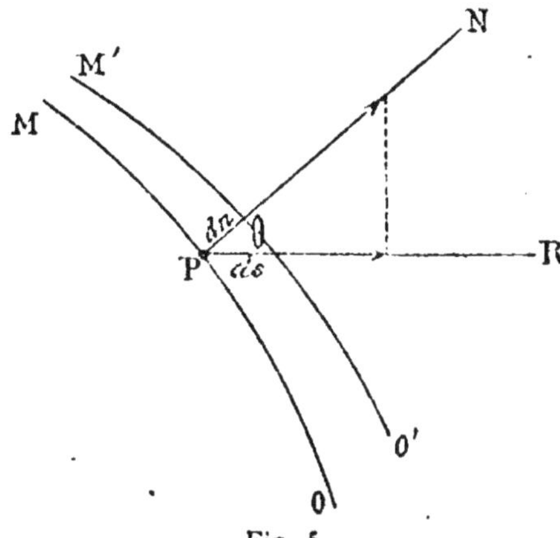

Fig. 5.

28. — Par conséquent, si nous rapportons un système donné à trois axes rectangulaires passant par une origine quelconque, et que nous désignons respectivement par X, Y et Z les composantes, suivant chacun de ces axes, de la force totale f, nous aurons en un point (xyz)

$$\left|\begin{aligned} X &= -\frac{dV}{dx}, \\ Y &= -\frac{dV}{dy}, \\ Z &= -\frac{dV}{dz}, \end{aligned}\right.$$

et
$$f^2 = X^2 + Y^2 + Z^2 = \left(\frac{dV}{dx}\right)^2 + \left(\frac{dV}{dy}\right)^2 + \left(\frac{dV}{dz}\right)^2.$$

29. — Si deux points P_0 et P_1 sont au même potentiel, c'est-à-dire s'ils appartiennent à une même surface de niveau $V = C$, la masse ne subit aucune sollicitation dans la direction de la droite qui réunit les deux points.

Mais s'il existe entre eux une différence de potentiel positive $V_1 - V_0$, toute masse $+ m$ est nécessairement sollicitée dans ce sens, et si elle est libre de se mouvoir, elle se dirigera du point au potentiel le plus élevé vers celui au potentiel le plus faible, en absorbant un travail

$$\omega = m(V_1 - V_0).$$

C'est-à-dire que *lorsqu'une masse m passe d'un potentiel V_1 à un potentiel V_0, le travail correspondant est égal au produit de la masse par la différence de potentiel.*

Il suffira, plus tard, lorsqu'il s'agira des générateurs industriels d'électricité, de rappeler cette remarque si simple pour illuminer d'évidence la théorie de ces machines.

30. — Afin de représenter graphiquement l'intensité du champ résultant d'un système quelconque, on pourra figurer, sur un ou plusieurs plans, les traces de surfaces équipotentielles successives répondant à des valeurs équidistantes et suffisamment rapprochées de V. En effet, puisque

$$f = -\frac{dV}{dn},$$

considérer des valeurs équidistantes de V revient à supposer dV constant ; dans ce cas, f est en raison inverse de dn, c'est-à-dire en raison inverse de la distance normale qui sépare les surfaces de niveau successives.

On pourra aussi tracer les lignes de force (normales aux surfaces équipotentielles) et *convenir de proportionner leur nombre à l'intensité du champ* à l'endroit considéré.

Par exemple, si en un point donné, l'intensité du champ

est égale à 1, c'est-à-dire si la résultante des forces y exerce sur l'unité de masse un effort égal à une dyne, on y tracera *une* ligne de force par centimètre carré de surface; on en tracerait 4 par la même surface si la force résultante était égale à 4 dynes.

En général, soit f l'intensité d'un champ en un point quelconque et soit $d\mathrm{S}$ l'étendue d'un élément d'une surface normale à la force, nous conviendrons qu'il passe par cet élément un nombre de lignes de force

$$N = f \cdot d\mathrm{S}.$$

Si la force est uniforme pour toute l'étendue d'une aire A, le nombre de lignes de force interceptées par cette aire normale sera

$$N = \mathrm{A} f.$$

31. Flux de force. — *Le produit $f_n ds$ d'un élément d'aire par la composante normale de la force* et qui représente le nombre de lignes de force que nous conviendrons de nous imaginer comme interceptées par cette aire, s'appelle le *flux de force* traversant l'élément de la surface considérée.

La quantité $\int\!\int f_n d\mathrm{S}$, étendue à la surface, est le flux de force sur cette surface; c'est également le nombre de lignes de force interceptées.

Si le champ est uniforme, le flux, pour un aire A, sera $\mathrm{A} f_n$.

Soit, par exemple, l'unité de masse concentrée en un point P (fig. 6). L'intensité du champ dû à ce point, à un centimètre de distance, sera égale à une dyne; par conséquent, nous nous figurerons qu'à cette distance il passe une seule ligne de force par centimètre carré de surface normale (surface sphérique ayant P pour centre). Or, comme la surface de la sphère de rayon $= 1$ est 4π, tel est aussi le nombre des lignes de force qui rayonnent, d'après nos conventions, du point P. En d'autres termes, nous convenons que le *flux total* de force émis par un point de masse $= 1$, a pour expression

$$N = 4\pi;$$

pour un point de masse m, il sera

$$N = 4\pi m,$$

et à la distance Δ le flux de force intercepté par un élément de surface normale dS vaudra

$$N = \frac{4\pi m}{4\pi\Delta^2}\, dS = m \cdot \frac{1}{\Delta^2} \cdot dS.$$

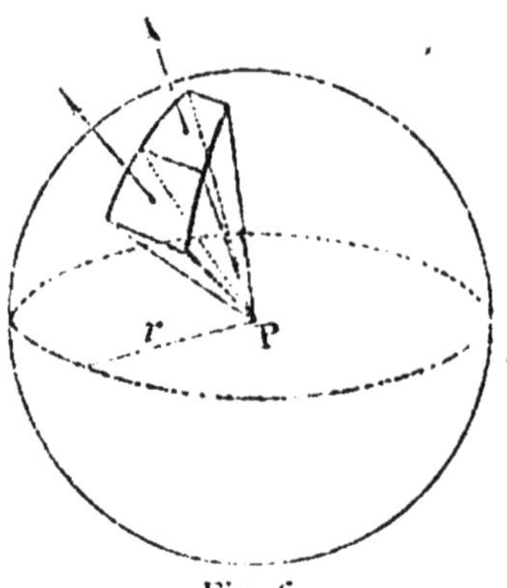

Fig. 6.

Il s'agit bien entendu du champ produit par un seul point matériel de masse m. L'intensité de ce champ, à la distance Δ, est d'ailleurs égale à

$$f = \frac{m}{\Delta^2} \cdot$$

S'il s'agit d'un système de points, les surfaces normales au flux de force ne sont plus, en général, des sphères; ce sont les surfaces équipotentielles définies au § **25.**

Enfin, pour déterminer le flux de force qui traverse l'élément d'une aire quelconque, il faudra, ou bien projeter cet élément sur la surface équipotentielle qui passe par le point considéré et multiplier cette projection $dS \cdot \cos \alpha$ par l'intensité de la force en ce point, ou bien, ce qui revient au même, projeter la force résultante sur la normale à l'élément et multiplier l'étendue de celui-ci par cette projection. En d'autres termes encore et d'une manière générale : *le flux de force, qui passe par un élément de surface, est égal à l'étendue de cet élément, multipliée par la composante de la force estimée suivant la normale à l'élément.*

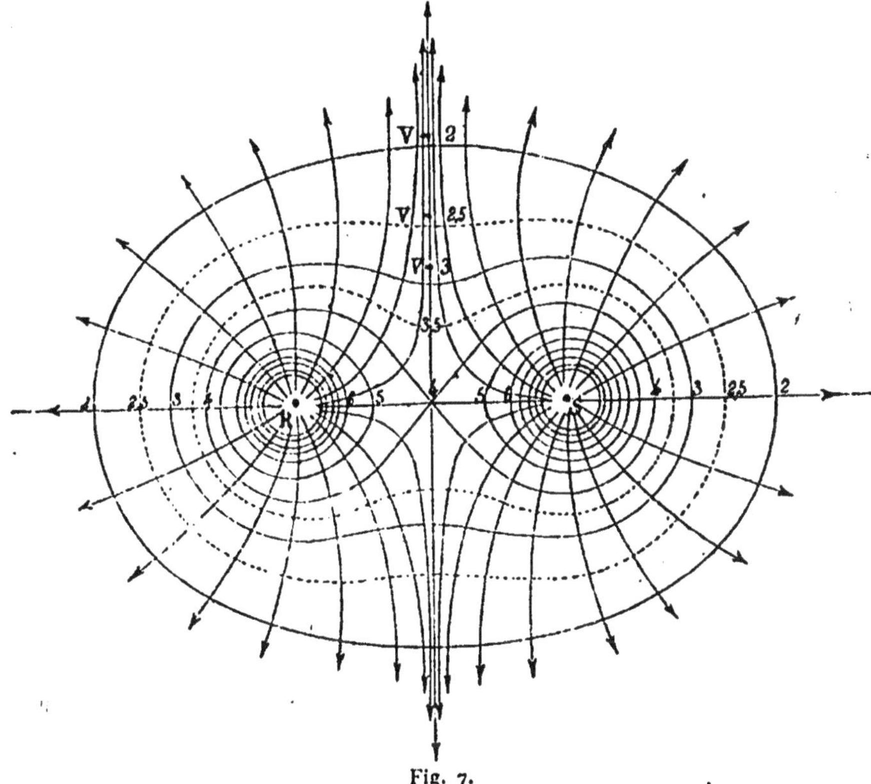

Fig. 7.

32. Exemple. — Afin d'illustrer tout ce qui précède par un exemple qui nous sera d'ailleurs très utile pour la théorie des aimants, calculons le potentiel dû, en un point donné P, au système de deux points R et S, respectivement de masse m_1 et m_2, positives, repoussant l'unité de masse en raison inverse du carré de la distance.

Nous aurons, d'après ce qui a été dit au § **22**,

$$V = \frac{m_1}{\Delta_1} + \frac{m_2}{\Delta_2}. \quad \ldots \ldots \ldots \quad (1)$$

Si m_2 était négative, auquel cas la force exercée par cette

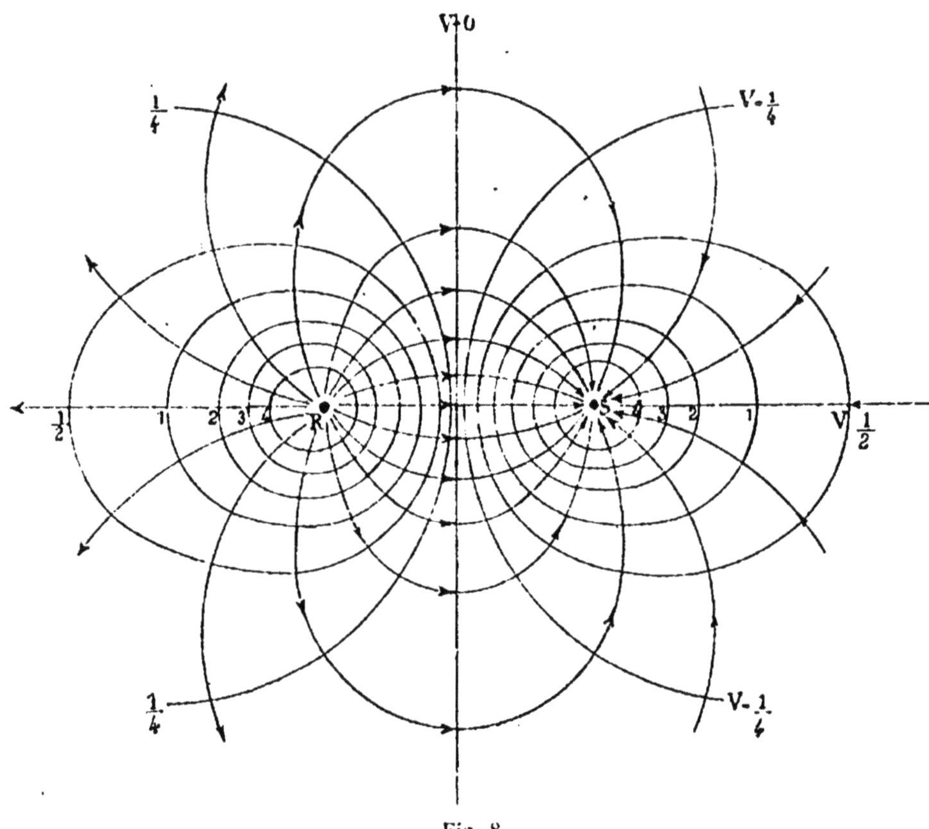

Fig. 8.

masse est attractive, il suffirait de changer le signe correspondant et l'on aurait :

$$V = \frac{m_1}{\Delta_1} - \frac{m_2}{\Delta_2}. \quad \ldots \ldots \ldots \quad (2)$$

La figure 7 représente les traces, sur un plan passant par

les masses, des surfaces équipotentielles successives correspondant à des valeurs équidistantes de V, savoir :

$$V = 2, \quad 2.5, \quad 3, \quad 3.5, \quad 4, \quad 5, \quad 6, \quad 7, \quad 8, \quad 9, \quad 10.$$

Elle est la traduction graphique de l'équation (1) en y
faisant $m_2 = m_1 = M = 1$, et le dessin étant exécuté à une
échelle qui suppose la distance RS, des deux masses, égale à
l'unité de longueur.

Elle donne aussi la direction des lignes de force.

La figure 8 fournit, dans les mêmes conditions, la représentation graphique de l'équation (2).

Les surfaces équipotentielles successives y correspondent
aux valeurs de V :

$$V = 0, \quad \frac{1}{4}, \quad \frac{1}{2}, \quad 1, \quad 2, \quad 3, \quad 4.$$

33. — Il résulte évidemment du § **31** que le flux de force
sur une surface *fermée quelconque,* enveloppant un point
de masse m, vaut $4\pi m$, et s'il y a plusieurs points de
masses m_1, m_2, ... que ce flux vaut $4\pi \Sigma m$. Si l'on trace une
surface fermée ne renfermant pas de masses, le flux sur
cette surface vaudra 0, si l'on convient de compter positivement les composantes normales dirigées à l'extérieur de
la surface, et négativement celles dirigées vers l'intérieur.

2° Considérons, sur une surface équipotentielle, une
petite étendue S, et menons, par tous les points de la courbe
qui la limite, les lignes de force; nous formons ainsi un
tube de force. Ce tube de force coupe une surface équipotentielle voisine suivant une surface S'. Or, aucune ligne de
force ne traverse les parois latérales du tube ainsi formé,
donc le flux de force se conserve dans ce tube et reste toujours égal à lui-même sur les deux bases.

Si, entre ses deux bases, le tube renferme une masse m,
le flux s'augmente de $4\pi m$, d'après ce que nous venons de
dire plus haut, et le principe de la *conservation du flux*
n'est plus satisfait.

CHAPITRE TROISIÈME.

MAGNÉTISME.

I. — *Faits acquis par l'observation.*

34. — Qu'une aiguille aimantée, cylindrique, longue et mince, soit suspendue par son centre de gravité et qu'elle soit libre de se mouvoir, en tous sens, autour de ce point; on la verra prendre une orientation et une inclinaison déterminées.

Le plan vertical passant par cette orientation, nous voulons dire, par l'axe de cette aiguille, se nomme le *méridien magnétique* du lieu d'observation ; et l'angle que forme ce plan avec le méridien astronomique est la *déclinaison* de l'endroit ; enfin l'angle que la direction de l'axe de l'aimant y fait avec l'horizon s'appelle l'*inclinaison* magnétique.

En un point donné de la surface terrestre, l'inclinaison aussi bien que la déclinaison magnétiques peuvent varier, mais très peu, dans le courant d'une journée; ils éprouvent en outre des variations séculaires ainsi que de petites fluctuations annuelles dont la mesure forme un des objets des observatoires de physique. Enfin, ces éléments peuvent différer notablement d'un endroit à l'autre.

35. — L'action que la Terre exerce sur l'ensemble d'un aimant n'est ni attractive ni répulsive, mais simplement directrice; en d'autres termes, cette action est celle d'un *couple*.

En effet :

1° Si l'on dispose un aimant sur un flotteur qui le soutienne à la surface d'une eau tranquille, l'aimant s'oriente bien dans le méridien magnétique, et l'extrémité qui pointe le Nord est toujours la même; mais nulle tendance à translation ne se manifeste dans le système : donc *la composante horizontale de l'action terrestre, sur l'ensemble de l'aimant, est nulle.*

2° Deux barres d'acier de dimensions et de densité identiques, et toutes deux à l'état neutre, conservent leur égalité de poids après que l'une d'elles a été aimantée : donc *la composante verticale de l'action terrestre est également nulle.*

Conclusion : les forces réciproques entre l'aimant et la Terre doivent pouvoir se résoudre en deux résultantes égales, parallèles, mais de directions contraires, appliquées en deux points distincts de l'aimant. Ces points, comme nous le verrons bientôt, sont les extrémités de l'axe géométrique de l'aimant lorsque celui-ci affecte la forme d'un barreau très mince, de manière que sa longueur soit considérable eu égard à ses dimensions transversales, et qu'il est uniformément aimanté.

Ces points sont les « *pôles* » de l'aimant, celui des deux qui s'incline vers le nord de la Terre étant nommé le *pôle nord* ou le pôle *positif* du barreau, l'autre le pôle *sud* ou *négatif.*

36. Moment magnétique. — Soit NS (fig. 9) un aimant long et mince, suspendu horizontalement ; soit d'ailleurs PP· la trace du méridien magnétique.

Tordons le fil de suspension jusqu'à ce que nous ayons amené l'aimant à se trouver en croix, à 90 degrés, avec le méridien magnétique ; le moment de la torsion sera la mesure du couple directeur qui a pour expression

$$fl,$$

l étant la distance des pôles de l'aimant et *f* la force qui s'exerce entre chacun de ceux-ci et le globe terrestre.

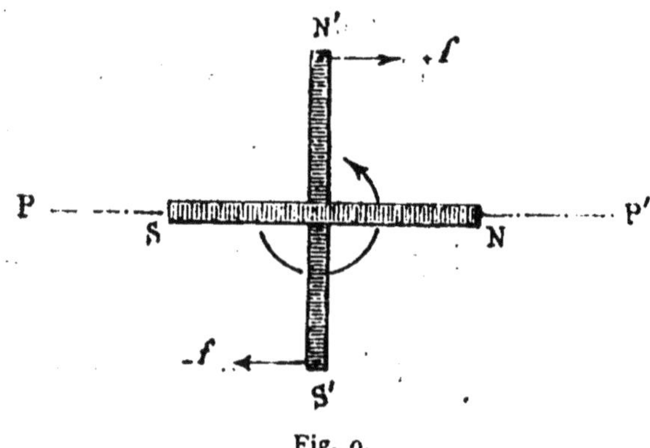

Fig. 9.

Or, si l'on soumet à pareille mesure plusieurs aimants de dimensions identiques, on trouve, en général, des résultats très différents, et l'on exprime ce fait en disant que les barreaux n'ont pas la même *intensité d'aimantation,* ou encore, qu'ils ne possèdent pas le même *degré d'aimantation.*

Dès lors, pour des barreaux de dimensions identiques, l'intensité d'aimantation est proportionnelle à la force *f* définie ci-dessus, ou proportionnelle au moment $\mathfrak{E}$ de l'effort de torsion qu'il faut exercer pour les amener respectivement en croix avec le méridien magnétique.

2° L'observation indique en outre, et il est d'ailleurs évident, qu'étant donnés *n* aimants, identiques comme forme et comme degré d'aimantation; et $\mathfrak{E}$ étant le moment de torsion requis pour mettre l'un d'eux en croix avec le méridien magnétique, l'effort nécessaire pour amener le même résultat avec le faisceau formé par la réunion de ces aimants, identiquement disposés, a pour mesure

$$n\mathfrak{E}.$$

Pour des barreaux cylindriques de même longueur et de même intensité, la force f est donc proportionnelle à la section.

Donc, en général, soit l la longueur, a la section d'un aimant, et ρ son degré d'aimantation, on aura

$$\mathfrak{G} = k\rho a l,$$

k étant le coefficient de proportionnalité qui dépendra du choix des unités ainsi que de l'intensité de l'action magnétique de la Terre.

On déduit de là

$$\rho a l = \frac{\mathfrak{G}}{k} = m. \quad\ldots\ldots\ldots\quad (1)$$

Ce produit $\rho a l$, que nous désignons par m, dont la signification est nettement établie par ce qui précède, et dont on peut déterminer la valeur par la balance de torsion, s'appelle le *moment magnétique* du barreau (du latin « momentum »), c'est-à-dire son importance, son « poids », sa valeur magnétique.

Le produit ρa, ou la surface du pôle par l'intensité d'aimantation, est appelé la *valeur du pôle*; al est le volume V de l'aimant considéré. On peut donc dire que *le moment magnétique d'un barreau long et mince est égal au produit de sa longueur par la valeur du pôle*, ou encore que *le moment magnétique d'un barreau est égal au produit de son volume par l'intensité de son aimantation*.

Celle-ci serait égale au moment magnétique divisé par le volume.

Enfin on dit que $m = \rho V$ représente la *quantité de magnétisme* que contient le barreau; d'où $\rho = \frac{m}{V} = la$ *densité cubique* du magnétisme du barreau. De même ρa serait la quantité de magnétisme que contiendrait le pôle de surface a.

Il est clair qu'aucun de ces termes n'a de valeur absolue ; ce sont des « mots » pour exprimer d'une manière concise les « faits » révélés par l'expérience, et tels qu'ils ont été exposés ci-dessus.

37. — Quoique le milieu d'un aimant cylindrique long et mince paraisse, au premier abord, dépourvu de toute propriété magnétique, pourtant, si l'on coupe le barreau en ce point, on constate : que chacun des fragments possède un pôle à l'endroit de la rupture, que les nouveaux pôles sont égaux entre eux et de signes contraires, qu'enfin *ils ont même valeur que les pôles de l'aimant primitif*. Et si l'on découpe ainsi un aimant de longueur L en fragments quelconques l_1, l_2, ..., de telle sorte que

$$l_1 + l_2 + \cdots + l_n = L,$$

on peut constater, toujours par la balance de torsion, que les moments t_1, t_2, ..., t_n des efforts requis pour amener chacun des aimants fragmentaires en croix avec le méridien magnétique, sont entre eux comme

$$\div l_1 : l_2 : \ldots l_n ;$$

en outre, que

$$l_1 + l_2 + \ldots l_n = \mathfrak{T}.$$

38. — Si, après avoir coupé un barreau en plusieurs fragments, nous reconstituons le solide par la juxtaposition, sans retournement, de tous les fragments successivement détachés, nous obtenons l'équivalent exact de l'aimant primitif, c'est-à-dire : ligne neutre au milieu de l'assemblage, et deux pôles égaux, de noms contraires, situés respectivement aux extrémités de la série.

39. — Deux pôles égaux, de nom contraire, juxtaposés, se neutralisent mutuellement.

40. Loi élémentaire des aimants. — *Deux pôles de même nom se repoussent et deux pôles de nom contraire s'attirent : a) en raison directe du produit de leurs valeurs respectives; b) en raison inverse du carré de leur distance.*

Cette loi, établie par Coulomb (*), ne serait rigoureusement exacte que pour des barreaux infiniment minces, uniformément aimantés dans toute leur étendue. Dans la réalité physique, il n'en est pas ainsi. Toutefois, en se servant de cylindres de longueur très grande, comparativement au diamètre, et en les aimantant avec soin, Coulomb est parvenu à mettre en évidence la loi élémentaire des aimants.

II. — *Théorie mathématique du magnétisme.*

41. Matière magnétique fictive. — Pour soumettre au calcul les phénomènes magnétiques, il est avantageux de les attribuer à des actions réciproques entre portions d'une matière fictive, distribuée à la surface ou à l'intérieur des corps, de telle manière que la distribution soit l'équivalent des polarités magnétiques observées.

Nous conviendrons que cette matière fictive est essentiellement distincte de la matière grave, mais il est inutile de parler ici de « fluide » ni de « fluides magnétiques » attendu que, sans faire aucune hypothèse sur la nature de cette matière, nous pouvons l'appeler « *la matière magnétique* », en stipulant qu'elle ne possède d'autre propriété que celle d'agir sur les aimants ou sur toute portion de matière de même nature, suivant des lois définies, conformes aux données expérimentales.

Autrement dit, notre « matière magnétique » n'est qu'un

(*) Les mémoires de Coulomb sont publiés dans l'*Histoire de l'Académie des Sciences*. Coulomb, né à Angoulême en 1736, a fait partie de l'Académie depuis 1782 jusqu'à sa mort, en 1806.

mot destiné à faciliter le langage, et à énoncer avec concision les résultats de l'analyse basée sur les faits d'observation. En sorte que ces résultats resteraient acquis lors même que notre conception de la nature des aimants serait fausse.

Pour le moment nous concevons :

1° Qu'il y a deux espèces de matière magnétique, correspondant respectivement aux polarités boréales et australes de la Terre et des aimants, et, pour les distinguer, nous appellerons matière magnétique *positive* toute matière agissant comme le pôle *nord* d'un aimant.

2° Qu'une quantité plus ou moins grande de matière magnétique positive ou négative peut être concentrée en un point idéal, ou répandue sur une surface, ou répartie à l'intérieur d'un solide.

3° Que deux points chargés de matière magnétique se repoussent ou s'attirent suivant qu'ils sont chargés de matières de même nom ou de noms contraires, et que ces réactions sont : *a*) en raison directe du produit des quantités de magnétisme; *b*) en raison inverse du carré de la distance.

42. Unité de pôle. — Nous adoptons pour *unité de quantité de matière magnétique celle qui, placée à l'unité de distance, repousse une quantité égale de matière de même nom avec une force égale à l'unité.*

La quantité ainsi définie s'appelle aussi *unité de pôle magnétique,* parce que la valeur d'un pôle est déterminée par la quantité de magnétisme qui s'y trouve concentrée (36).

L'unité de pôle est donc le pôle qui repousse un pôle égal, placé à un centimètre de distance, avec une force égale à la dyne.

Quant au signe, nous convenons que l'unité de pôle est un pôle nord.

p et p' étant deux de quantités magnétisme concentrées en, deux points distants de Δ centimètres, leur action mutuelle aura pour expression, en dynes :

$$f = \frac{pp'}{\Delta^2}.$$

Les quantités p et p' sont à prendre avec le signe $+$ ou avec le signe $-$ suivant qu'elles sont de même nom ou de nom contraire à celles qui repoussent un pôle nord, et les valeurs positives de f indiqueront des répulsions.

43. Champ et potentiel magnétiques. — Grâce aux conventions précédentes, tout ce que nous avons dit au chapitre deuxième, du champ de la force, de l'intensité de celle-ci, ainsi que du potentiel en un point donné, devient immédiatement applicable aux actions magnétiques.

Ainsi : un *champ magnétique* est l'espace considéré au point de vue des actions qu'y peut exercer un système donné de masses magnétiques, et limité aux confins au delà desquels ces actions sont d'intensité négligeable.

L'intensité d'un champ magnétique, en un point donné, ou *la force* due, en ce point, à un système magnétique quelconque, est la résultante de toutes les forces magnétiques du système sur l'unité de pôle P, placée en ce point.

Enfin le *potentiel magnétique* dû, en un point, à un ensemble de forces magnétiques, est le travail que ces forces produisent sur l'unité de pôle, lorsqu'on déplace celle-ci du point considéré jusqu'aux limites du champ.

44. Disque magnétique. — Soit (fig. 10) un disque infiniment mince, uniformément chargé de matière positive sur l'une de ses faces, l'autre possédant une même quantité de matière négative uniformément distribuée.

ρ étant la densité magnétique superficielle ou la quantité de magnétisme par centimètre carré de surface, et a l'aire du disque; les charges magnétiques de chacune des faces sont respectivement

$$+ a\rho \quad \text{et} \quad - a\rho.$$

L'action de pareil système sur un point *extérieur* quelconque est évidemment nulle; mais elle n'est pas nulle pour un point appartenant au disque, et, en tout point pris à *l'in-*

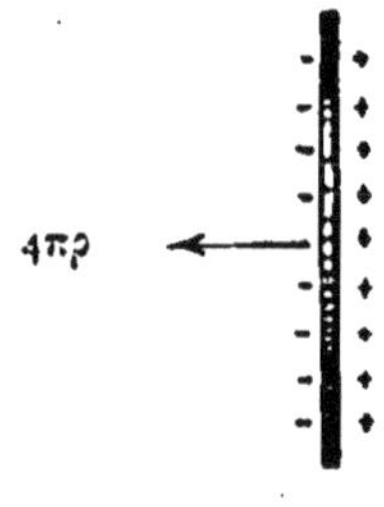

Fig. 10.

térieur du disque (à moins que ce point ne soit infiniment voisin du bord) l'unité de pôle serait, d'après ce que nous avons vu au § **16**, soumise à une force

$$f = 4\pi\rho,$$

puisque l'action de chacune des faces est égale à $2\pi\rho$ et que, *pour un point intérieur,* ces actions ont le même sens; elles sont dirigées, comme leur résultante f, de la face positive à la face négative, donc de la droite vers la gauche dans le cas de la figure 10.

45. Aimant cylindrique uniformément aimanté. — Soient (fig. 11) une infinité de disques magnétiques définis comme ci-dessus; supposons à tous une épaisseur égale, mais infiniment petite, et soit toujours ρ la densité magnétique sur chacune de leurs faces. Juxtaposons-les de telle manière que les faces de deux éléments consécutifs, en regard, sans être rigoureusement en contact, soient néan-

moins infiniment rapprochées ; pareille réunion de disques
élémentaires en un cylindre de longueur l constitue l'équivalent d'un aimant cylindrique de même longueur, uniformément aimanté, et dont l'intensité d'aimantation serait ρ.

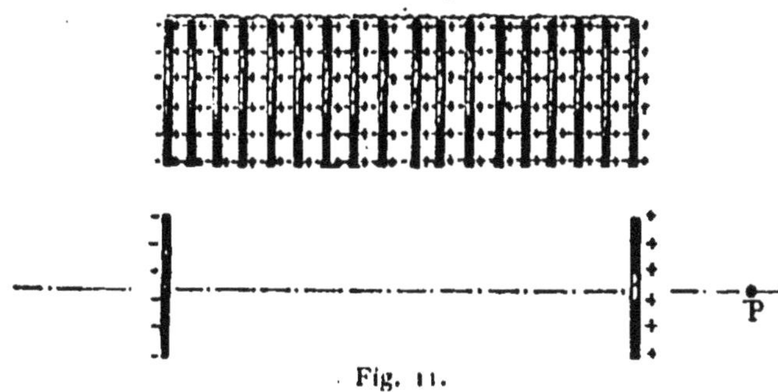

Fig. 11.

En effet : 1° pareil système agira sur tout point *extérieur* P
comme si la vertu magnétique appartenait exclusivement
aux extrémités polaires, les couches intermédiaires se neu-
tralisant deux à deux ; et la valeur des pôles sera, respectivé-
ment,

$$+ \pi r^2 \rho \quad \text{et} \quad - \pi r^2 \rho,$$

r étant le rayon du cercle, ou

$$+ a\rho \quad \text{et} \quad - a\rho,$$

a en étant la surface. En d'autres termes, le moment magnétique de pareil système sera identique à celui d'un barreau
aimanté et vaudra

$$m = \rho a l = \frac{G}{k}.$$

De plus, si l'on détache du système un fragment quelconque de longueur l_1, les pôles des deux systèmes partiels,
ainsi obtenus, seront égaux en valeur à ceux du système primitif et les moments de deux fragments quelconques seront
entre eux comme les longueurs de ceux-ci.

Notre conception de la structure des aimants paraît donc conforme, jusqu'ici, à la réalité des faits observés. Il en résulterait qu'en ce qui concerne l'action sur un point extérieur, un aimant cylindrique serait équivalent au système de deux disques, disposés normalement à la droite qui réunit leurs centres, et uniformément chargés sur leur surface externe : l'un de matière magnétique positive, l'autre d'une quantité égale de matière négative.

Toutefois on ne peut conclure dans ce sens qu'après avoir épuisé toutes les vérifications possibles.

Il en est une, élégante et significative, fournie par les *fantômes magnétiques*.

46. Fantômes magnétiques. — Ce sont des figures que l'on obtient de la manière suivante : on recouvre un aimant d'une feuille de carton, on projette sur celle-ci de la limaille de fer assez fine, et finalement on imprime quelques légères secousses au carton pour permettre aux particules métalliques de s'orienter librement, en chaque point, suivant la résultante des forces qui les sollicitent.

On voit apparaître alors l'image représentée ci-contre (fig. 12) :

C'est le champ de force de l'aimant dessiné par lui-même. Les points N, S, ou les pôles de l'aimant, sont les foyers des forces magnétiques qui émanent du barreau, et, en un point quelconque du champ, l'alignement des traînées de limaille indique la direction de la résultante de ces forces. Une aiguille magnétique placée successivement en A_1, A_2, A_3 s'oriente comme l'indique la figure; et un pôle nord idéal, c'est-à-dire une quantité de magnétisme positif concentrée en un point P, se dirigerait de ce point vers S en décrivant la trajectoire ou ligne de force NPS.

Or, reprenons l'assemblage de disques magnétiques dont il a été question ci-dessus; réduisons indéfiniment le rayon de ces disques : nous aurons, à la limite, une ligne ou cylindre magnétique élémentaire, les pôles se réduisant à deux points chargés respectivement des quantités magnétiques $+\rho \cdot da$ et $-\rho \cdot da$, ρ étant, comme toujours, l'intensité d'aimanta-tion. Nous n'avons qu'à imaginer ρ excessivement grand pour que le produit $\rho \cdot da$, c'est-à-dire la valeur des pôles, puisse prendre telle valeur finie $\pm p$ que l'on voudra. Le système de ces deux points, ou le cylindre élémentaire d'où résulte ce système, devient ainsi l'équivalent mathématique d'un barreau aimanté excessivement mince dont la longueur égale la distance des deux points magnétiques. D'après ce

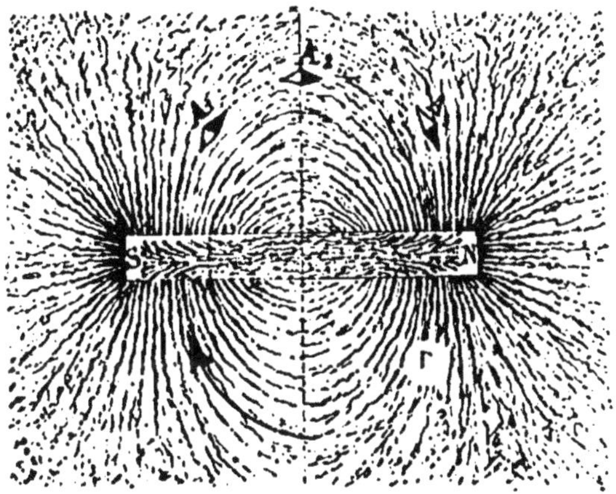

Fig. 12. — Fantôme d'un aimant droit.

que nous avons vu (**32**) le potentiel dû, en un point quel-conque P, à pareil système, aura pour expression

$$V = \frac{p}{n} - \frac{p}{s},$$

et si, pour diverses valeurs de V, nous traçons les lignes qui, par leur révolution autour de l'axe NS, engendreront les surfaces équipotentielles correspondantes, et que nous en déduisions la direction des lignes de force du système, nous pourrons constater qu'entre la figure théorique (fig. 13) et le fantôme expérimental (fig. 12) il n'y a d'autres différences que celles qui proviennent de ce que le barreau physique n'est pas *infiniment* mince, ou de ce que son aimantation n'est pas rigoureusement uniforme.

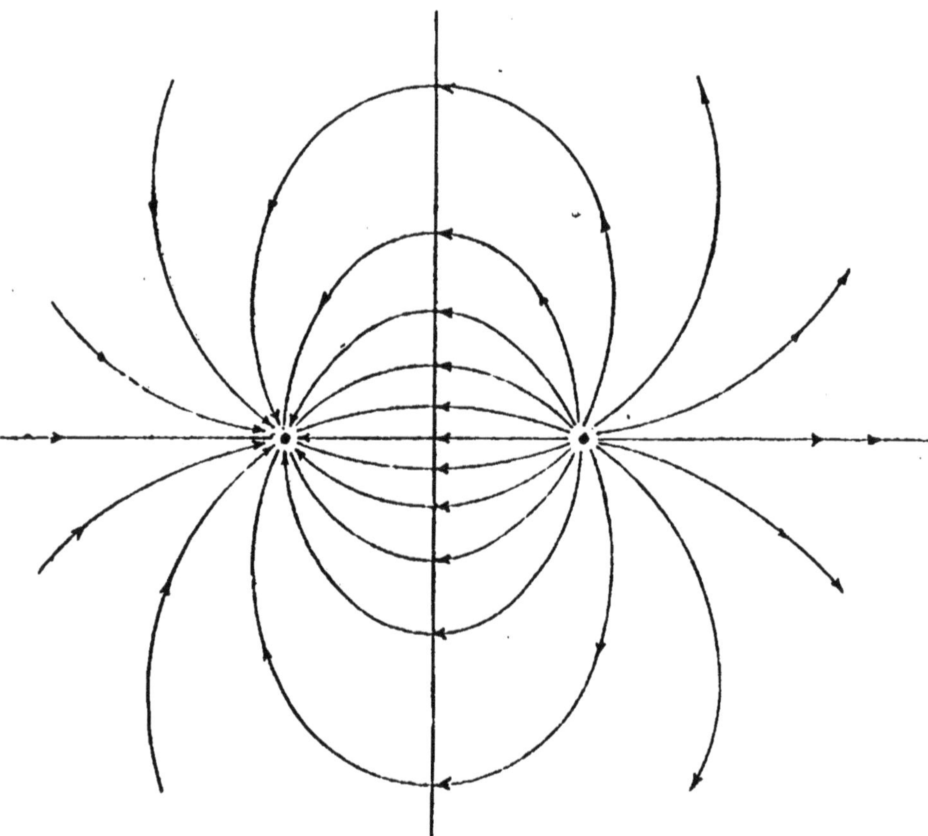

Fig. 13. — Lignes de force dues à deux pôles de nom contraire.

On peut encore obtenir le fantôme d'un système magnétique en faisant flotter de la limaille de fer sur un liquide, le mercure, par exemple, puis en en approchant le système aimanté.

La figure 14, obtenue par ce procédé (*), donne le fantôme de deux pôles de même nom, les deux barreaux auxquels ils appartiennent respectivement ayant été présentés normalement à la surface du liquide.

Il suffit de rapprocher ce fantôme de la figure 15 donnant les lignes de force dues au système de deux points matériels chargés de matière de même nom, pour acquérir la conviction qu'ici encore les faibles écarts résultent uniquement

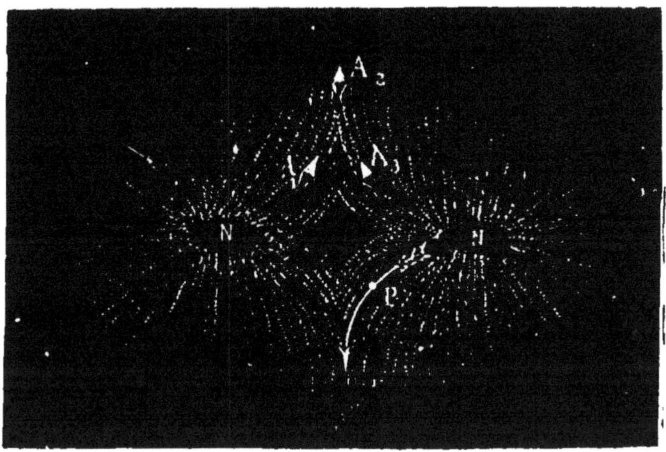

Fig. 14. — Fantôme dû à deux pôles nord.

de ce fait que les pôles de nos aimants ne constituent pas des points rigoureux.

Dès lors, nous pouvons admettre comme valable notre conception de la matière fictive, ainsi que l'hypothèse faite sur la constitution des aimants, et considérer un barreau, aimanté uniformément, comme résultant de l'assemblage de disques magnétiques infiniment minces, du moins en ce qui concerne l'action en un point extérieur.

(*) Voyez *La Lumière électrique*, t. II, p. 447. 1886.

47. Direction de l'aimantation. — Nous conviendrons de dire que l'aimantation d'un aimant est dirigé suivant les lignes de force qui passent par le corps de l'aimant, du pôle sud au pôle nord ; ou de la gauche à la droite dans le cas des figures 12 et 13.

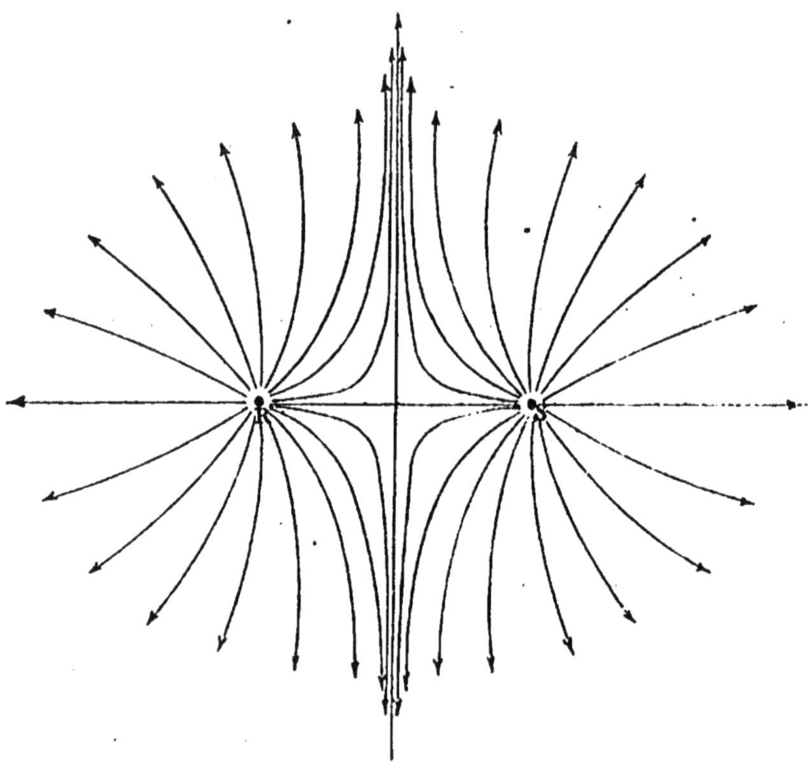

Fig. 15. — Lignes de force dues à deux pôles positifs (nord).

48. Force due à un aimant cylindrique droit. — Pareil aimant équivaut, d'après ce qui précède, au système des deux disques chargés que représente la figure 16.

En un point extérieur P_1, pris sur l'axe de l'aimant, à la distance h de la base négative, l'intensité de la force, c'est-à-dire l'action sur l'unité de pôle placée en P, sera, d'après les résultats du § **16**,

$$f = 2\pi\rho\left(1 - \frac{h}{\sqrt{r^2 + h^2}}\right) - 2\pi\rho\left(1 - \frac{h + l}{\sqrt{r^2 + (h + l)^2}}\right)$$

ou

$$f = 2\pi\rho\left(\frac{h + l}{d_1} - \frac{h}{d_2}\right), \quad \ldots \ldots \ldots \quad (1)$$

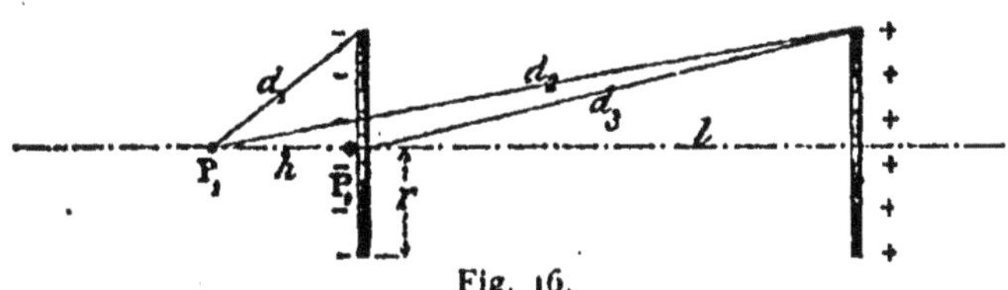

Fig. 16.

ρ désignant ici la densité du magnétisme, ou l'intensité de l'aimantation telle qu'elle a été définie (**36**).

Pour $h = 0$, c'est-à-dire quand on considère le centre P_0 de la surface *extérieure* de la base, l'intensité de la force devient

$$f = 2\pi\rho\,\frac{l}{d_3} \quad \ldots \ldots \ldots \ldots \quad (2)$$

et si le cylindre est indéfini dans un sens, ou simplement s'il est très long eu égard à ses dimensions transversales, de telle sorte que l'on puisse admettre $l = d_3$, on retrouve la valeur

$$f = 2\pi\rho, \quad \ldots \ldots \ldots \ldots \quad (3)$$

qui est celle de la force due à un disque chargé en un point infiniment voisin de sa surface extérieure (**16**). En d'autres termes : il ne reste que l'action de la base négative, l'autre base ayant été éloignée à l'infini.

49. Aimant de forme quelconque (*). — La polarité

<hr>

(*) D'après Sir W. Thomson, *Reprint of Papers*, § 470.

d'un corps de forme quelconque, mais uniformément
aimanté, équivaut, en ce qui concerne son action en un
point *extérieur* (*), à une distribution de matière magnétique localisée tout entière à la surface de ce corps.

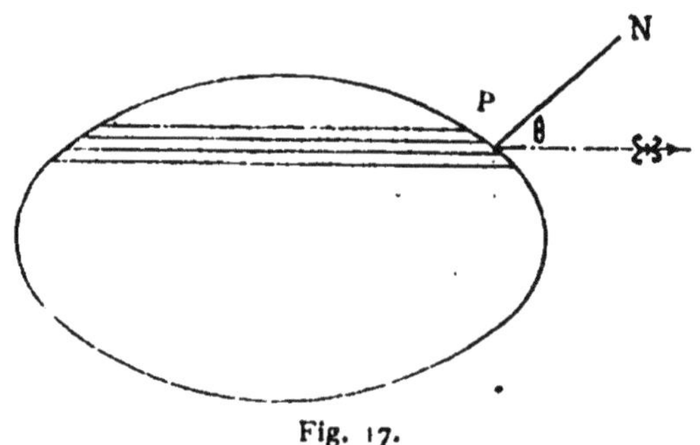

Fig. 17.

En effet, nous pouvons considérer celui-ci comme un
faisceau de barreaux cylindriques infiniment minces, tous
parallèles à la direction de l'aimantation et uniformément
aimantés et, dès lors, nous devons nous figurer qu'il n'y a
de matière magnétique qu'à chacune des extrémités polaires.
Or, comme les barreaux élémentaires que nous considérons
sont terminés de part et d'autre par un élément de la surface du solide, tout le système magnétique de celui-ci, quel
qu'il soit, peut être remplacé par une distribution superficielle de matière magnétique positive ou négative.

Il nous reste à déterminer la loi de la distribution.

Pour cela, soit ρ l'intensité d'aimantation du cylindre
élémentaire passant par P (fig. 17) ω sa section normale :
$\rho\omega$ sera la quantité de matière à distribuer en P sur l'élément
de surface du solide. Comme cet élément est, en général,
oblique par rapport à la direction de l'aimantation, désignons par θ l'angle entre cette direction et la normale à
l'élément de surface considéré; $\frac{\omega}{\cos\theta}$ sera l'étendue de cet

(*) W. Thomson ne fait pas la distinction que nous introduisons ici.

élément ; dès lors, la densité magnétique, à la surface du solide, doit avoir la valeur

$$\rho_{1} = \rho\omega : \frac{\omega}{\cos\theta} = \rho\cos\theta.$$

Telle est l'expression de la densité magnétique en un point quelconque de la surface ; et son signe, qui dépend de celui de $\cos\theta$, indiquera la nature positive ou négative du magnétisme à l'endroit considéré.

Si l'aimantation n'était pas uniforme, il y aurait à combiner la distribution superficielle définie ci-dessus avec une répartition convenable de matière magnétique à l'intérieur du solide. Nous ne nous occuperons pas de ce cas général.

50. Intensité de la force à l'intérieur d'un aimant. — Ceci est une question délicate sujette à controverse ; des esprits tel que W. Thomson ont varié à différentes reprises sur la définition de cette force (*).

Nous donnerons notre propre manière de voir.

Nous nous figurons que chaque molécule d'un aimant est polarisée, c'est-à-dire, constitue elle-même un petit aimant complet, et équivaut à une distribution convenable de matière fictive : positive d'un côté, négative de l'autre. En d'autres termes, nous admettons que chaque molécule est le siège de deux forces de nom contraire appliquées en deux points distincts ; nous supposons donc que la molécule a des dimensions finies ; en outre, que les molécules ne sont pas en contact intime.

Les réactions magnétiques dues à pareil système, *jointes à celles qui peuvent venir du dehors,* ont, en chaque point de l'espace une résultante f_r, que nous appellerons tout simplement « LA FORCE » en ce point ; et dont nous évaluons

(*) Voir *Reprint of Papers,* par Sir W. Thomson, édition de 1872, page 361, et les deux notes au bas de la page 362.

l'intensité par l'action qu'elle exercerait sur l'unité de masse magnétique.

Cela étant, l'évaluation de la force, due à un aimant, en un point extérieur quelconque, ne donne lieu à aucune ambiguïté.

Mais, pour ce qui est de la force en un point quelconque appartenant à l'espace occupé par l'aimant, nous croyons qu'il faut distinguer, et que la force varie suivant que le point donné appartient, soit à une molécule, soit à l'espace intermoléculaire.

51. — Pour obtenir l'expression de la force résultante, à l'intérieur d'un aimant cylindrique, nous considérerons

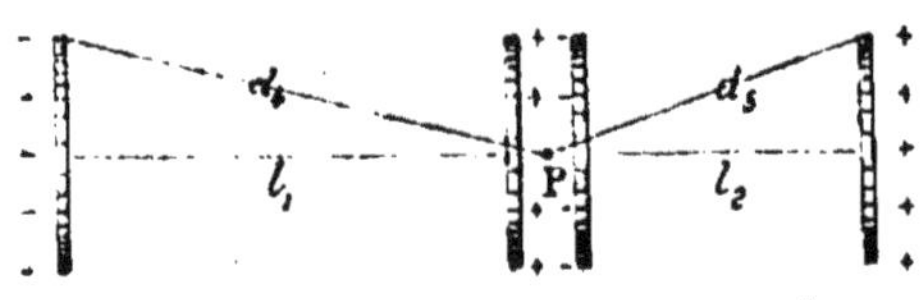

Fig. 18.

l'aimant total de longueur l (fig. 18) comme résultant du rapprochement, à une distance infiniment petite, de deux aimants partiels, respectivement de longueur l_1 et l_2, chacun de ceux-ci, en ce qui concerne leur action sur le point P, devenu ainsi un point extérieur, équivalant à un système de deux disques, chargés respectivement de matière positive et de matière négative à la même densité ρ.

D'après l'équation (2) (**48**) on aura, pour la force due à l'aimant partiel de longueur l_1,

$$f_1 = 2\pi\rho\,\frac{l_1}{d_1}$$

et pour celle due à l'aimant partiel de longueur l_2

$$f_2 = 2\pi\rho\,\frac{l_2}{d_2},$$

4

d'où, pour la force résultante,

$$f = 2\pi\rho \left(\frac{l_1}{d_4} + \frac{l_2}{d_5} \right). \qquad \ldots \ldots \quad (1)$$

Au milieu du cylindre de longueur $2l$, la force sera

$$f = 4\pi\rho \, \frac{l}{\sqrt{r^2 + l^2}}, \qquad \ldots \ldots \quad (2)$$

et pour un point quelconque à l'intérieur d'un cylindre indéfini en tous sens

$$f = 4\pi\rho. \qquad \ldots \ldots \ldots \quad (3)$$

Puisque cette valeur ne dépend plus du rayon du cylindre, on peut dire que l'intensité de la force résultante est sensiblement uniforme à l'intérieur d'un aimant mince très allongé et qu'elle n'y dépend que de l'intensité de l'aimantation. Elle est dirigée dans le sens de celle-ci.

52. — Si, pour le calcul de la force intérieure, nous considérons l'aimant de la figure 18 comme résultant de la juxtaposition absolue de deux aimants partiels, c'est-à-dire, si nous admettons qu'il faut rapprocher ceux-ci jusqu'à ce que les faces en regard se confondent, nous obtiendrons, pour la force au point P, une autre valeur, puisque les deux faces, rapprochées jusqu'à superposition complète, se neutralisent mutuellement ; en sorte que, dans cette hypothèse, leur action ne doit plus intervenir dans l'évaluation de la force. P sera situé ainsi à l'intérieur même d'un des disques magnétiques élémentaires, à l'intérieur même d'une molécule de l'aimant.

Cherchons l'expression de la force en pareil point et, pour fixer les idées, supposons qu'il s'agisse d'aimantation uniforme, d'intensité ρ.

Chaque molécule équivaut alors à un petit aimant, c'est-
à-dire, à un système de deux surfaces ab, $a'b'$ (fig. 18) chargées respectivement à la densité $+\rho$ et $-\rho$.

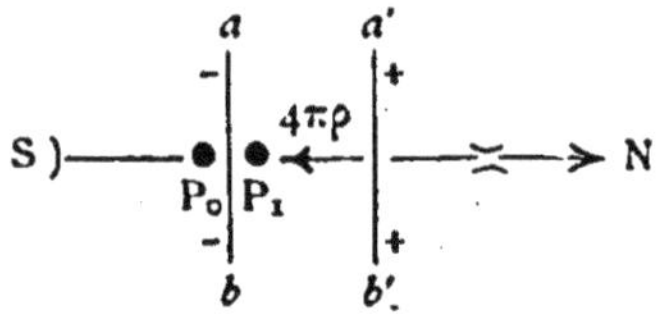

Fig. 19.

Or, soit P_0 un point, infiniment voisin d'une molécule
donnée, mais extérieur à elle, appartenant donc à l'espace
intermoléculaire, et soit f_r la valeur de la force en ce
point ; cette valeur f_r résulte aussi bien des actions et réactions dues à l'ensemble de l'aimant que des actions qui
pourraient venir du dehors ; elle est dirigée dans le sens
de l'aimantation, indiquée par la flèche SN (fig. 19) ;
c'est la valeur de la force trouvée au paragraphe précédent.

Or, si du point P_0, situé très près, mais à gauche du petit
élément de surface ab, nous passons à un point infiniment
voisin situé à droite de la même surface, donc, à l'*intérieur
de la molécule*, nous devons, en vertu du théorème (**17**),
tenir compte d'une composante normale $4\pi\rho$, *dirigée en sens
inverse de l'aimantation* ; de sorte que, en désignant par f_m
(force moléculaire) la valeur de la force, en ce point magnétique, nous aurons

$$f_m = f_r - 4\pi\rho. \qquad \ldots \ldots \ldots \quad (1)$$

Dans le cas d'un cylindre indéfini,

$$f_r = 4\pi\rho$$

donc

$$f_m = 0.$$

Comme nous le verrons plus tard : 1° la valeur f_m sert

à déterminer l'intensité de l'aimantation que prend une matière amenée dans un champ magnétique; nous pouvons avec quelques auteurs, l'appeler la *force magnétisante* ou *magnétique*;

2° La valeur f_r sert à calculer l'intensité du flux d'induction électro-magnétique; on la nomme parfois la *force d'induction*. Si elle est due exclusivement au système aimanté lui-même, en d'autres termes, si elle ne comporte aucune composante du dehors, nous la désignerons par f_a (force due à l'aimant).

Dans le cas général, f_r sera, pour nous, *la force résultante*; et nous la désignerons indistinctement par f_r ou f.

53. — Les fantômes magnétiques démontrent, en ce qui concerne un point *extérieur*, que la force due à un aimant physique possède bien la même direction que celle qui doit résulter des systèmes mathématiques que nous avons imaginés; et l'on peut prouver, par des mesures directes, que la même concordance existe pour l'intensité de la force.

Quant à la détermination expérimentale de la valeur et de la direction de la force à *l'intérieur* d'un solide aimanté, il est clair que la vérification, à l'intérieur même de la molécule, est impossible. Mais on pourrait vérifier la valeur que nous avons trouvée pour la force entre deux molécules infiniment voisines.

Pour cela il faudrait nécessairement pratiquer une petite cavité dans le solide, et corriger les résultats obtenus de l'erreur pouvant résulter de pareille soustraction de matière, en calculant la perturbation d'après des formules déduites de l'hypothèse qu'il s'agit de vérifier.

Par exemple, soit (fig. 20), une petite cavité *sphérique* creusée dans une masse de forme quelconque, uniformément aimantée à l'intensité ρ. La force résultante f_r en P, lorsque la cavité est remplie, est égale à la force f_i due à l'ensemble de la masse creusée, et qu'on peut déterminer par l'expérience, augmentée de la force f_2 due, en P, à la petite sphère enlevée.

Cette composante échappe encore une fois à la mesure directe, mais on peut la calculer;

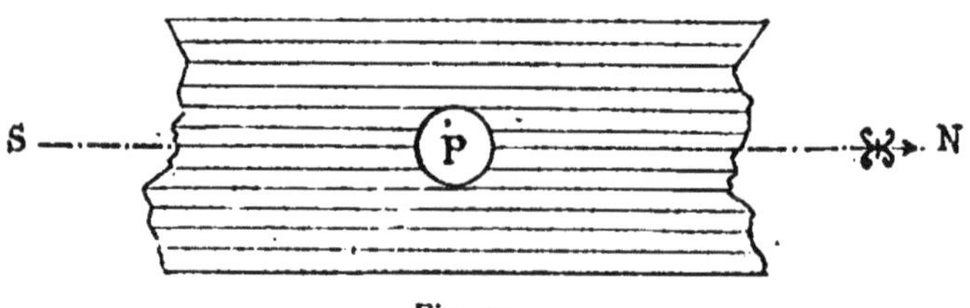

Fig. 20.

D'après W. Thomson (*), à l'intérieur de tout aimant sphérique, uniformément aimanté, le champ est : uniforme, indépendant du rayon, dirigée en sens contraire à celui de l'aimantation, et la force magnétisante f_m y est égale à $\frac{4}{3}\pi\rho$; ρ étant l'intensité de l'aimantation.

Cela étant, la force résultante f_r, à l'intérieur d'un aimant de forme quelconque, uniformément aimanté à l'intensité ρ, est égale à celle qu'on mesurerait dans une cavité sphérique pratiquée dans cet aimant et que nous désignerons par f_1, augmentée d'une composante $f_m = \frac{4}{3}\pi\rho$; cette composante, dirigée dans le sens de l'aimantation, représente l'action de la matière enlevée pour pratiquer la cavité ; en sorte que

$$f_r = f_1 + \frac{4}{3}\pi\rho. \qquad \ldots \ldots \ldots \quad (1)$$

Si nous pratiquions une cavité cylindrique de rayon r, de longueur l, l'axe en étant parallèle à la direction de l'aimantation, nous pourrions remplacer l'action du petit cylindre enlevé par celle de deux disques uniformément chargés ; et,

(*) *Reprint of Papers*, § 610.

d'après le § **51**, nous aurions, pour l'expression de la force résultante ou d'induction

$$f_r = f_i + 4\pi\rho \, \frac{l}{\sqrt{r^2 + l^2}}, \quad \ldots \ldots \ldots \quad (2)$$

f_i représentant l'intensité mesurée au centre de la cavité cylindrique.

Si cette cavité est très étroite et très longue de telle façon que l'on puisse négliger r^2 en face de l^2, on a

$$f_r = f_i + 4\pi\rho. \quad \ldots \ldots \ldots \quad (3)$$

Enfin si c'est une fente très mince, c'est-à-dire une section transversale, de manière que l soit sensiblement négligeable en face de r, on obtient

$$f_r = f_i,$$

c'est-à-dire que la force résultante est sensiblement égale à celle que l'on pourrait mesurer directement dans pareille fente.

54. Feuillet magnétique. — Pour la solution de quelques problèmes, et surtout pour l'étude de l'électro-magnétisme, il est utile de considérer certaines distributions spéciales de matière magnétique possédant des propriétés remarquables; telle est la distribution fictive connue sous le nom de feuillet magnétique.

Le feuillet magnétique est une surface de courbure quelconque, limitée par un périmètre quelconque, mais caractérisée par une aimantation dirigée, en chaque point, suivant la normale à la surface, en ce point.

L'épaisseur du feuillet est infiniment petite quoique variable; on lui suppose une valeur telle que le produit de l'intensité d'aimantation ρ, par l'épaisseur du feuillet a, soit une constante Φ, appelée la PUISSANCE DU FEUILLET.

Quoique le feuillet soit extrêmement mince, sa « puissance » peut néanmoins avoir une valeur finie : il suffit de supposer une valeur très grande à l'intensité de l'aimantation.

Si la puissance du feuillet est uniforme, le feuillet est dit « *simple* » ; si elle varie, le feuillet est dit « *complexe* », et dans ce cas on peut le concevoir comme résultant de la superposition de plusieurs feuillets simples, l'un débordant l'autre.

Il s'agit de déterminer le potentiel dû à un feuillet magnétique.

Pour cela calculons d'abord le potentiel dû à un petit aimant droit NS (fig. 21), de longueur finie, quoique minime, mais de section infiniment petite.

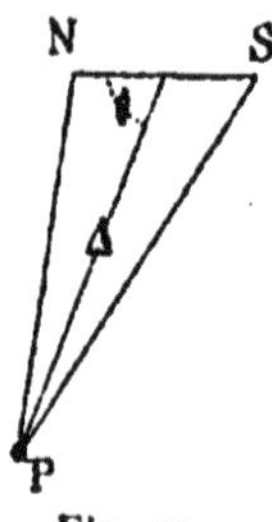

Fig. 21.

Soit p la valeur du pôle. En un point quelconque P, le potentiel sera (**32**)

$$V = \frac{p}{NP} - \frac{p}{SP}.$$

Or, soit Δ la distance du point P au centre du petit aimant, soit θ l'angle entre cette droite et la direction *nord* de l'aimant, enfin soit a la longueur de celui-ci ; l'expression du potentiel devient

$$V = p \left[\frac{1}{\sqrt{\Delta^2 - a\Delta \cos\theta + \frac{1}{4}a^2}} - \frac{1}{\sqrt{\Delta^2 + a\Delta \cos\theta + \frac{1}{4}a^2}} \right].$$

Développant cette valeur en série, suivant les puissances croissantes de *a,* on constate que tous les termes du développement, à l'exception du premier, sont négligeables, et l'on obtient ainsi, pour le potentiel dû à un aimant infiniment mince et très court

$$V = pa \cdot \frac{\cos \theta}{\Delta^2},$$

c'est-à-dire *le moment magnétique* pa, multiplié par le facteur $\frac{\cos \theta}{\Delta^2}$.

La réunion, en faisceau, de plusieurs petits aimants semblables constitue une masse magnétique élémentaire dont l'aimantation aura, pour toute l'étendue de l'élément, une direction constante, caractérisée par l'angle θ ; or, Δ lui aussi peut être considéré comme constant pour tous les petits aimants qui constituent cette masse magnétique élémentaire, par conséquent, le potentiel, dû à celle-ci, sera le produit de $\frac{\cos \theta}{\Delta^2}$ par la somme des valeurs de *pa* pour tous les éléments linéaires de la masse. Soit donc μ le moment magnétique total de celle-ci, on aura :

$$V = \mu \frac{\cos \theta}{\Delta^2} .$$

Le petit faisceau imaginé constitue un *élément* de feuillet magnétique de surface *d*S, pourvu que l'épaisseur *a,* multipliée par l'intensité d'aimantation ρ, donne un produit constant Φ ; on aura alors, pour le moment de l'élément de feuillet *d*S,

$$\mu = \rho \cdot dS \cdot a = \Phi \cdot dS$$

et, pour le potentiel qui lui est dû,

$$V = \Phi \cdot \frac{dS \cdot \cos \theta}{\Delta^2} .$$

Remarquons que $\frac{dS \cdot \cos\theta}{\Delta^2}$ est la mesure de *l'angle solide* que l'élément de surface dS sous-tend au point P (*).

En outre, dans le cas d'un feuillet simple, Φ est constant pour toute l'étendue du feuillet et dès lors *le potentiel dû au feuillet* tout entier *sera le produit de cette constante* Φ *par* la somme des angles solides élémentaires, c'est-à-dire *par l'angle solide que sous-tend, au point* P, *l'étendue totale du feuillet ;* en désignant cet angle par ω on a donc, finalement

$$V = \Phi\omega.$$

L'angle solide ω, défini par la note au bas de cette page, peut être considéré comme étant la *surface apparente* du feuillet, vue du point P ; le théorème démontré plus haut pourrait donc s'énoncer comme suit :

Le potentiel dû à un feuillet magnétique simple, en un point extérieur, est égal au produit de la puissance magnétique du feuillet par sa surface apparente, vue de ce point.

Remarques. — 1° L'expression

$$\frac{dS \cdot \cos\theta}{\Delta^2}$$

étant positive ou négative suivant que $\theta \lessgtr \frac{\pi}{2}$, il s'ensuit que l'angle solide sous-tendu, en un point, par les différentes parties d'un feuillet, doit être pris avec le signe $+$ si, de ce point, on voit leur face *nord* ou *positive,* et avec le signe $-$ si l'on voit leur face *sud* ou *négative ;*

(*) L'angle solide sous-tendu, en un point, par une surface quelconque, est l'angle solide du cône que l'on décrit de ce point, lorsqu'on suit le contour de la surface donnée.

Si l'on coupe pareil cône par une série de sphères concentriques ayant le sommet du cône pour centre, les sections sont semblables, et leurs aires entre elles comme les carrés des rayons. Dès lors, le quotient de l'une quelconque de ces aires par le carré du rayon correspondant est une constante, qui est la mesure de l'angle solide du cône ; c'est, si l'on veut, la surface de la section que produit la sphère de rayon $r = 1$.

La surface d'une sphère étant $4\pi r^2$, la somme des angles solides *distincts,* que l'on puisse décrire d'un point, a pour expression 4π.

2° Le potentiel dû, en un point· quelconque de l'espace, à un feuillet magnétique, ne dépend que du périmètre du feuillet, et non de la courbure de sa surface.

55. — Lorsqu'un point traverse l'épaisseur d'un feuillet, le potentiel dû à celui-ci, au point considéré, varie, *graduellement*, de la quantité $4\pi\Phi$.

En effet, soit un feuillet ABCD et cherchons la valeur du

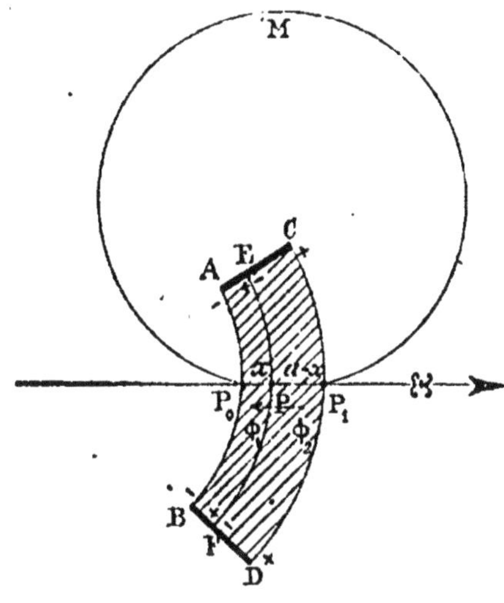

Fig. 22.

potentiel en un point P, pris dans l'épaisseur même du feuillet.

Pour cela menons, par P, la surface EPF, qui divise le feuillet primitif en deux autres ABEF, EFCD, respectivement de puissance Φ_1, Φ_2, ces puissances étant entre elles et à celle du feuillet total en raison directe des épaisseurs ; en sorte que

$$\frac{\Phi_1}{x} = \frac{\Phi_2}{a-x} = \frac{\Phi}{a},$$

on aura, pour le potentiel au point P,

$$V_p = \omega\Phi_1 - (4\pi - \omega)\Phi_2 = \omega\Phi - 4\pi\Phi_2,$$

mais

$$\Phi_2 = \Phi \frac{a - x}{a},$$

d'où

$$V_\rho = \omega \flat - 4\pi \flat \cdot \frac{a - x}{a},$$

ou

$$V_\rho = \omega \mathfrak{l} - 4\pi \mathfrak{l} + 4\pi \frac{x}{a} \Phi,$$

en P_o, où $x = o$

$$V_o = \omega \Phi - 4\pi \Phi,$$

en P_1, où $x = a$

$$V_1 = \omega \Phi,$$

entre ces deux points, en allant, intérieurement, de P_o à P_1 par P, le potentiel croît progressivement de la quantité

$$V_1 - V_o = 4\pi \Phi;$$

à l'extérieur, en allant de P_1 à P_o par une route quelconque telle que $P_1 MP_o$, le potentiel décroît, au contraire, de la même quantité.

Dès lors, si l'unité du pôle décrit une courbe fermée $P_1 MP_o PP_1$, qui traverse le feuillet : le travail sera nul, pourvu que l'on revienne au point de départ.

L'expression de la force f_m, à l'intérieur même de la molécule aimantée, se déterminera par la dérivation du potentiel V_ρ, ce qui donne

$$f_m = -\frac{d \cdot V_\rho}{dx} = -\Phi \frac{d\omega}{dx} - 4\pi\rho,$$

cette force est dirigée en sens inverse de l'aimantation.

Quant à son travail sur l'unité de pôle, pendant la traversée du feuillet, il faudrait écrire, en toute rigueur,

$$w = af_m = -\Phi \frac{d\omega}{dx} a - 4\pi\rho \cdot a,$$

mais le terme $-\Phi \frac{d\omega}{dx} a$ est négligeable en face de $-4\pi\rho \cdot a$ qui a une valeur finie $-4\pi\Phi$.

56. — On suppose, dans la démonstration précédente, que la surface EPF, divisant le feuillet en deux autres, résulte de la juxtaposition intime, du contact absolu de deux surfaces chargées, de noms contraires. Cela revient à dire qu'on a considéré, en P, un point appartenant à l'intérieur même d'une molécule et que, dans l'évaluation du travail, produit pendant la traversée du feuillet, sur l'unité de pôle, on admet que la trajectoire suivie passe constamment par l'intérieur même d'une masse magnétique. En d'autres termes, tandis que, dans l'évaluation du travail accompli lorsque l'unité de masse décrit une courbe fermée, on considère, à l'extérieur du feuillet, la force résultante f_r définie § **51** ; à l'intérieur on ne tient compte que de la force que nous avons appelée « force moléculaire » et désignée par f_m **(52)**.

C'est une manière d'envisager les choses.

Mais nous pouvons aussi les voir sous un autre jour.

Tenant la molécule pour impénétrable, nous pourrions évaluer le travail accompli, chaque fois que l'unité de pôle décrit une courbe fermée, en supposant que la traversée du feuillet se fasse par l'espace intermoléculaire. Nous considérerions alors, à l'intérieur aussi bien qu'à l'extérieur, le travail de la force résultante, c'est-à-dire de celle qui agit dans « le milieu ambiant » et non celle qui affecte la matière magnétique elle-même.

Pour avoir l'expression de la force résultante f_r, au point P, nous devons : ou bien supposer que la face positive de ABEF, au lieu d'être confondue avec la face négative de EFCD, en soit éloignée d'une quantité infiniment petite ; ou bien, ce qui revient au même, supposer que le point P se trouve dans une fente infiniment mince ; en d'autres termes, il faut supposer que le point P se trouve entre deux molécules voisines.

Dès lors, on obtiendra la force f_r en composant f_m

avec une force $4\pi\rho$ dirigée dans le sens de l'aimantation. On a donc

$$f_r = f_m + 4\pi\rho = -\psi\,\frac{d\omega}{dx}.$$

Le travail dû à cette force, lorsque l'unité de pôle traverse le feuillet, est négligeable, puisqu'il a pour expression

$$d\tau = -\psi\,\frac{d\omega}{dx}\,a,$$

quantité infiniment petite à cause de a.

Dès lors on pourra dire : lorsqu'un point traverse l'épaisseur d'un feuillet en passant par le milieu intermoléculaire, le potentiel dû au feuillet, en ce point, varie *brusquement* de la quantité $4\pi\Phi$; et le travail accompli par la force résultante sur l'unité de pôle, chaque fois que celle-ci décrit une courbe fermée traversant le feuillet, est égal à $4\pi\Phi$. Le signe de ce travail dépend évidemment du sens du mouvement par rapport à la direction de l'aimantation.

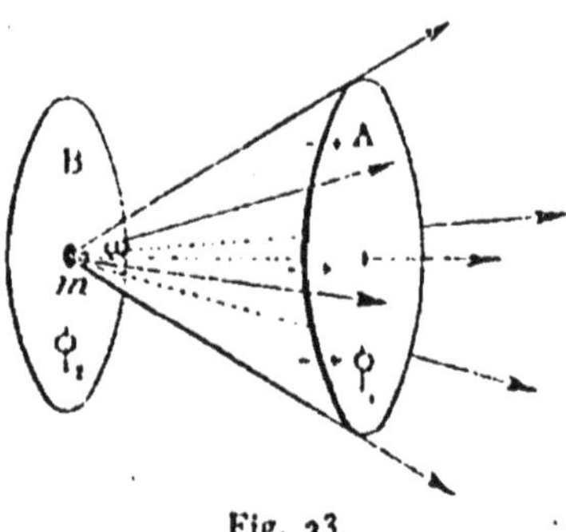

Fig. 23.

57. Énergie potentielle relative de deux feuillets. —

C'est, par définition, *le travail produit par les forces de pareil système lorsque les deux feuillets sont déplacés de leur position actuelle, à l'infini.*

Supposons deux feuillets en présence l'un de l'autre, dans

une position relative donnée : il est clair que l'énergie
potentielle du premier feuillet A, dans le champ magnétique produit par le second B, est égale à l'énergie potentielle du second, dans le champ magnétique du premier.

Cela étant, considérons le premier feuillet dans le champ
magnétique du second ; c'est-à-dire, fixons le feuillet B,
éloignons A à l'infini et calculons le travail produit, par B
sur A, dans ce déplacement.

Le potentiel dû au premier feuillet, en un point extérieur
(que nous supposons appartenir au deuxième feuillet), vaut

$$V = \Phi_1 \omega.$$

Si, en ce point, nous supposons une masse magnétique m,
l'énergie potentielle de celle-ci sera

$$dw = m \Phi_1 \omega = \Phi_1 . m\omega,$$

ω étant l'angle sous lequel, du point considéré, ont voit la
face positive du premier feuillet.

Or $m\omega$ est le nombre de lignes de force, ou « le flux »
(31), émanant de m et entrant dans le premier feuillet.
Nous conviendrons de compter le flux des lignes de force
avec le signe + quand elles entreront par la face *négative*,
et avec le signe — quand elles entreront par la face *positive*.

Dès lors, si $d\mathcal{F}$ est le flux entrant dans A et émanant
de m, on aura

$$m\omega = - d\mathcal{F},$$

et

$$dw = - \Phi_1 . d\mathcal{F}.$$

Étendons cette expression à toutes les masses formant le
second feuillet, on aura

$$w = - \Phi_1 \mathcal{F}_1, \qquad \ldots \ldots \ldots \quad (1)$$

Mais $\mathcal{F}_1$ est proportionnel à Φ_2, d'où

$$\mathcal{F}_1 = \mathfrak{M}_1 \Phi_2,$$

$\mathfrak{M}_1$ étant le coefficient de proportionnalité, donc, finalement

$$w = - \mathfrak{M}_1 \Phi_1 \Phi_2 ;$$

w est le travail accompli par le second feuillet sur le premier pendant que celui-ci a été éloigné à l'infini.

Nous pouvons reprendre les mêmes raisonnements en partant du second feuillet ; c'est-à-dire, fixer A et éloigner B à l'infini. Nous trouverons, pour le travail de A sur B,

$$w = - \mathfrak{M}_2 \Phi_1 \Phi_2 .$$

Le travail étant évidemment le même dans les deux cas, il faut que

$$\mathfrak{M}_1 = \mathfrak{M}_2 .$$

Nous désignerons ce coefficient par $\mathfrak{M}$.

On peut le définir comme étant l'énergie mutuelle de deux feuillets de même puissance $\Phi = 1$, *pris en signe contraire.*

Il varie nécessairement avec la position initiale relative des feuillets.

D'après

$$\mathfrak{F}_1 = \mathfrak{M}_1 \Phi_2 ,$$

$\mathfrak{M} = \mathfrak{M}_1$ est encore le flux de force qui, émanant du second feuillet lorsque sa puissance $= 1$, traverse le premier ; et d'après

$$\mathfrak{F}_2 = \mathfrak{M}_2 \Phi_1 ,$$

$\mathfrak{M} = \mathfrak{M}_2$ est le flux de force qui, émanant du premier feuillet lorsque sa puissance $= 1$, traverse le second. Ces flux sont donc égaux. On a dans tous les cas, pour l'énergie réciproque des feuillets, dans une position donnée,

$$w = - \mathfrak{M} \Phi_1 \Phi_2 .$$

Si $\mathfrak{M}$ est négatif, w est positif et représente un travail positif des forces magnétiques ; dans ce cas les feuillets tendent donc à se repousser. Lorsqu'ils tendent à s'attirer, m est positif.

58. Énergie potentielle d'un feuillet dans un champ magnétique quelconque. — *C'est,* par définition, *le travail produit par les forces du champ lorsque le feuillet est déplacé, d'une position donnée, à l'infini.*

Par un raisonnement semblable à celui qui nous a donné l'équation (1) **(57)**, nous trouverons que cette énergie potentielle a pour expression

$$w = - \Phi \mathcal{F}. \qquad \qquad (1)$$

$\mathcal{F}$ désignant le flux de force qui traverse le feuillet.

59. — Lorsqu'un feuillet se déplace d'une position quelconque AB, à une autre A'B', infiniment voisine, l'énergie potentielle varie, en général; et *la variation est égale, mais de signe contraire, au travail des forces magnétiques* (*). En désignant ce travail par $d\tau$, on a donc

$$d\tau = - dw = \Phi . d\mathcal{F}, \qquad \qquad (2)$$

$d\mathcal{F}$ est la variation du flux de force.

60. Action d'un champ sur un feuillet. — L'action d'un feuillet ne dépendant que de son périmètre, on conçoit que le travail des forces se réduise à une action sur chacun des éléments du contour; et l'on démontre, sans difficulté, que le travail produit par les forces du champ, sur un élément quelconque ds du périmètre, lorsque cet élément est déplacé d'une position a à une position infiniment voisine a', a pour expression

$$h\Phi . ds . \sin \alpha . \beta,$$

β étant la projection du déplacement aa' sur la normale au

<hr>

(*) De même que, dans le cas de la pesanteur, la variation d'énergie potentielle est égale *et de signe contraire* au travail de la pesanteur.

plan $h \cdot ds$, c'est-à-dire, au plan mené par l'élément et la direction de la force du champ, au point considéré; et α étant l'angle de ds et de h.

Le travail est donc le même que si l'élément était soumis à une force

$$h\Phi \cdot ds \cdot \sin \alpha,$$

agissant sur l'élément, et dirigée perpendiculairement au plan $h \cdot ds$.

Nous dirons donc que l'action d'un champ magnétique, sur un feuillet, est la même que si sur chaque élément ds du contour agissait une force

$$df = h\Phi \cdot ds \cdot \sin \alpha. \qquad \ldots \ldots \ldots \quad (3)$$

III. — *Magnétisme terrestre.*

61. Champ magnétique de la Terre. — La force que la Terre exerce sur les aimants étant, en général, inclinée par rapport à l'horizon, on la décompose, dans le méridien magnétique, en deux composantes rectangulaires, l'une horizontale, l'autre verticale.

Après avoir déterminé l'orientation du méridien magnétique, il suffit de mesurer : soit la grandeur de chacune des composantes, soit l'angle d'inclinaison de la résultante et la grandeur d'une seule composante, pour connaître, en grandeur et en direction, la force magnétique totale de la Terre.

Les arcs de méridiens magnétiques sont les lignes de force du champ de la composante horizontale de l'action terrestre. Or, si l'on considère, à la surface de notre globe, une étendue restreinte, non seulement la force magnétique est sensiblement égale sur cette étendue horizontale, mais encore les arcs de méridien, donc les lignes de force, sont parallèles.

Dans ce sens, on peut dire que le champ magnétique terrestre est un *champ uniforme*.

On est convenu d'attribuer aux lignes de force magnétique une direction positive ou négative, la positive étant la direction suivant laquelle un pôle nord tend à se mouvoir. On convient, en outre, comme nous l'avons déjà dit (**30**), de se représenter les lignes de force d'autant plus serrées ou plus nombreuses que le champ magnétique est plus intense; en d'autres termes, on se figure que le nombre des lignes de force interceptées par l'unité de surface, normale à leur direction, est proportionnel à l'intensité du champ magnétique. Cette conception peut ne correspondre à rien de réel, mais elle facilite le langage autant que le raisonnement. Donc, lorsque l'intensité de la force magnétique, en un point donné, est égale à 2 (lorsque l'unité de pôle y subit une répulsion égale à 2 dynes), on convient de dire qu'il passe, en ce point, deux lignes de force par centimètre carré.

L'unité absolue H d'intensité de champ magnétique est celle qui produirait l'unité de force F sur l'unité P de pôle magnétique.

En 1832, une des valeurs trouvées par Gauss (à Göttingen?) pour l'intensité horizontale de la force terrestre était $h = 1,7821$. Mais Gauss avait adopté pour unités fondamentales le millimètre, le milligramme et la seconde. Traduite dans le système que nous avons adopté, cette valeur devient $h = 0,17821$; c'est-à-dire que la composante horizontale de la force terrestre repoussait l'unité de pôle avec une force égale à 0,17821 dyne. On exprime la même chose en disant qu'il passait 0,17821 ligne de force par centimètre carré, soit une ligne de force pour une surface de 5,61 centimètres carrés.

En 1870, MM. Cornu et Bailli ont trouvé, à Paris, $h = 0,1920$.

Voici en unités (C. G. S.), les valeurs moyennes des éléments magnétiques à Greenwich, d'après M. Airy, t étant le millésime de l'année.

Déclinaison. . . . . $19° - 12'.1 - (t - 1876) \times 7'.38$

Force horizontale h . . $0.1797 + (t - 1876) \times 0.00027$

Inclinaison. . . . . $67° - 40'.3 - (t - 1876) \times 2'.04$

Force verticale . . . $0.4375 - (t - 1876) \times 0.00008$

Il est clair que force totale $=$ cos. inclinaison

et force verticale $= h \times$ tg. inclinaison.

CHAPITRE QUATRIÈME

ÉLECTRICITÉ.

Principes généraux.

62. — La nature intime du mode de force révélé par les attractions et les répulsions que l'on constate entre corps électrisés nous est encore aussi inconnue que celle du magnétisme. Mais, sans faire aucune hypothèse sur l'essence même de l'électricité, nous pouvons attribuer les phénomènes électriques à une matière fictive distribuée à la surface des corps, ou dans toute l'étendue du volume de ceux-ci, de manière que les actions dues à cette matière conduisent aux propriétés électriques observées.

Comme pour le magnétisme, nous stipulerons que cette « *matière électrique* » est essentiellement distincte de la matière grave, et qu'elle ne possède d'autre propriété que celle d'agir sur les corps électrisés, ou sur toute autre portion de matière électrique, suivant les lois nécessaires pour qu'il y ait concordance entre les faits observés et les déductions de la théorie.

63. Loi élémentaire. — En conséquence de faits d'observation bien connus, et notamment des expériences de Coulomb (*), on peut énoncer la loi élémentaire de cette matière fictive dans les termes suivants :

1º Il y a lieu de distinguer deux espèces de matière électrique, chacune correspondant respectivement aux propriétés de l'ambre et du verre frottés ; nous distinguerons l'*élec-*

(*) *Mémoires de physique*, publiés par la Société de physique, t. I.

tricité vitrée ou *positive,* et l'*électricité résineuse* ou *négative* (*).

2° Une quantité plus ou moins grande d'électricité positive ou négative peut être concentrée en un point, ou répandue sur une surface, ou répartie à l'intérieur d'un solide : cette quantité s'appelle *la charge* du point, de la surface, ou du solide considéré, et la *densité électrique* sera la quantité d'électricité par unité de surface ou de volume. Si la distribution n'est pas uniforme, la densité, en un point d'une surface, sera le rapport entre la quantité, par élément de surface, et l'étendue de cet élément.

3° Deux points électriques se repoussent ou s'attirent suivant qu'ils sont chargés d'électricités de même nom ou de noms contraires, et ces réactions sont :

a) en raison directe du produit des charges.

b) en raison inverse du carré de la distance.

4° Dans certaines substances, que nous appelons *isolantes,* les masses électriques restent adhérentes aux molécules; au contraire, dans les corps *conducteurs,* ces masses peuvent passer et passent librement d'une molécule à la suivante, s'il existe une force qui les sollicite. Il est vrai que cette liberté de déplacement n'est pas absolue et que chaque substance oppose au mouvement de l'électrité une résistance plus ou moins grande. Néanmoins, lorsque l'on considère un système électrique parvenu à l'état d'équilibre statique, et dans ce cas seulement, on peut négliger cette particularité, et supposer que les corps possèdent : ou bien une conductibilité électrique parfaite, ou bien un pouvoir isolant absolu.

(*) Il est probable qu'il n'y a pas plus de différence entre l'électricité positive et la négative qu'il n'y en a entre le froid et la chaleur ; aussi n'attachons-nous à ces mots aucune importance de fait, ce sont des termes qui facilitent le langage et pas autre chose. Le froid est du calorique en moins ; la chaleur, du calorique en plus. De même, il est bien possible que l'électricité vitrée soit simplement un excès, et la résineuse un défaut d'électricité.

64. Unité de quantité. — Nous adopterons pour *unité de charge la quantité qui, concentrée en un point, repousse et est repoussée par une charge égale, placée à un centimètre de distance, avec une force égale à la dyne.*

La quantité ainsi définie s'appelle aussi : *unité de quantité électro-statique,* par opposition à d'autres unités de quantité qui seront définies plus loin.

m et m' étant deux masses électriques concentrées en deux points distants de Δ centimètres, leur action réciproque aura pour expression, en dynes

$$f = \frac{mm'}{\Delta^2}.$$

m et m' sont à prendre avec le signe $+$ ou avec le signe $-$ suivant qu'il s'agit d'électricités vitrées ou résineuses, et les valeurs *positives* de f indiquent des *répulsions*.

65. Force et potentiel électriques. — Grâce aux conventions précédentes, tout ce que nous avons dit au chapitre premier du champ de la force, de son intensité ainsi que du potentiel en un point donné, est textuellement applicable aux actions électriques. Ainsi :

1° Le *potentiel* dû, en un point donné de l'espace, à un

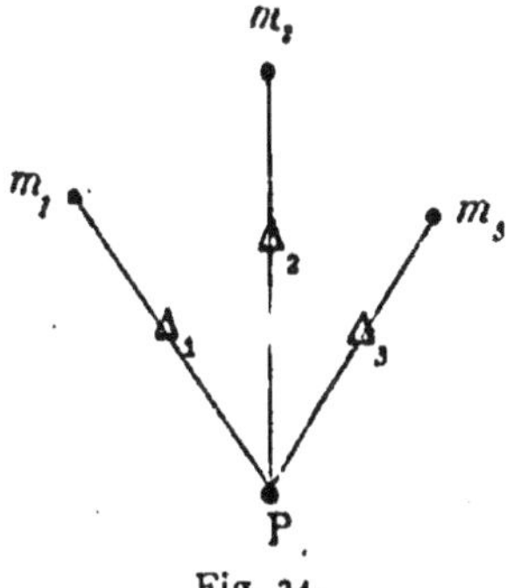

Fig. 24.

ensemble de masses électriques, est le travail que ces masses développent sur l'unité de quantité Q, déplacée de ce point jusqu'aux limites de leur champ. Si, par exemple, plusieurs masses m_1^*, m_2, m_3 ... (fig. 24) sont respectivement concentrées en des points distants du point P des quantités Δ, le potentiel en P, dû à ces masses, aura pour expression **(22)**

$$V = \sum \frac{m}{\Delta}.$$

Ainsi, dans le cas d'une sphère conductrice, de rayon r, uniformément chargée, à sa surface, d'une quantité d'électricité q, le potentiel, au centre, est égal à

$$V = \frac{q}{r}. \qquad \ldots \ldots \ldots \quad (1)$$

2° La *force résultante,* en un point quelconque de l'espace, c'est-à-dire la force qui s'y exercerait sur l'unité de quantité, placée en ce point, a pour expression

$$F = -\frac{dV}{dn},$$

dV étant la différence de potentiel entre deux points infiniment voisins, situés sur une même ligne de force, et dn leur distance, qui est aussi la distance normale entre les surfaces équipotentielles passant par les deux points.

Pour que cette force soit nulle, il faut et il suffit que V soit constant dans le voisinage du point; de là, pour l'équilibre électrique, les conclusions suivantes :

66. Équilibre électrique. — Dans un conducteur, l'équilibre électrique ne peut exister que si tous les points en sont au même potentiel, car toute différence de potentiel provoquerait, dans le conducteur, un déplacement d'électricité, dirigé dans le sens de la chute du potentiel.

Deux corps conducteurs réunis par un fil métallique ne forment plus qu'un seul et même conducteur; par conséquent, dans l'état d'équilibre, tous les points d'une même matière conductrice doivent être au même potentiel.

D'autre part l'expérience aussi bien que la loi élémentaire indiquent que, lorsqu'un conducteur électrisé est isolé dans l'espace, l'électricité, en vertu de la répulsion mutuelle qui s'exerce entre ses éléments, se porte entièrement à la surface extérieure du conducteur, où elle est maintenue par le pouvoir isolant du milieu ambiant.

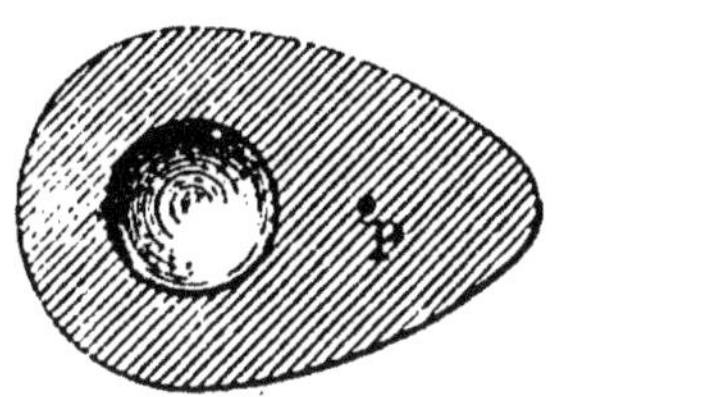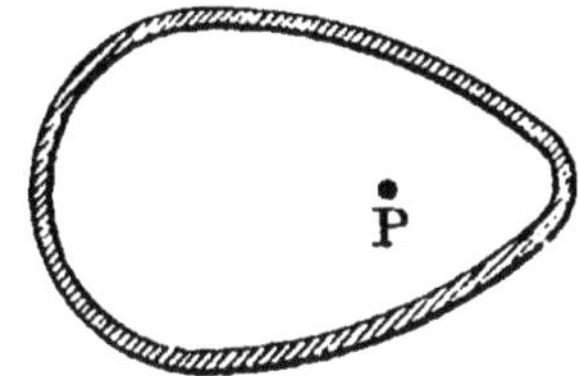

Fig. 25.

Cela étant, soit (fig. 25) un conducteur massif, électrisé ; on pourra, sans changer la distribution électrique, et par conséquent, sans faire varier le potentiel en un point P, pratiquer une cavité dans le conducteur et même le réduire à une simple enveloppe métallique, aussi mince que l'on veut.

Donc, dans les conditions de l'équilibre électro-statique et pour tous les points situés à la surface ou à l'intérieur d'un conducteur creux ou massif, le potentiel est constant.

C'est pourquoi il n'est pas inexact de dire : « le potentiel d'un conducteur » quoique rigoureusement la notion du potentiel ne s'applique qu'à un point.

Ainsi la valeur

$$V = \frac{q}{r},$$

que nous avons trouvée pour le potentiel dû à une sphère électrisée, au centre de celle-ci, est la même pour tous les points pris à l'intérieur ou à la surface de la sphère. On peut donc dire que cette valeur représente le potentiel « de la sphère ».

67. Potentiel de la Terre. — Deux points de la surface terrestre ne sont pas toujours au même potentiel, puisque l'on constate fréquemment des courants électriques à la surface de notre globe. Mais, abstraction faite de ces courants accidentels, on peut considérer comme constant le potentiel de la Terre, et le prendre pour terme de comparaison dans l'évaluation des différences de potentiel.

Nous n'en connaissons pas la valeur absolue, qui dépend évidemment des conditions cosmiques ; mais comme, pour l'étude des phénomènes qui se passent dans l'espace restreint d'un laboratoire ou d'une usine, nous n'avons à tenir compte que des *différences* de potentiel, nous pouvons convenir de prendre, pour potentiel zéro, celui de la surface terrestre à l'endroit où nous nous trouvons.

Nous dirons donc que, dans l'état d'équilibre électrostatique, tout conducteur relié à la Terre par un fil métallique se trouve au potentiel zéro.

68. Tension électrique. — Dans l'état d'équilibre électrostatique toute surface conductrice est une surface équipotentielle et la force électrique lui est normale en chacun de ses points. Mais il ne s'ensuit pas que, sur toute l'étendue de la surface, la force ait même valeur.

Cela n'est vrai que pour la sphère, à la surface de laquelle toute électricité libre se répand en couche de *densité* uniforme (on dit parfois en couche *d'épaisseur* uniforme, épaisseur étant alors pris comme synonyme de densité ; mais c'est un terme impropre qu'il faut rejeter).

Sur les surfaces de forme irrégulière, la densité est plus grande aux endroits de plus forte courbure, et la force y est aussi plus grande.

Le calcul de la distribution, c'est-à-dire, de la densité de l'électricité, aux divers points d'un système en équilibre, et, par conséquent, la détermination de la force due à ce système est un problème extrêmement compliqué qui ne peut être complètement résolu que dans quelques cas particuliers.

Reprenons le cas de la sphère de rayon r chargée d'une quantité d'électricité égale à q; la densité ρ doit être uniforme par raison de symétrie absolue : elle est donc

$$\rho = \frac{q}{4\pi r^2}.$$

L'intensité de la force en un point quelconque de la surface sera, d'après ce que nous avons trouvé (**18**),

$$f_3 = 2\pi\rho = \frac{1}{2} \cdot \frac{q}{r^2}.$$

Puisque telle est la valeur de l'action répulsive du système, sur l'unité d'électricité de même nom, placée en un point quelconque de la sphère, l'action sur un élément dS de cette surface, de densité $\rho = \frac{q}{4\pi r^2}$, sera

$$T = \frac{1}{2} \cdot \frac{q}{r^2} \cdot \frac{q}{4\pi r^2} \cdot dS.$$

C'est l'expression de l'effort qui tend à éloigner l'élément dS.

L'intensité de cet effort, c'est-à-dire, sa valeur par unité de surface, sera

$$T = \frac{1}{8\pi} \left(\frac{q}{r^2}\right)^2.$$

On l'appelle la *tension* au point considéré.

C'est, en d'autres termes, l'intensité de la réaction qui s'exerce entre l'ensemble du système et chacun de ses éléments. On voit qu'elle est proportionnelle au produit de la force par la densité, ou proportionnelle au carré de la force, ou encore proportionnelle au carré de la densité; ou enfin, dans le cas de la sphère ou de toute autre distribution uniforme, proportionnelle au carré de la charge.

En vertu de cette réaction, l'électricité tend à s'échapper du conducteur pour pénétrer l'isolant qui la maintient à la surface et, comme nul milieu ne possède un pouvoir isolant absolu, si la tension croît sans cesse, il arrive un moment où l'isolant cède; une certaine quantité d'électricité s'échappe alors, formant ce qu'on appelle une décharge disruptive.

On voit que la *tension*, telle que nous venons de la définir, diffère essentiellement du *potentiel*. L'électricité se déplace à travers les masses conductrices en vertu d'une *différence de potentiel*; elle tend à s'échapper d'un corps isolé, pour pénétrer l'isolant, en vertu de *l'intensité de la tension*; les deux choses sont bien distinctes.

69. Force électromotrice. — L'intensité f de la force, en un point quelconque d'un champ électrique, est la valeur de l'action qui s'y exercerait sur un corps de dimensions infiniment petites, chargé de l'unité d'électricité positive.

Cette force tend, non seulement à faire mouvoir un corps chargé d'électricité, mais encore à déplacer l'électricité elle-même, à l'intérieur des corps, l'électricité positive étant sollicitée dans le sens de la force, la négative en sens inverse. C'est pourquoi la force f s'appelle aussi la *force électromotrice* au point considéré.

Elle a pour expression, comme nous avons vu (**24** et **26**),

$$f = -\frac{dV}{dn},$$

dV étant la différence de potentiel électrique entre deux points infiniment voisins, situés sur une ligne de force, à la distance dn l'un de l'autre.

Si, entre deux points situés sur une même ligne de force,

et respectivement aux potentiels V_0 et V_1, la chute de potentiel est régulière, de telle sorte que

$$\frac{dV}{ds} = \text{constante}.$$

on aura

$$f = \frac{V_1 - V_0}{\Delta}.$$

Δ étant la distance des deux points comptée sur la ligne de force.

Nous allons examiner ici l'effet de cette force dans les corps conducteurs ; et, au chapitre sixième, non étudierons ses effets dans les diélectriques (corps isolants).

70. Courant électrique. — Dans les conducteurs, toute différence de potentiel amène immédiatement un transport d'électricité : une certaine quantité d'électricité positive passant des points de plus haut potentiel vers les points où le potentiel est moindre, et une même quantité d'électricité négative passant en sens inverse, ces échanges d'électricités de nom contraire se poursuivant d'ailleurs jusqu'à ce que,

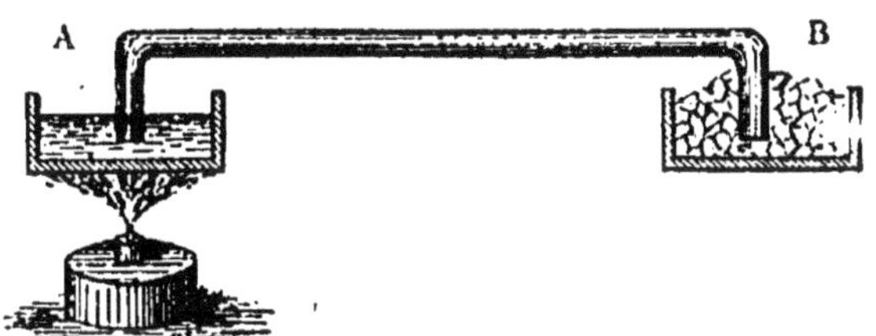

Fig. 26.

par le fait même de ces échanges, les potentiels se soient égalisés.

C'est un phénomène identique à celui des échanges de calorique entre deux corps qui ne sont pas à la même température : une différence de potentiel étant l'équivalent d'une différence de température.

Mais il ne s'agit pas ici d'une simple analogie : la loi du phénomène est la même pour les deux cas.

En effet, supposons (fig. 26) que l'on maintienne, entre les deux extrémités d'une barre métallique de longueur l, une différence constante de température $t_1 - t_0$, en plongeant, par exemple, l'une des extrémités dans de l'eau en ébullition, à l'air libre, et l'autre dans de la glace fondante. On sait qu'il s'établit, dans la barre, un transport de calorique, dont la mesure, abstraction faite des pertes dues au rayonnement, a pour expression

$$q = \frac{t_1 - t_0}{l} \cdot ka\,;$$

q étant la quantité de chaleur qui passe, dans l'unité de temps, de A vers B, a étant la section du conducteur, l sa longueur, et k un coefficient qui dépend du choix des unités, varie avec la nature du métal, et qu'on nomme son *coefficient de conductibilité*.

k est la quatité de chaleur qui passe quand $l = 1$, $a = 1$ et $t_1 - t_0 = 1$.

Cette loi, en ce qui concerne la chaleur, est une vérité expérimentale.

Il a été démontré : mathématiquement par Ohm, expérimentalement par Pouillet, qu'elle s'applique textuellement aux courants électriques à travers les conducteurs. Ainsi, supposons que, par un artifice quelconque, nous puissions maintenir une différence constante de potentiel $V_1 - V_0$ entre deux points réunis par un conducteur cylindrique de longueur l et de section a ; il passera, à travers le conducteur, dans l'unité de temps, et de V_1 vers V_0, une quantité d'électricité positive qui a pour expression

$$i = \frac{V_1 - V_0}{l} ka,$$

k étant le coefficient de conductibilité du métal employé, $\frac{ka}{l}$ sa conductibilité elle-même.

71. Loi de Ohm. — La formule ci-dessus est la traduction de la loi fondamentale de l'électricité dynamique, connue sous le nom de « loi de Ohm ».

On peut la mettre sous une autre forme. En effet, l'équation précédente peut s'écrire

$$i = \frac{V_1 - V_0}{\dfrac{l}{a} \cdot \dfrac{1}{k}}.$$

Posons

$$\frac{l}{a} \cdot \frac{1}{k} = r, \quad \dots \quad \dots \quad (1)$$

la formule devient

$$i = \frac{V_1 - V_0}{r} \quad \dots \quad \dots \quad (2)$$

D'après la relation (1), la quantité r, que l'on nomme la *résistance* du conducteur, est directement proportionnelle à la longueur de celui-ci, inversement proportionnelle à sa section, et inversement proportionnelle à son coefficient de conductibilité; ou, ce qui est la même chose, directement proportionnelle à un coefficient de résistance.

72. Travail produit par le courant; loi de Joule. — Suivant la définition même du potentiel, si une certaine quantité d'électricité q se trouve transportée, sous l'influence de la force, d'un point où le potentiel est V_1, à un autre où il est V_0, le travail produit, quel que soit le chemin parcouru, a pour expression

$$w = q(V_1 - V_0). \quad \dots \quad \dots \quad (1)$$

Dans le cas 'un conducteur dont les deux extrémités sont maintenues à une différence de potentiel constante $V_1 - V_0$ et où, par conséquent, il passe, par unité de temps, une quantité d'électricité $i = \dfrac{V_1 - V_0}{r}$, le travail effectué au bout d'un temps t sera

$$w = (V_1 - V_0)it,$$

et puisque, d'après la loi de Ohm,

$$V_1 - V_0 = ir,$$

l'équation du travail peut encore s'écrire

$$w = i^2 rt. \qquad \ldots \ldots \ldots \ldots \quad (2)$$

Ce travail doit se retrouver sous une forme quelconque : en effet, le conducteur s'échauffe par le passage du courant, et l'on constate que

$$i^2 rt = jC, \qquad \ldots \ldots \ldots \ldots \quad (3)$$

C étant le nombre de calories produites, et j l'équivalent mécanique de la chaleur.

Cette loi a été établie expérimentalement par Joule.

Théoriquement, les relations qui existent entre la force électromotrice, le travail électrique et la chaleur ont été expliquées par W. Thomson (*).

73. — La quantité de chaleur produite, dans un conducteur de résistance r, par le passage d'un courant d'intensité i, pendant un temps t, est toujours équivalente à $i^2 rt$ ou $(V_1 - V_0)\, it$; $V_1 - V_0$ étant la différence de potentiel entre les deux extrémités du conducteur considéré. Mais, dans un circuit complet comprenant des générateurs d'électricité, cette chaleur ne représente pas toujours la totalité de l'énergie électrique dépensée ; comme nous le verrons plus loin, d'autres travaux accompagnent parfois le passage du courant. Ce que l'on constate dans tous les cas, c'est l'équivalence entre les énergies dépensées et la somme totale des travaux recueillis.

(*) *Philosophical Magazine,* Déc. 1851.

CHAPITRE CINQUIÈME.

APPLICATIONS DE LA LOI DE OHM.

74. Conducteurs en série; perte de charge. — Soient
AB, BC, CD, ..., DE (fig. 27) différentes sections d'un
même conducteur métallique disposées « *en série* », c'est-à-
dire, les unes à la suite des autres, et fermant le circuit d'une
source électromotrice unique E, de résistance intérieure ρ.

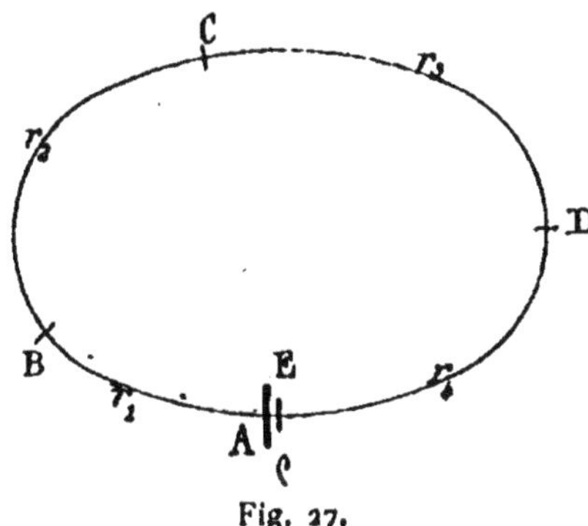

Fig. 27.

Connaissant les résistances respectives

$$r_1, \quad r_2, \quad ... \; r_4$$

de ces sections, on demande, pour les deux extrémités d'une
des sections, par exemple de BC, la *différence de potentiel*,
ou ce qu'on appelle en pratique la « *perte de charge* » (par
assimilation à un phénomène analogue en hydraulique).

Soit i l'intensité du courant entre ces deux points, et
$V_b - V_c$ leur différence de potentiel; lorsque le circuit sera
fermé, on aura, en vertu de la loi de Ohm,

$$i = \frac{V_b - V_c}{r_2},$$

d'où $$V_b - V_c = ir_2. \quad \ldots \quad \ldots \quad (1)$$

Or, *l'intensité du courant est uniforme dans toute l'étendue du circuit,* c'est là un principe fondamental établi par l'expérience ; il suffit donc d'introduire dans l'expression (1) la valeur de i, déduite de la considération de l'ensemble du circuit et qui est

$$i = \frac{E}{r_1 + r_2 + \cdots + \rho} = \frac{E}{R},$$

R désignant la résistance totale ; d'où

$$V_b - V_c = E\frac{r_2}{R}. \quad \ldots \quad \ldots \quad (2)$$

En général, *la différence de potentiel entre deux points quelconques du conducteur qui ferme le circuit d'une source électromotrice unique, est égale à l'intensité du courant multipliée par la résistance de la partie du conducteur comprise entre les deux points considérés;* ou bien : *égale à la force électromotrice de la source, diminuée dans le rapport de la résistance comprise entre les deux points, à la résistance totale.*

En d'autre termes encore, en écrivant

$$V_b - V_c = \frac{E}{R}r_2,$$

on pourra lire l'expression (2) comme suit :

La perte de charge est proportionnelle à la résistance de l'étendue de conducteur considérée, le coefficient de proportionnalité étant $\frac{E}{R}$.

L'équation de la droite AB (fig. 28), qui représente cette perte de charge, est

$$y = \frac{E}{R}x,$$

x étant la résistance à partir du siège de la force électro-motrice, et y la *diminution* ou la *chute* du potentiel depuis ce point.

On en déduit

$$i = \frac{E}{R} = \operatorname{tg} \alpha. \quad . \quad . \quad . \quad . \quad . \quad . \quad . \quad (3)$$

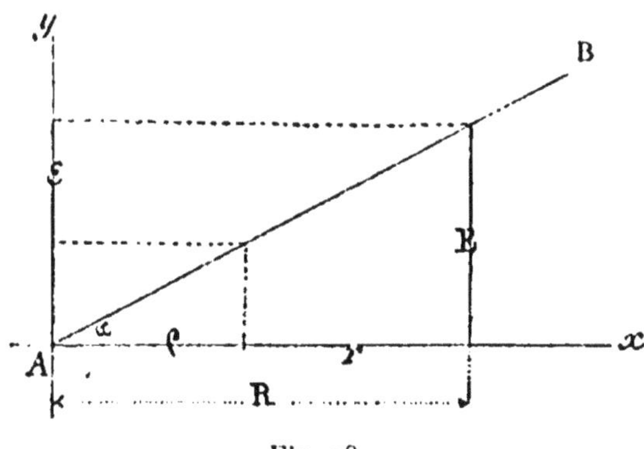

Fig. 28.

75. Différence de potentiel entre les bornes. — Comme cas particulier du problème précédent, on demande la diffé-rence de potentiel qui existera entre les « bornes » d'un générateur d'électricité (pile ou machine dynamo), de force électromotrice E et de résistance intérieure ρ, le circuit étant fermé par un conducteur extérieur de résistance r.

Soit ε cette différence de potentiel, appelée en pratique *force électromotrice aux bornes*; on écrira indifféremment

$$\varepsilon = ir$$

ou

$$\varepsilon = E\frac{r}{R}\cdot$$

76. Conducteurs et forces électromotrices en série. — Soit (fig. 29) un circuit constitué par plusieurs conducteurs « en série », respectivement de résistance r_1, r_2, r_3, ..., et, placées sur ces conducteurs, plusieurs sources électro-motrices de valeur $+E_1$, $+E_2$, $-E_3$, ..., et respectivement de résistance intérieure ρ_1, ρ_2, ρ_3, ...

On aura :
$$ I = \frac{E_1 + E_2 - E_3 + \cdots}{r_1 + r_2 + r_3 + \cdots + \rho_1 + \rho_2 + \rho_3 + \cdots} = \frac{\Sigma E}{R}. $$

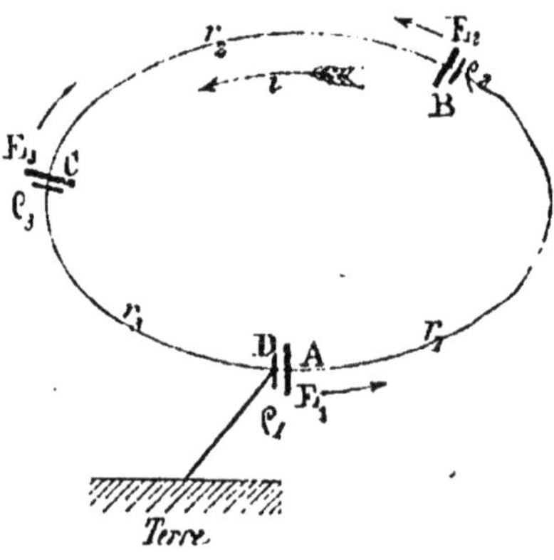

Fig. 29.

Le potentiel en un point quelconque du circuit se déduira aisément du diagramme (fig. 30) dont la construction est facile à saisir, et qui suppose que, comme c'est souvent le

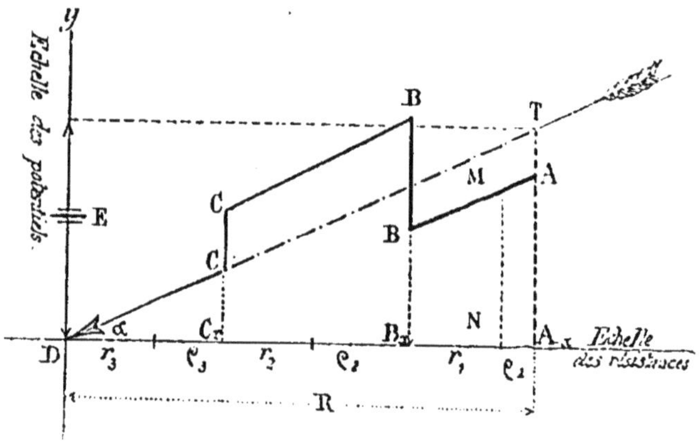

Fig. 30.

cas en pratique, l'un des pôles de la source électromotrice principale E_1 soit relié à la Terre et se trouve ainsi au potentiel zéro. Du reste, il est toujours commode de prendre

le potentiel de ce point du circuit comme zéro de l'échelle
des différences de potentiel, lors même que le circuit n'aurait
aucune communication avec la Terre.

L'intensité du courant étant la même dans toute l'étendue
du circuit, si nous construisons la droite DT par la condition que

$$i = \operatorname{tg} \alpha,$$

les différentes parties AB, BC, CD, représentant la chute de
potentiel depuis l'extrémité A jusqu'à l'extrémité D du circuit, devront être parallèles à cette droite DT dont la tangente de l'angle d'inclinaison mesure le courant.

En B_x, siège d'une force électromotrice positive, il y a un
relèvement brusque du potentiel.

En C_x, siège d'une source électromotrice négative, il faut
figurer une chute brusque $CC = E_3$.

« La force électromotrice aux bornes » de la source principale E_1 est égale à l'ordonnée MN.

77. — Soit, dans un circuit de résistance totale R, une
pile de plusieurs générateurs montés en série, et respectivement de forces électromotrices E_1, E_2, E_3 ...; la quantité
d'électricité produite en l'unité de temps, par l'ensemble de
la série, sera

$$i = \frac{\Sigma E}{R},$$

et la chaleur dégagée dans le circuit

$$w = i\Sigma E.$$

La contribution de chacun des éléments à cette production
totale sera, respectivement,

$$w_1 = iE_1,$$
$$w_2 = iE_2,$$
$$. \quad . \quad . \quad . \quad .$$

la somme est bien

$$w = i\Sigma E.$$

78. Résistance apparente. — Soit $V_1 - V_0 = E$ la différence de potentiel entre les extrémités d'un conducteur
dont r est la résistance réelle, et qui comprenne une force
électromotrice e, dont on ignore l'existence, par exemple,
une force *contre-électromotrice* (agissant en sens contraire
de la différence de potentiel $V_1 - V_0$).

Lorsqu'on voudra calculer la résistance de ce conducteur
en fonction de la différence de potentiel que l'on sait devoir
exister entre les points extrêmes, et de l'intensité de courant
mesurée, on écrira, nécessairement, ignorant l'existence de
la force contre-électromotrice

$$i = \frac{E}{r}, \quad \text{d'où} \quad r = \frac{E}{i},$$

tandis qu'on devrait écrire

$$i = \frac{E - e}{r}, \quad \text{d'où} \quad r = \frac{E - e}{i};$$

on attribuera donc au conducteur une résistance trop
grande r_1, l'erreur étant égale à $\frac{e}{i}$.

Cette valeur erronée

$$r_1 = r + \frac{e}{i}$$

est ce qu'on appelle la *résistance apparente* du conducteur.

79. Circuits complexes; Lois de Kirchhoff. — Dans un
circuit complexe, la détermination de l'intensité du courant
et, par suite, celle du potentiel, en chaque point, ne présente
aucune difficulté, quand on connaît la résistance de chacune
des branches, ainsi que la position et la valeur de toutes les
forces électromotrices qui agissent dans le système.

On y arrive par l'application de l'axiome et du théorème suivants, connus sous le nom de lois de Kirchhoff.

I. Il est évident qu'à chaque sommet du circuit, c'est-à-dire *en chaque point de rencontre de plusieurs conducteurs, il arrive autant d'électricité par un ou plusieurs d'entre eux qu'il s'en écoule par les autres.*

Pour traduire cet axiome en équation, on suppose aux courants un sens déterminé, quelconque, arbitraire, et l'on écrit que la somme algébrique des intensités des courants, qui aboutissent à un sommet quelconque, est nulle, en affectant d'un même signe les courants qui se dirigent vers un sommet, et d'un signe contraire les courants qui s'en éloignent.

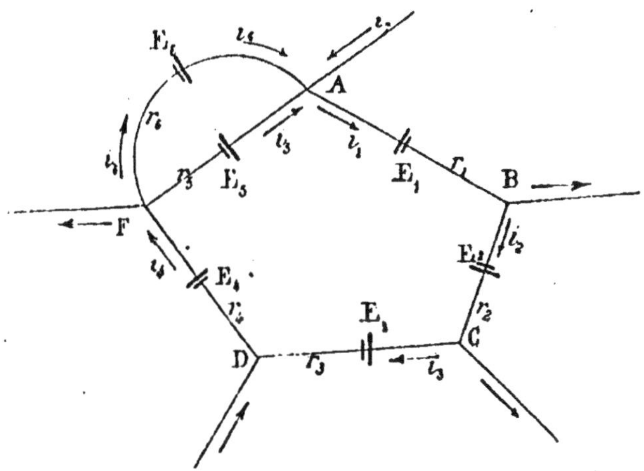

Fig. 31.

Ainsi, au sommet A (fig. 31), on aura

$$i_5 + i_6 + i_7 - i_1 = 0$$

ou

$$\Sigma i = 0. \quad \ldots \ldots \ldots \quad (1)$$

II. Considérons le polygone fermé ABCDFA (fig. 31) :
Soient r_1, r_2, ..., r_5 les résistances totales de chacune des branches; E_1, E_2, ..., E_5 les forces électromotrices en jeu;

et donnons le signe positif à celles qui agissent dans le sens supposé du courant, le signe négatif à celles qui agissent en sens contraire. Les courants eux-mêmes seront tenus pour positifs ou négatifs suivant que, dans le polygone fermé que l'on considère leur direction *supposée* est dans le sens du mouvement des aiguilles d'une montre ou en sens inverse.

Enfin, soient V_a, V_b, ..., V_c les potentiels aux différents sommets. Lorsque le régime est établi nous aurons, en vertu de la loi de Ohm,

$$V_a - V_b - E_1 = i_1 r_1$$
$$V_b - V_c + E_2 = i_2 r_2$$
$$V_c - V_d - E_3 = i_3 r_3$$
$$\cdot \quad \cdot \quad \cdot \quad \cdot \quad \cdot \quad \cdot \quad \cdot \quad \cdot$$
$$V_e - V_a + E_5 = i_5 r_5$$

d'où

$$E_2 + E_5 - E_1 - E_3 + \cdots = i_1 r_1 + i_2 r_2 + \ldots i_5 r_5,$$

ou

$$\Sigma E = \Sigma i r. \quad \cdot \quad \cdot \quad \cdot \quad \cdot \quad \cdot \quad \cdot \quad \cdot \quad (2)$$

En appliquant la formule (1) à divers sommets du circuit, et la formule (2) aux divers polygones fermés qu'on peut former avec ses branches, on obtient autant d'équations qu'il est nécessaire pour déterminer l'intensité en chaque branche; et le signe *trouvé* fait connaître si le courant marche dans la direction qu'on lui avait *supposée*, ou bien en sens contraire.

80. Circuits dérivés. — Comme application de ce qui précède, supposons qu'entre deux points donnés C et Z (fig. 32), un circuit se subdivise en plusieurs branches parallèles, ou, comme on dit encore, placées « *en dérivation* » sur le circuit principal. Soient r_1, r_2, r_3 les résistances respectives de ces branches; soit E la source électromotrice, et ρ sa résistance intérieure augmentée de celle des conducteurs qui amènent l'électricité en C et en Z, on aura

$$\text{au sommet C} \quad \ldots \quad I = i_1 + i_2 + i_3 \quad \ldots \quad (1)$$

$$\text{pour le polygone } r_1\rho \quad \ldots \quad E = i_1 r_1 + I\rho \quad \ldots \quad (2)$$

$$\text{"} \qquad r_2\rho \quad \ldots \quad E = i_2 r_2 + I\rho \quad \ldots \quad (3)$$

$$\text{"} \qquad r_1 r_3 \quad \ldots \quad 0 = i_1 r_1 - i_3 r_3 \quad \ldots \quad (4)$$

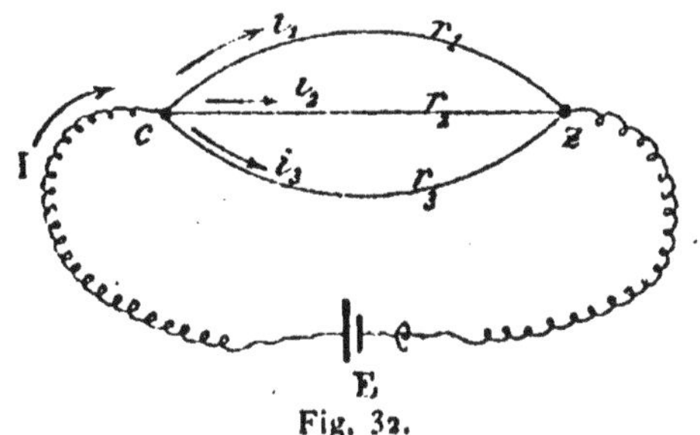

Fig. 32.

On en déduira

$$I = \cfrac{E}{\rho + \cfrac{1}{\dfrac{1}{r_1} + \dfrac{1}{r_2} + \dfrac{1}{r_3}}}, \quad \ldots \quad (a)$$

$$i_1 = I \times \cfrac{\dfrac{1}{r_1}}{\dfrac{1}{r_1} + \dfrac{1}{r_2} + \dfrac{1}{r_3}}, \quad \ldots \quad (b)$$

$$i_2 = I \times \cfrac{\dfrac{1}{r_2}}{\dfrac{1}{r_1} + \dfrac{1}{r_2} + \dfrac{1}{r_3}},$$

$$\ldots \ldots \ldots$$

et aussi

$$i_1 : i_2 : i_3 = \frac{1}{r_1} : \frac{1}{r_2} : \frac{1}{r_3}. \quad \ldots \quad (c)$$

Conclusions :

1° D'après la formule (*a*) la résistance unique équivalente à l'ensemble des branches dérivées, et qu'on nomme la *résistance réduite* de ces branches, a pour expression

$$r = \cfrac{1}{\cfrac{1}{r_1} + \cfrac{1}{r_2} + \cfrac{1}{r_3}}, \quad \ldots \ldots \ldots \quad (d)$$

c'est-à-dire qu'elle *est égale à l'inverse de la somme des inverses des résistances de chacune des branches.*

2° D'après l'équation (c) le courant se partage, entre les dérivations, en raison inverse de leurs résistances respectives, ou, ce qui est la même chose, en raison directe de leurs conductibilités.

3° Si ρ est très petit, pratiquement négligeable,

$$i_1 = \frac{E}{r_1}, \quad i_2 = \frac{E}{r_2}, \quad i_3 = \frac{E}{r_3},$$

c'est-à dire que, dans ce cas, les dérivations sont indépendantes les unes des autres, et que chacune d'elles est parcourue par le courant qui la traverserait si elle existait seule.

81. Pont de Wheatstone. — On désigne sous ce nom une diagonale conductrice d'un quadrilatère conducteur (fig. 33).

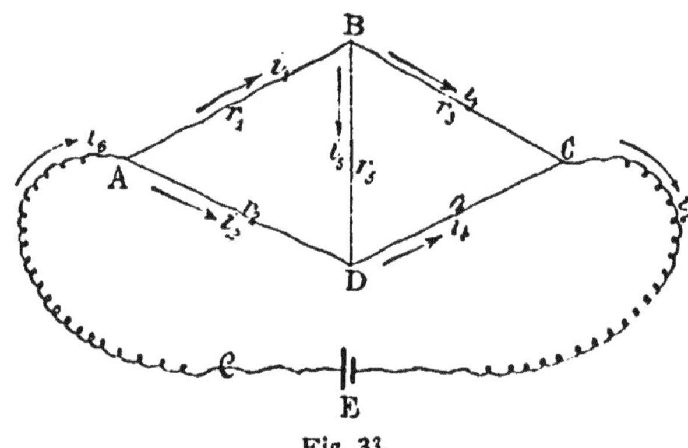

Fig. 33.

Si deux sommets opposés tels que A et C sont maintenus à

une différence constante de potentiel, le pont ou diagonale BD sera parcouru par un courant dans un sens ou dans l'autre, ou l'intensité du courant y sera nulle, suivant les rapports existant entre les résistances des quatre côtés du quadrilatère.

En effet, en appliquant les lois de Kirchhoff, on trouve pour

$$\Sigma i = 0 \begin{cases} \text{en A.} \quad . \quad . \quad i_1 + i_2 = i_6. \quad . \quad . \quad . \quad . \quad (1) \\ \text{en B.} \quad . \quad . \quad i_1 = i_3 + i_5. \quad . \quad . \quad . \quad . \quad (2) \\ \text{en D.} \quad . \quad . \quad i_4 = i_2 + i_5. \quad . \quad . \quad . \quad . \quad (3) \end{cases}$$

et pour

$$\Sigma E = \Sigma ir \begin{cases} \text{dans le polygone ABD} \quad . \quad . \quad 0 = i_1 r_1 + i_5 r_5 - i_2 r_2 \quad (4) \\ \qquad\qquad\text{»} \qquad\quad \text{BCD} \quad . \quad . \quad 0 = i_3 r_3 - i_4 r_4 - i_5 r_5 \quad (5) \\ \qquad\qquad\text{»} \qquad\quad \text{ABCE.} \quad . \quad E = i_1 r_1 + i_3 r_3 + i_6 \rho. \quad (6) \end{cases}$$

De ces six équations on déduit, notamment pour l'intensité du courant dans le pont,

$$i_5 = \frac{r_2 r_3 - r_1 r_4}{r_5(r_1 + r_2 + r_3 + r_4) + (r_1 + r_3)(r_2 + r_4)} i_6.$$

Ce courant sera nul si

$$r_1 r_4 = r_2 r_3, \quad . \quad . \quad . \quad . \quad . \quad . \quad . \quad (a)$$

c'est-à-dire, *s'il y a égalité entre les produits des résistances des côtés opposés.*

CHAPITRE SIXIÈME.

INDUCTION ÉLECTROSTATIQUE.

82. — Dans les conducteurs, toute différence de potentiel occasionne un transport d'électricité. Dans les corps isolants, ou diélectriques, pareil transport est impossible, mais les différences de potentiel y donnent lieu à un phénomène connu sous le nom d'*induction* ou *électrisation par influence,* pour lequel Maxwell propose la dénomination de *déplacement électrique,* « *electric displacement.* » La justesse de cette dernière dénomination sera établie au § **87**.

Soit (fig. 34) un conducteur C chargé, par exemple, d'une quantité q d'électricité positive, et placé à l'intérieur d'une enveloppe conductrice isolée B. Par influence la surface externe de l'enveloppe prend une charge positive tandis

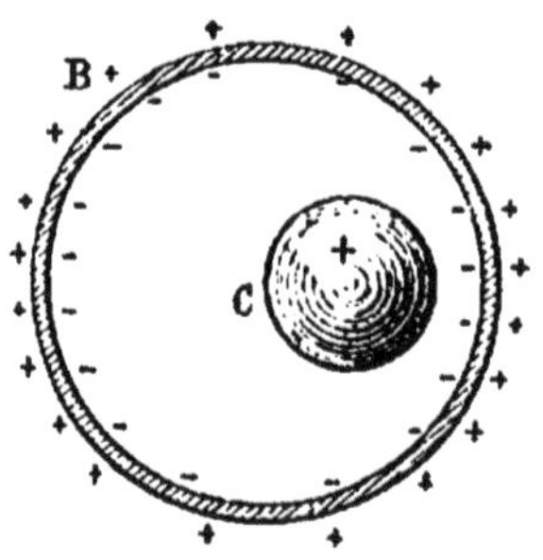

Fig. 34.

que sa face interne se charge négativement ; et *ces deux charges « induites » sont égales en valeur absolue à la charge positive de* C. C'est là un fait expérimental bien établi, notamment par les belles expériences de Faraday qui seront rapportées à la fin de ce chapitre.

Faraday a prouvé en outre que la différence de potentiel qui, dans ces circonstances, s'établit entre le corps C et son enveloppe métallique, est fonction de la nature du diélectrique interposé. Pour le moment nous ne tiendrons pas compte de cette circonstance et nous supposerons que le diélectrique est de l'air. Il s'agit de calculer, dans cette hypothèse, la différence de potentiel, $V_1 - V_o$, entre le corps C et son enveloppe métallique. Or, nous pouvons écrire que le potentiel V, dû au système, en un point quelconque de l'espace, a pour expression

$$V = \Sigma \frac{q'}{\Delta'} - \Sigma \frac{q''}{\Delta''} + \Sigma \frac{q'''}{\Delta'''},$$

$\Sigma \frac{q'}{\Delta'}$ étant le potentiel produit, en ce point, par la charge positive de C, $\Sigma \frac{q''}{\Delta''}$ le protentiel produit par les masses distribuées sur la surface interne de l'enveloppe, et $\Sigma \frac{q'''}{\Delta'''}$, celui dû au fluide situé à la surface externe de l'enveloppe.

De plus, et toujours d'après les expériences de Faraday, l'électricité se distribue sur le corps C et sur la surface interne de B de telle façon que, pour tout point extérieur à cette surface (donc aussi pour un point quelconque de la surface externe de l'enveloppe), la somme

$$\Sigma \frac{q'}{\Delta'} - \Sigma \frac{q''}{\Delta''}$$

soit constamment nulle. Le potentiel V, en ces points (le potentiel de l'enveloppe), se réduit donc à

$$V_o = \Sigma \frac{q'''}{\Delta'''},$$

c'est-à-dire qu'il y dépend uniquement de la charge répandue sur la surface externe de B.

Quant au potentiel V_1 du conducteur électrisé C, remarquons que, si nous faisons abstraction de sa propre charge et de la charge égale mais de signe contraire répandue sur la surface interne de l'enveloppe, ce potentiel serait constant et égal à V_0 [potentiel de l'enveloppe (voyez § **166**)]; donc

$$V_1 = V_0 + \sum \frac{q'}{r'} - \sum \frac{q''}{r''},$$

$\sum \frac{q'}{r'}$ étant le potentiel dû, en un point quelconque de C, à la charge de C et $\sum \frac{q''}{r''}$ étant le potentiel dû, au même point, à la charge interne de l'enveloppe; d'où

$$V_1 - V_0 = \sum \frac{q'}{r'} - \sum \frac{q''}{r''}. \qquad \ldots \ldots \quad (a)$$

83. Condensateurs. — Le système de deux conducteurs s'influençant mutuellement à travers un diélectrique interposé, se nomme un *condensateur*. On voit, par ce qui précède, que la différence de potentiel entre ce qu'on appelle les deux *armatures* d'un condensateur ne dépend pas de la charge de la surface externe de l'enveloppe et nous allons démontrer que, pour une situation donnée des armatures, cette différence de potentiel est proportionnelle à la charge q de l'armature intérieure C, donc aussi proportionnelle à la charge $- q$ de la surface interne de l'enveloppe.

En effet, nous pouvons, sans troubler les conditions de l'équilibre, supposer qu'en chaque point du système la densité électrique augmente ou diminue dans une même proportion.

Si donc nous nous figurons les charges totales $+ q$ et $- q$ augmentant graduellement depuis 0 à $= q$, chacun des termes élémentaires des sommes $\sum \frac{q'}{r'}$ et $\sum \frac{q''}{r''}$ sera, à chaque instant, proportionnel aux valeurs des charges totales à cet instant, donc aussi les sommes elles-mêmes.

Par conséquent

$$V_1 - V_0 = \frac{q}{S},$$

$\frac{1}{S}$ étant un coefficient de proportionnalité, constant pour chaque condensateur, et qui, abstraction faite de la nature du diélectrique, dépend de la forme, de l'étendue et de la position relative des armatures.

Pour charger un condensateur, on peut mettre chacune de ses armatures en communication avec les pôles d'une source électrique qui établira entre elles une différence de potentiel connue $V_1 - V_0$.

Les quantités d'électricité absorbées, dans ces circonstances, par chacune des armatures sont, d'après ce qui précède :

$$\pm\, q = (V_1 - V_0)S,$$

d'où

$$S = \frac{q}{V_1 - V_0}, \quad \cdot \quad \cdot \quad \cdot \quad \cdot \quad \cdot \quad \cdot \quad (1)$$

d'où encore cette définition que *le coefficient S représente la quantité d'électricité qu'absorbe chacune des armatures d'un condensateur lorsque la différence de potentiel entre ces armatures varie d'une unité de différence de potentiel.* Ce coefficient détermine ce qu'on appelle la *capacité* d'un condensateur donné (le diélectrique étant l'air atmosphérique).

84. Détermination de la capacité. — La capacité, définie ci-dessus, s'évalue expérimentalement en mesurant la charge $\pm\, q$ donnant une différence connue de potentiel $V_1 - V_0$. Toutefois, lorsque la forme géométrique du condensateur permet d'en calculer la distribution électrique, ainsi que les sommes $\sum \frac{q'}{r'}$, $\sum \frac{q''}{r''}$ pour un des points de l'armature intérieure, on en déduit immédiatement la valeur du coefficient S.

Le calcul est aisé lorsque, par suite de la forme régulière des armatures, la densité électrique doit être partout la même.

Cette condition n'est remplie complètement que dans les condensateurs sphériques que, pour ce motif, on appelle *condensateurs absolus*.

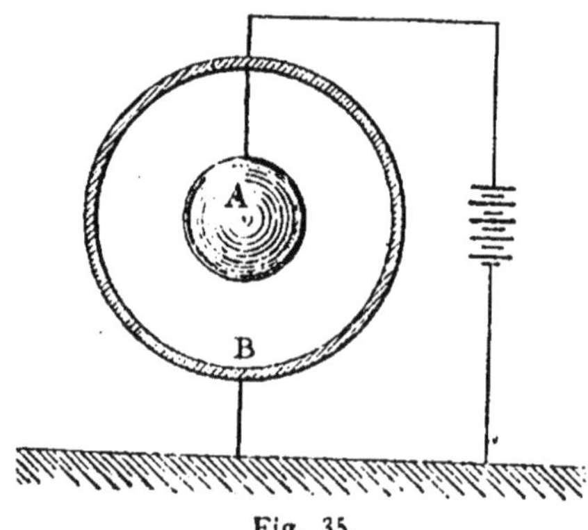

Fig. 35.

Soient par exemple (fig. 35), deux sphères concentriques dont l'une, armature extérieure B de rayon R, est reliée à la Terre, en sorte que son potentiel $V_0 = 0$; tandis que l'intérieure e, A de rayon r, est reliée à une source électrique capable de lui communiquer un potentiel V_1; et soit q la charge que A prend dans ces circonstances.

Au centre de A,

$$\Sigma \frac{q'}{r'} \quad \text{vaut} \quad \frac{q}{r},$$

et

$$\Sigma \frac{q''}{r''} \quad \text{vaut} \quad -\frac{q}{R},$$

d'où (§ **82**)

$$V_1 = q \left(\frac{1}{r} - \frac{1}{R} \right),$$

d'où

$$S = \frac{q}{V_1} = \frac{1}{\dfrac{1}{r} - \dfrac{1}{R}} = \frac{Rr}{R - r}.$$

On voit que la capacité est inversement proportionnelle à l'épaisseur du diélectrique.

On remarquera aussi que la quantité d'électricité

$$q = \frac{V_1}{\dfrac{1}{r} - \dfrac{1}{R}}$$

qu'absorbe la sphère A lorsqu'elle est mise en communication avec une source électromotrice de potentiel V_1, et qu'elle se trouve sous l'influence de l'enveloppe B, est plus grande que la charge qu'elle recevrait de la même source, au même potentiel, si elle était isolée dans l'espace et assez éloignée des corps environnants pour être soustraite à leur influence. En effet, dans ce dernier cas, pour une charge q_1, son potentiel serait (voyez § **66**)

$$V_1 = \frac{q_1}{r},$$

d'où

$$q_1 = V_1 r < V_1 \frac{1}{\dfrac{1}{r} - \dfrac{1}{R}} \cdot$$

ou

$$q_1 < q.$$

De là le nom de *condensateur* ou d'*accumulateur* donné au système de deux armatures conductrices s'influençant mutuellement à travers un diélectrique.

85. Unité de capacité. — Une sphère isolée, de rayon r, et assez éloignée des corps environnants pour être soustraite à leur influence, se met, sous une charge q au potentiel (§ **66**)

$$V_1 = \frac{q}{r}$$

d'où, par analogie, et d'après la formule (1) du § **83**

$$S = r$$

pour la capacité électrostatique de pareille sphère, exprimée en unités absolues.

On en conclut : 1° que *l'unité absolue de capacité est celle d'une sphère dont le rayon serait l'unité de longueur ; 2° que le nombre exprimant, en unités absolues, la capacité d'un condensateur quelconque, représente le rayon de la sphère qui offrirait une capacité égale.*

86. Pouvoir inducteur spécifique. — La capacité d'un condensateur, de forme donnée, varie avec la nature du diélectrique interposé entre ses deux armatures. Elle augmente si, à l'air atmosphérique, on substitue un isolant liquide ou solide, tel que l'essence de térébenthine le soufre, la gutta-percha, etc.; mais pour tous les gaz elle est la même que pour l'air.

La capacité d'un condensateur à air étant S, elle devient :

$$\left.\begin{array}{lr}\text{pour le spermacéti} & 1.1 \\ \text{»} \quad \text{verre} & 1.8 \\ \text{»} \quad \text{gomme laque} & 2.0 \\ \text{»} \quad \text{soufre} & 2.2 \\ \text{»} \quad \text{caoutchouc} & 2.8 \\ \text{»} \quad \text{gutta-percha.} & 3.8 \end{array}\right\} \times S$$

En général elle a pour expression kS ; k représentant ce qu'on appelle le *pouvoir inducteur spécifique* du diélectrique interposé, et ce coefficient étant $= 1$ pour les gaz ; tandis que S est un coefficient géométrique qui ne dépend que de la forme et des dimensions du condensateur considéré.

87. Déplacement électrique. — Cela étant, il est rationnel de considérer l'induction électrostatique non comme une action à distance, sans intermédiaire, mais comme une déformation, sous l'effort de la force électromotrice, du milieu interposé entre les armatures.

Maxwell, après avoir soumis à l'analyse les idées de Faraday à cet égard, arrive à la conclusion que les faits

observés s'expliquent, en admettant que la force électromotrice, c'est-à-dire l'intensité du champ électrique en un
point donné, détermine, dans les corps isolants, une déformation *élastique,* c'est-à-dire une déformation qui ne se
maintient que sous l'action de la force, augmente avec
celle-ci, et disparaît avec elle.

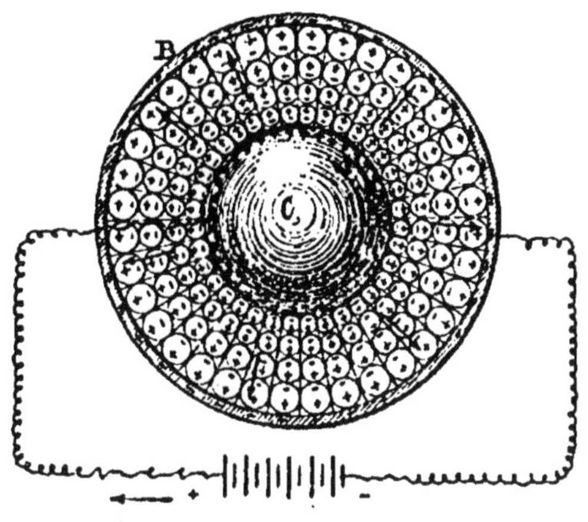

Fig. 36.

Cette déformation serait semblable à la polarisation
magnétique.

Considérons, par exemple, la matière isolante d'un condensateur sphérique dont les armatures ont été mises en
communication chacune avec l'un des pôles d'une source
électrique, et amenées ainsi respectivement aux potentiels
$+ V_1$ et $- V_1$.

Considérons notamment ce qui s'est passé suivant un
rayon quelconque. Nous pouvons admettre que, sous l'action
de la force du champ constitué, chacune des molécules s'est
orientée comme l'indique la figure 36, en sorte que pour
l'ensemble, nous avons, dans le diélectrique, autour de la
sphère C, et juxtaposée à la couche superficielle d'électricité positive de celle-ci, de valeur q, une couche néga-

tive de valeur — q; et plus loin, faisant face à la couche négative — q de l'armature extérieure, nous aurions, à la surface extérieure du diélectrique, une couche positive de valeur $+ q$.

En somme, les choses se seraient passées comme si, à travers le diélectrique, une charge $+ q$ avait été « *déplacée* » de C vers B; et une charge — q en sens contraire, de B vers C.

Ce « *déplacement* » (« displacement » est le terme employé par Maxwell), serait partie intégrante du courant qui, au moment de la charge, se manifeste réellement dans les fils conducteurs reliant les armatures aux pôles de la source électrique.

Maxwell s'exprime à cet égard comme suit :

« La valeur de ce déplacement, mesurée par la quantité
» d'électricité positive chassée à travers une section quel-
» conque du diélectrique qui diviserait celui-ci en deux
» couches, sera exactement égale à q. Il paraît donc qu'en
» même temps que, sous l'action de la force électromotrice,
» une quantité q d'électricité est transportée le long du fil
» conducteur et traverse chacune des sections de celui-ci
» en vertu de la *conductibilité*, la même quantité traverse
» chacune des sections du diélectrique en vertu de ce que
» nous appellerons le *déplacement* électrique. »

Plus loin : « quelle que soit la nature de l'électricité, et
» quelle que soit l'idée que l'on se forme de ses mouvements,
» le phénomène que nous avons appelé déplacement élec-
» trique est un mouvement de l'électricité, au même titre
» que le transport d'une quantité donnée d'électricité, à tra-
» vers un fil, est un mouvement. La seule différence est que,
» dans les isolants, réside une force que nous avons appelée
» *élasticité électrique*, agissant comme une résistance au
» déplacement, arrêtant celui-ci dès qu'il y a équilibre
» entre cette force antagoniste et la force électromotrice ; et

» refoulant l'électricité dès que cette dernière force disparait
» (de là la décharge des condensateurs); tandis que dans
» les conducteurs l'élasticité cède continuellement, en sorte
» qu'il s'y établit de véritables courants et que la résistance
» ou la conductibilité de ces corps est déterminée, non seu-
» lement par la quantité totale de fluide déplacé de la
» position d'équilibre, mais encore par la quantité qui tra-
» verse une section quelconque du conducteur *en un temps*
» *donné* (*). »

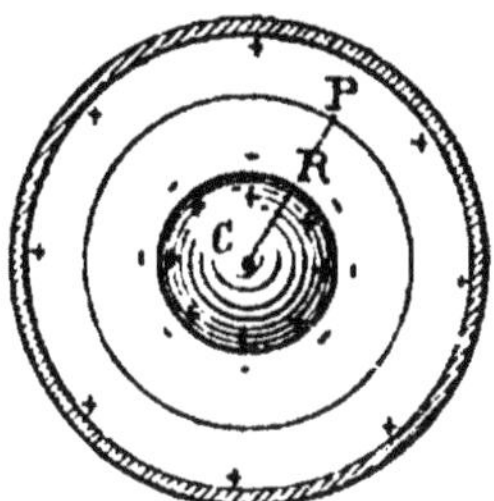

Fig. 37.

88. — Soit f l'intensité de la force électromotrice en
un point quelconque P (fig. 37), et soit D le déplacement
à travers chaque centimètre carré de la section sphérique de
rayon r qui passe par ce point; le déplacement total étant q
lorsque le diélectrique est l'air, on aura, pour un diélectrique quelconque :

$$D = \frac{q}{4\pi r^2} \cdot k,$$

k étant ce que nous avons appelé le pouvoir inducteur spécifique de l'isolant considéré.

D'autre part, la force électromotrice, au point P, ne
dépend que de la charge de C, puisque la force, résultant de
l'armature sphérique, est nulle pour tout point intérieur à
celle-ci.

(*) James Clerk Maxwell, *A Treatise on Electricity and Magnetism*, 1881.

Donc, en chaque point de la section de rayon r, on a

$$f = \frac{q}{r^2},$$

donc

$$f : D = \frac{q}{r^2} : \frac{q}{4\pi r^2} k,$$

d'où enfin

$$\frac{D}{f} = \frac{k}{4\pi}. \quad \ldots \ldots \ldots \quad (1)$$

Le coefficient $\frac{k}{4\pi}$ exprimant le rapport entre le déplacement et la force qui l'a produit, peut être considéré comme donnant la *conductibilité spécifique* du diélectrique, ou bien ce que, dans le cas de l'induction magnétique, W. Thomson a appelé la *perméabilité*.

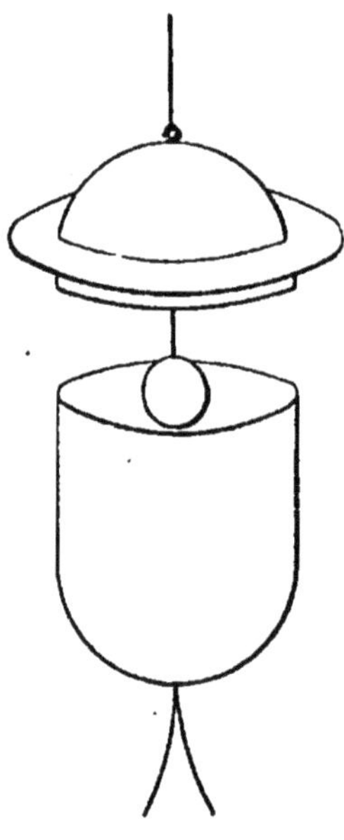

Fig. 38.

89. Note. — Pour éviter des longueurs dans l'exposition de la théorie précédente, nous avons supposé connue la démonstration de ce fait capital que *la charge induite est égale à la charge induisante*. Voici à ce sujet quelques expériences éloquentes dues à Faraday (*) :

PREMIÈRE EXPÉRIENCE. — Soit (fig. 38), d'une part, un vase métallique, suspendu par des fils isolants en soie, et dont le couvercle est muni d'un fil semblable afin que l'on puisse fermer et ouvrir le vase sans l'attoucher.

D'autre part, électrisons un morceau de verre et un morceau de résine, en les frottant l'un contre l'autre, et gardons-les en réserve, suspendus par des fils de soie.

Le vase étant initialement à l'état neutre, si nous y introduisons le morceau de verre électrisé, et qu'ensuite nous fermions le vase, nous pourrons constater que la surface extérieure de celui-ci s'est chargée d'électricité positive ou vitrée, et que *la valeur de cette charge ne dépend en aucune manière de l'emplacement du verre inducteur* (il est bien entendu qu'il s'agit d'un emplacement choisi à l'intérieur du vase).

Si nous retirons ensuite le morceau de verre en évitant soigneusement tout contact, nous trouverons que son électrisation n'a subi aucune altération, et que toute manifestation électrique disparaît du vase, par le retrait du corps inducteur ; l'intérieur, comme l'extérieur du récipient, redevient absolument neutre.

La suspension, à l'intérieur du vase, puis le retrait, du morceau de résine électrisé, produit des effets identiques, sauf que l'électrisation extérieure du récipient est négative.

Enfin, la suspension simultanée, à l'intérieur du vase, du morceau de verre et du morceau de résine, électrisés comme il a été dit, n'amène aucune manifestation électrique à l'exté-

(*) Voyez *Experimental Researches*, vol. II, p. 279, où *Philosophical Magazine, 1843, On Static and Electrical Inductive action.*

rieur, quels que soient d'ailleurs les emplacements choisis
pour les deux inducteurs.

D'où nous concluons 1° que la quantité d'électricité positive produite dans le verre, par frottement contre la résine,
est exactement égale à la quantité d'électricité négative
développée dans cette dernière; 2° que deux électrisations
égales, mais de signe contraire, se neutralisent par superposition.

Et puisque, dans la première partie de l'expérience, le
vase redevient neutre par le retrait du corps inducteur, il
faut admettre 3° qu'une quantité quelconque d'électricité
étant introduite dans le vase, la surface intérieure de celui-
ci, aussi bien que sa surface extérieure, se charge par
influence, et que ces deux charges, induites sont égales mais
de signe contraire.

Deuxième expérience. — Suspendons, dans un premier
vase isolé A, le morceau de verre électrisé, et, dans un second
vase isolé B, le morceau de résine électrisée. Si nous mettons
ensuite les deux vases en communication l'un avec l'autre, par
un fil conducteur, toute manifestation électrique disparaît.
Finalement, éloignons le fil métallique et retirons le morceau
de verre, ainsi que le morceau de résine; nous pourrons
constater : sur A une charge négative (qui lui vient de B à
travers le fil métallique) et sur B une charge positive (qui
lui vient de A). De plus, ces deux charges sont égales, et
nous pourrons le vérifier en suspendant les deux vases
simultanément à l'intérieur d'un troisième C : ce dernier
restera neutre.

Mais il y a plus : Si dans le grand vase C nous suspendons le vase A et, à côté, le morceau de verre électrisé,
C reste encore absolument neutre.

Ce dernier fait, combiné avec les résultats précédents,
démontre que, dans la première expérience, non seulement
les charges induites sont égales et de signe contraire, mais

encore que *chacune d'elles est égale, en valeur absolue, à la charge induisante.*

90. — C'est encore par des expériences de cette nature, aussi simples que décisives, que Faraday a démontré les lois générales suivantes.

1° La quantité totale d'électricité libre, renfermée dans un système quelconque, reste invariable; sauf les cas de gain ou de perte *par conduction,* venant de, ou allant vers un autre système. En d'autres termes, il n'y a pas de rayonnement électrique comme il y a un rayonnement de chaleur;

2° Lorsqu'un corps en électrise un autre, par conduction, la somme algébrique de leurs électricités reste constante, c'est-à-dire que l'un des deux reçoit, par exemple, autant d'électricité positive, que l'autre en perd; et que ce dernier reçoit autant d'électricité négative qu'il en a été abandonné par le premier;

3° Dans tous les cas de génération d'électricité, il se développe des quantités égales d'électricité positive et d'électricité négative.

CHAPITRE SEPTIÈME.

I. — *Faits acquis par l'observation.*

91. — Hans Christian Œrsted (*), dans le cours d'une
conférence qu'il donnait à Copenhague, s'aperçut qu'un fil,
traversé par un courant, exerçait une influence mécanique
sur une aiguille aimantée placée dans·son voisinage. Cette
découverte, publiée le 21 juillet 1820 (**), fut le point de
départ de l'électro-magnétisme, c'est-à-dire de cette partie
de la science qui s'occupe des réactions entre courants et
aimants aussi bien qu'entre simples fils conducteurs parcourus par des courants électriques.

La loi élémentaire de ces phénomènes, qui sert de base
aux applications pratiques et industrielles de l'électricité, fut
établie par Ampère et exposée par lui dans une suite de
mémoires que l'on doit compter parmi les monuments les
plus beaux et les plus utiles qu'ait produits l'investigation
scientifique (***).

Nous ne pouvons suivre Ampère dans le développement
de sa théorie, le cadre de cet ouvrage ne le permet pas;
mais nous arriverons aux mêmes lois en résumant les
recherches expérimentales de Faraday ainsi que les travaux

(*) Hans Christian Œrsted, physicien danois, né le 14 août 1777 à Rudkjöbing,
dans l'île de Langeland, commença sa carrière comme pharmacien, abandonna
ensuite cette profession pour l'étude de la physique et fut nommé, en 1806, professeur de cette science à Copenhague. Il mourut dans cette ville en 1851.

(**) *Experimenta circà effectum conflictûs electrici in acum magneticam.*

(***) *Sur la théorie mathématique des phénomènes électro-dynamiques* (Collec-
tion de six Mémoires publiés dans le recueil des *Mémoires de l'Académie française*
en 1827.

mathématiques de W. Thomson et de Maxwell sur cette matière.

92. Premier fait expérimental. — Un fil rectiligne, indéfini, ou du moins très long, parcouru par un courant électrique, exerce, sur une aiguille aimantée, placée dans son

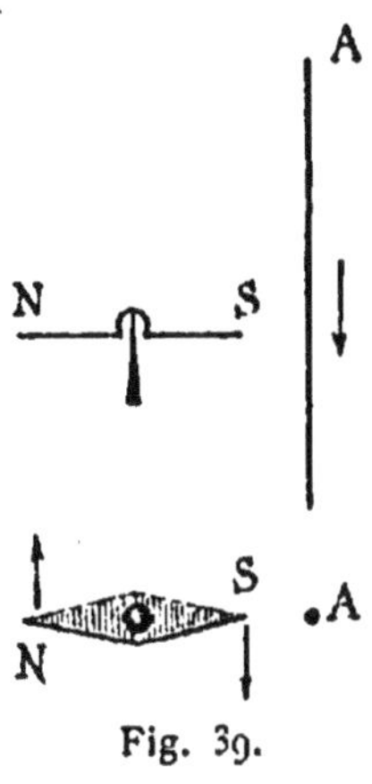

Fig. 39.

voisinage, une action directrice dont le sens est indiqué par les flèches de la figure 39.

Donc un courant développe autour de lui un champ magnétique; il s'agit d'en déterminer la force et l'orientation.

On peut s'en faire une première idée par la méthode des fantômes magnétiques. Que, sur une feuille de carton traversée par un conducteur AB (fig. 40), on répande de la limaille de fer, qu'on lance ensuite dans le conducteur un courant énergique, et l'on verra les particules de fer, aimantées sous l'influence du courant, se disposer en cercles concentriques tout autour du conducteur. Ces cercles marquent l'orientation des lignes de force du champ magnétique développé par le courant. Un pôle, placé en un point quelconque, tournerait donc en cercle autour du courant, et les flèches dans la figure 40 marquent le sens de rotation d'un pôle *nord* sous l'action d'un courant *descendant*.

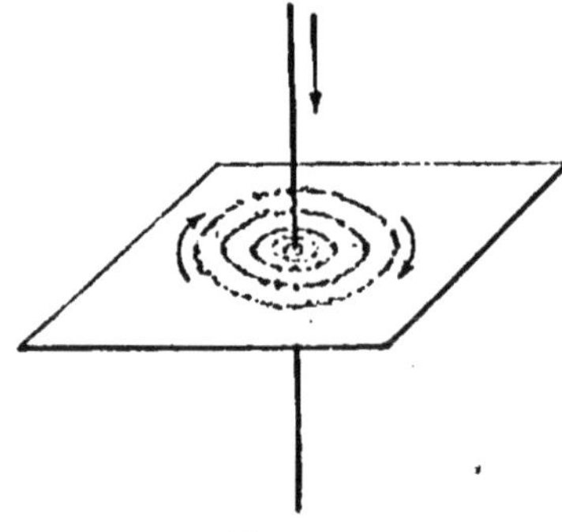

Fig. 40.

Pour nous fixer ces directions dans la mémoire, figurons-nous que nous enfoncions ou que nous retirions un foret à pas de vis à droite, (fig. 41) : le mouvement de translation de la vis représentant la direction du courant, son mouvement de rotation indiquera la direction des lignes de force, c'est-à-dire le sens suivant lequel un pôle *nord* est sollicité par le courant (*).

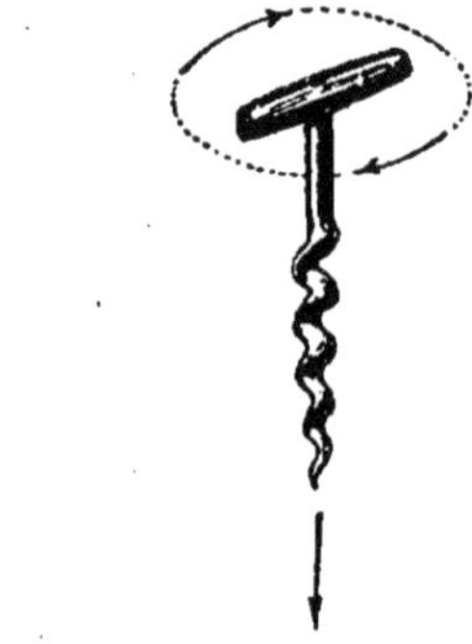

Fig. 41.

(*) Le courant est supposé dirigé du pôle + au pôle — de la source dans le circuit extérieur.

93. Deuxième expérience. — Un aimant NS est disposé, comme l'indique la figure 42, sur un appareil qui est libre de tourner autour d'un axe vertical AB, coïncidant avec le fil conducteur que parcourt le courant : il ne se produit aucun mouvement, quelle que soit l'intensité du courant. Donc celui-ci exerce, sur chacun des pôles de l'aimant, des actions telles que la somme algébrique de leurs moments, par rapport à l'axe AB, soit constamment nulle.

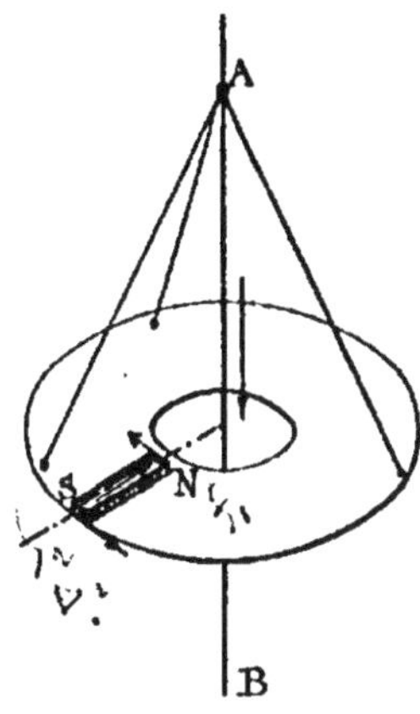

Fig. 42.

Pour exprimer cette condition, soient $+p$ et $-p$ les intensités respectives de chacun de ces deux pôles; et Δ_1, Δ_2 leurs distances à l'axe AB, enfin f_1, f_2 l'intensité du champ magnétique respectivement aux points N et S; puisqu'il y a équilibre, et que les forces sont tangentes aux lignes de force circulaires, on a

$$p f_1 \Delta_1 - p f_2 \Delta_2 = 0,$$

d'où

$$\frac{f_1}{f_2} = \frac{\Delta_2}{\Delta_1}.$$

Ainsi : *la force du champ développé par un courant rectiligne* INDÉFINI, *est normale, en chaque point, au plan qui*

*passe par le courant et ce point, et varie en raison inverse
de la simple distance du point au courant.*

Cette loi porte le nom de : loi de Biot et Savart qui, les
premiers, l'ont formulée.

Il est d'ailleurs évident que la force est proportionnelle à
l'intensité du courant, puisqu'on peut considérer un conducteur traversé par un courant d'intensité double comme
équivalent à deux conducteurs superposés, chacun parcouru
par la moitié du courant total.

Remarque. — L'action électro-magnétique élémentaire,
c'est-à-dire l'action d'un élément de courant sur un pôle
magnétique, s'exerce en raison inverse du *carré* de la distance, comme la gravitation, l'attraction électrique, l'action
entre aimants, etc. (*). C'est l'intégration d'une infinité
d'actions élémentaires inégales qui, dans le cas d'un courant
indéfini, conduit à une loi de variation en raison de la
simple distance, comme nous le verrons au § 96.

94. — 1° Dans tous les phénomènes d'action entre un pôle
et un courant, l'expérience démontre que cette action change
de signe avec le signe du pôle et le sens du courant;

2° Lorsqu'on substitue, à un courant rectiligne, un courant sinueux qui s'en écarte très peu, sans tourner autour de
lui, l'action exercée sur un pôle est la même;

3° On peut montrer expérimentalement que l'action d'un
pôle, sur un élément de courant, est normale à cet élément,
et de plus, appliquée à cet élément.

(*) Cette force n'appartient cependant pas à la classe des forces dites *centrales*,
puisqu'elle n'agit pas suivant la droite reliant l'élément au pôle.

II. — *Théorie mathématique.*

95. Loi élémentaire. — On peut, en partant de ces faits expérimentaux, démontrer la loi élémentaire de l'électro-magnétisme, telle qu'elle a été établie par Ampère, et qui porte parfois aussi le nom de loi de Laplace (*).

On l'énonce comme suit (fig. 43) :

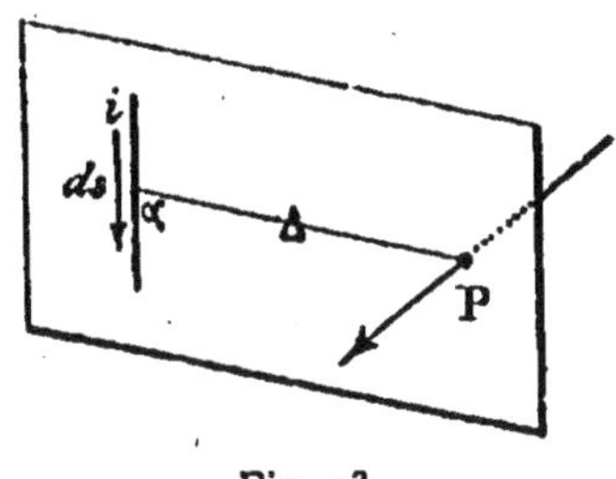

Fig. 43.

Un élément de circuit de longueur ds, *parcouru par un courant d'intensité* i, *exerce sur un pôle magnétique d'intensité* p, *situé à une distance* Δ, *une force qui est normale au plan passant par le pôle et l'élément de circuit, et dont la valeur est*

$$df = k \frac{pi \cdot ds}{\Delta^2} \sin \alpha \quad \ldots \ldots \ldots \quad (1)$$

k est une constante qui dépend de la quantité que nous aurons à adopter pour l'unité d'intensité de courant, ainsi que de la nature du milieu ;

α est l'angle que forme l'élément de circuit, compté dans le sens du courant, avec la droite joignant le pôle magnétique au milieu (le centre) de l'élément ;

(*) Laplace a seulement montré que la loi élémentaire, pour conduire à des conclusions d'accord avec l'expérience de Biot et Savart, doit nécessairement varier en raison inverse du *carré* de la distance, et qu'aucune autre puissance de la distance ne serait convenable.

Δ est la distance de ce centre au pôle.

Quant à la direction de la force, elle obéit à la règle de la vis donnée au § **92.**

Inversement, l'action du pôle p, *sur l'élément* ds, *est parallèle à la force précédente, dirigée en sens inverse, et appliquée au centre de l'élément.*

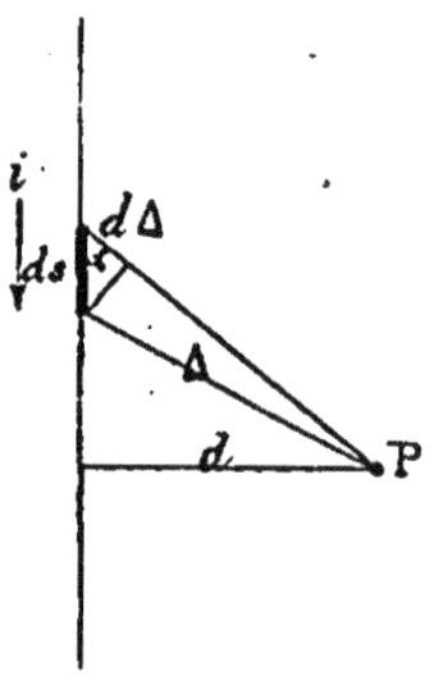

Fig. 44.

96. Action d'un courant rectiligne indéfini. — Appliquons cette loi élémentaire au cas d'un courant rectiligne indéfini, d'intensité i; nous verrons qu'elle nous ramène à la loi de Biot et Savart.

En effet, la loi élémentaire donne, pour l'action qu'exerce l'élément *ds* sur l'unité du pôle placée en P, (fig. 44)

$$df = kpi \frac{ds}{\Delta^2} . \sin \alpha,$$

d'où, pour un courant indéfini,

$$f = kpi \int \frac{ds}{\Delta^2} \sin \alpha,$$

l'intégrale étant étendue à toute la longueur du fil.

Exprimant toutes les variables en fonction de α, on a

$$d\Delta = ds \cdot \cos\alpha, \quad \text{d'où} \quad ds = \frac{d\Delta}{\cos\alpha},$$

$$d = \Delta \sin\alpha \qquad \text{»} \qquad \Delta = \frac{d}{\sin\alpha},$$

$$\text{»} \quad d\Delta = -\frac{d}{\sin^2\alpha}\cos\alpha \cdot d\alpha,$$

d'où

$$f = -kpi \cdot \frac{1}{d}\int_{\alpha=0}^{\alpha=\tau} \sin\alpha \cdot d\alpha,$$

d'où enfin

$$f = 2kpi \cdot \frac{1}{d} \quad . \quad . \quad . \quad . \quad . \quad . \quad . \quad . \quad (1)$$

Cette formule, appliquée au cas du § **93**, conduit au résultat

$$\frac{f_1}{f_2} = \frac{d_2}{d_1},$$

confirmé par l'expérience directe.

97. Action d'un champ magnétique sur un élément de courant. — La loi élémentaire d'Ampère peut être généralisée ; au lieu de considérer le champ d'un seul pôle magnétique p, supposons que nous ayons un champ magnétique quelconque où se trouve placé un élément ds de courant. La loi d'Ampère dit que, dans le cas d'un seul pôle p, la force exercée sur l'élément vaut :

$$df = k\frac{pi \cdot ds \cdot \sin\alpha}{\Delta^2}.$$

Mais $\frac{p}{\Delta^2}$ représente la force due au pôle en ds. Il s'ensuit que la formule sera encore exacte si, au lieu de $\frac{p}{\Delta^2}$, nous mettons h, h représentant simplement la force exercée par un système magnétique quelconque sur l'unité de pôle positif placée en *ds* ; en d'autres termes, h étant l'intensité du champ, au point considéré. La formule devient :

$$df = khi \cdot ds \cdot \sin \alpha, \quad \ldots \ldots \ldots \quad (1)$$

et s'énonce comme suit :

La force qui s'exerce sur un élément de courant ds *situé dans un champ magnétique quelconque, en un point où la force est* h, *est proportionnelle à cette force* h, *à l'intensité* i *du courant, à la longueur* ds *de l'élément et au sinus*

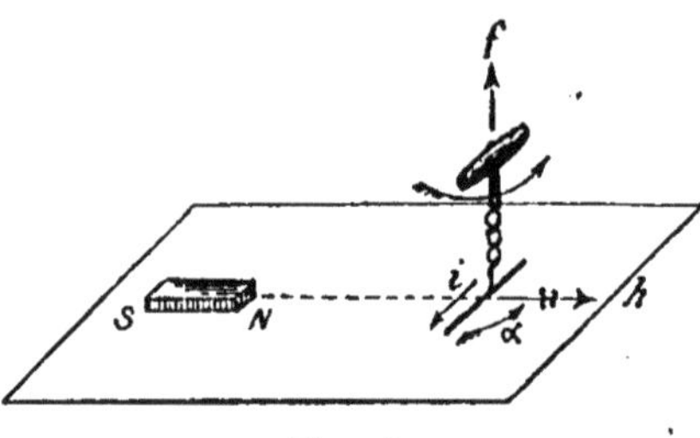

Fig. 45.

de l'angle que fait la direction de l'élément (direction du courant) avec la direction de la force magnétique h. Elle est normale au plan déterminé par les directions de h et de *ds,* et sa direction se détermine par la règle suivante :

Placez une vis à droite perpendiculairement au plan de l'élément et des lignes de force, tournez-la de la direction du courant vers celle des lignes de force : son mouvement de translation donnera la direction de la force électromagnétique.

98. Équivalence d'un circuit fermé et d'un feuillet. — Comparons la force qu'exerce un champ magnétique h sur un élément quelconque d'un circuit parcouru par un courant d'intensité i, à celle que le même champ exercerait sur l'élément d'un feuillet qui aurait pour contour le circuit du courant, et dont la puissance serait Φ.

8

La force, sur un élément quelconque du courant, est

$$df = khi \cdot ds \cdot \sin \alpha,$$

et sur le même élément du contour du feuillet (voyez § **60**), elle est

$$df_1 = h\Phi \cdot ds \cdot \sin \alpha.$$

Ces deux forces sont entre elles dans le rapport

$$\frac{df}{df_1} = k \cdot \frac{i}{\Phi}.$$

La valeur du coefficient k dépendant, comme nous l'avons dit au § **95**, de la grandeur que nous aurons à adopter pour unité d'intensité de courant, nous pourrions choisir cette unité de telle façon que $k = 1$.

Dans ce cas, pour
$$i = \Phi,$$
on aurait
$$df = df_1;$$
on aurait également
$$f = f_1,$$

puisque les intégrales $\int df$ et $\int df_1$ sont à évaluer le long d'un même périmètre.

Réciproquement, et en général : la force exercée sur l'unité de pôle par un courant fermé, est égale à celle qu'exerce un feuillet limité par le circuit, pourvu que le nombre qui mesure l'intensité du courant soit égal à celui qui mesure la puissance du feuillet.

Donc : *un courant fermé est l'équivalent d'un feuillet magnétique convenablement choisi.*

99. — Nous disons : « convenablement choisi », car l'assimilation de l'action d'un courant, en un point donné, à celle d'un feuillet magnétique, exige une restriction : c'est que l'on ne fasse pas passer le feuillet par le point considéré ; ce qui est toujours possible puisque, l'action d'un feuillet ne dépendant que de son périmètre et non pas de la courbure ou de l'étendue de sa surface, on est libre de tracer le feuillet en dehors du point donné. Si le feuillet passait par ce point, il faudrait y considérer la force résultante f_r et non la force moléculaire f_m, sans quoi l'assimilation du courant au feuillet n'est pas permise comme nous verrons au § **101**.

100. Potentiel et force dus à un courant fermé. — La force due à un courant fermé étant égale à celle d'un feuillet qui aurait le circuit du courant pour périmètre, il s'ensuit que les potentiels dus, respectivement au courant et au feuillet, seront égaux ou ne différeront que d'une constante. Dès lors, on peut écrire, pour le potentiel dû, en un point, à un courant fermé (voyez § **54**),

$$V = i\omega + constante \quad . \quad . \quad . \quad . \quad . \quad (1)$$

ω désignant l'angle solide sous-tendu, au point donné, par le circuit du courant ; ou, plus exactement,

$$V = ki\omega + constante,$$

ki exprimant la mesure de l'intensité du courant, et k étant une constante qui dépend du choix des unités.

De là, pour la force due, en un point, à un courant fermé d'intensité ki,

$$f = -\frac{dV}{dn} = -ki.\frac{d\omega}{dn}.$$

101. *Remarques*. — 1° Si l'on faisait la comparaison entre la force due à un courant fermé, en un point quelconque de l'espace, et celle qu'exercerait, au même point, un feuillet de puissance $\Phi = ki$, limité au circuit, *et que l'on aurait fait passer par le point donné,* on trouverait que les deux forces sont égales ou diffèrent d'une constante $4\pi\rho$, suivant que l'on considère, pour le feuillet, soit la force résultante f_r ou la force moléculaire f_m, telles qu'elles ont été définies au § **52** (ρ est l'intensité de l'aimantation déterminée par la relation

$$\rho a = \Phi = ki,$$

et a désigne l'épaisseur du feuillet).

En effet, nous avons trouvé (**55**), pour la force moléculaire du feuillet, en un point quelconque de l'espace,

$$f_m = - \psi \cdot \frac{d\omega}{dx} - 4\pi\rho$$

d'où pour la force résultante

$$f_r = - \psi \frac{d\omega}{dx} ;$$

d'autre part nous venons de trouver, pour la force due au courant

$$f = - ki \frac{d\omega}{dn} \cdot$$

Nous concluons de là que la force due à un courant fermé est toujours égale à celle due à un feuillet, même en un point intérieur à celui-ci, pourvu qu'on y considère : non la force moléculaire f_m, mais la force résultante f_r.

102. — Considérons le champ magnétique produit par un courant d'intensité ki, circulant dans un circuit fermé (fig. 46); et supposons qu'on y déplace l'unité de pôle de manière à lui faire décrire une courbe fermée αNPMω qui traverse l'aire du circuit. Le travail accompli, par la force électromagnétique du courant, sera égale à $4\pi.ki$, pour un tour complet; c'est-à-dire que tel sera le travail lorsque, parti d'un point quelconque α, on revient au point de départ, après avoir traversé l'aire du circuit.

En effet, nous venons de voir que la force due au circuit est, en tous points, égale à la force résultante du feuillet de même périmètre et de puissance $\Phi = ki$. Et, nous avons trouvé **(56)** que le travail accompli, par la force résul-

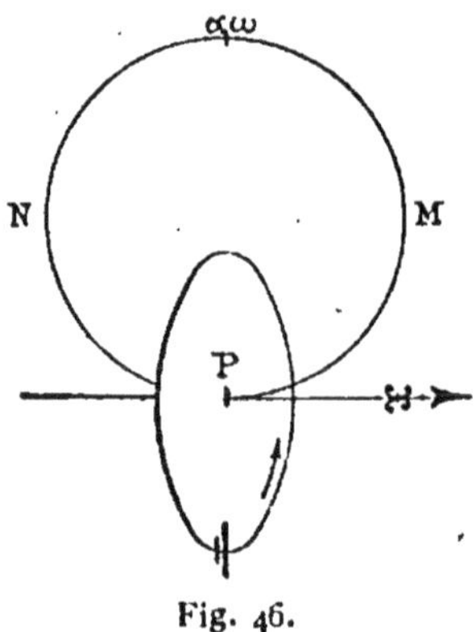

Fig. 46.

tante, sur l'unité de pôle décrivant un tour complet qui traverse le feuillet, a pour expression

$$\omega = 4\pi b.$$

Donc, dans le cas du circuit fermé, le travail est

$$\omega = 4\pi \cdot ki. \qquad \ldots \ldots \ldots \quad (1)$$

103. — En ce qui concerne le potentiel dû à un courant fermé, en un point quelconque de l'espace, il n'est pas permis de dire d'une manière générale, comme au § **21**, que le potentiel est indépendant du chemin que l'on adopte pour conduire l'unité de masse du point considéré à l'infini. Tant que l'on ne traverse pas l'aire du circuit, la route est indifférente et l'on aura

$$V = ki\omega.$$

Mais supposons, par exemple, que l'on conduise l'unité de masse, du point N (fig. **47**) à l'infini, par deux trajectoires telles que N∞ et NPM∞, cette dernière traversant l'aire du circuit ; et soit ABCD la surface équipotentielle passant par N. Le travail accompli depuis cette surface jusqu'à l'infini est le même, que l'on suive la route M∞ ou N∞ . Dès lors, le potentiel évalué suivant NPM∞ est égal à celui évalué suivant la route NPMON∞ , donc égal à

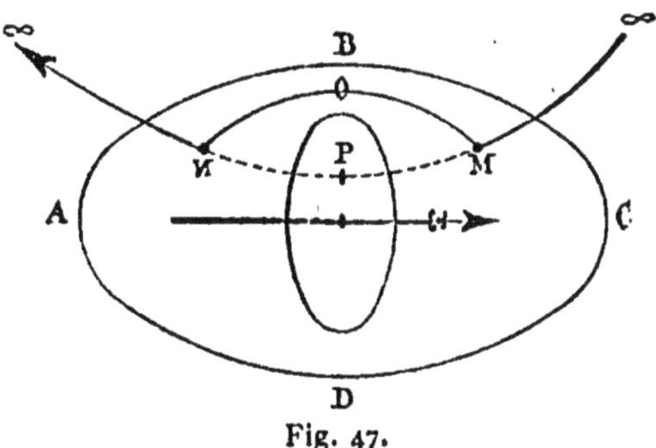

Fig. 47.

un potentiel V (évalué de N à ∞) + le travail suivant la courbe fermée NPMON. Or nous venons de voir que ce dernier travail vaut

$$4\pi . ki,$$

ki étant l'intensité du courant.

On a, en général, pour le potentiel dû à pareil circuit

$$V = ki\omega + 4n\pi ki,$$

n indiquant le nombre de fois que l'on a traversé l'aire du courant de la face négative à la positive (*).

Cette indétermination, dans la valeur du potentiel, par suite de la constante $4n\pi ki,$ ne tire pas à conséquence en pratique, puisqu'on n'évalue la valeur du potentiel que pour en déduire celle de la force, par une intégration qui annule la constante.

104. Exemples. — Courant circulaire. — Soit d'abord à déterminer le potentiel ainsi que la force dus à un courant

(*) Par assimilation au feuillet on appelle face positive d'un circuit fermé, celle qui repousse un pôle nord.

circulaire, de rayon r et d'intensité i, en un point P pris sur l'axe qui passe par le centre (fig. 48).

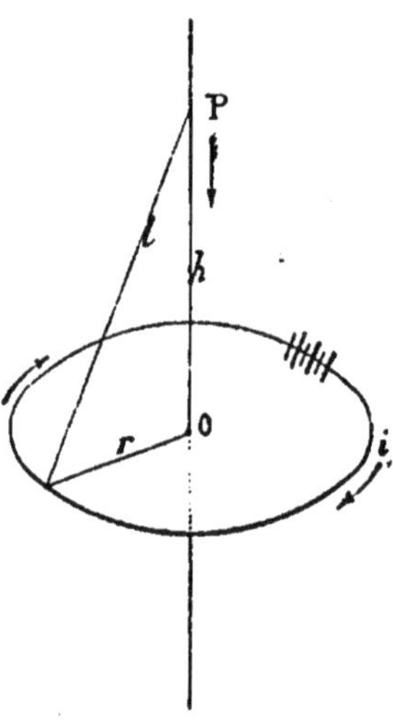

Fig. 48.

D'après ce qui précède, on aura, pour le potentiel au point P

$$V = ki\omega + constante.$$

Or ω, ou l'angle solide sous-tendu par le courant, a pour mesure cette partie de la surface de la sphère, de rayon $= 1$, interceptée par le cône de sommet P qui passe par la circonférence r; cette surface est à la zone de rayon l et de hauteur $l - h$ comme $1 : l^2$; de plus, le sens du courant étant celui indiqué par la flèche i, la face négative est située vers le haut, donc l'angle ω doit être pris avec le signe —. On aura donc

$$\omega = - \frac{2\pi(l - h)}{l}.$$

et

$$V = - 2\pi ki \left(1 - \frac{h}{l} \right) + constante,$$

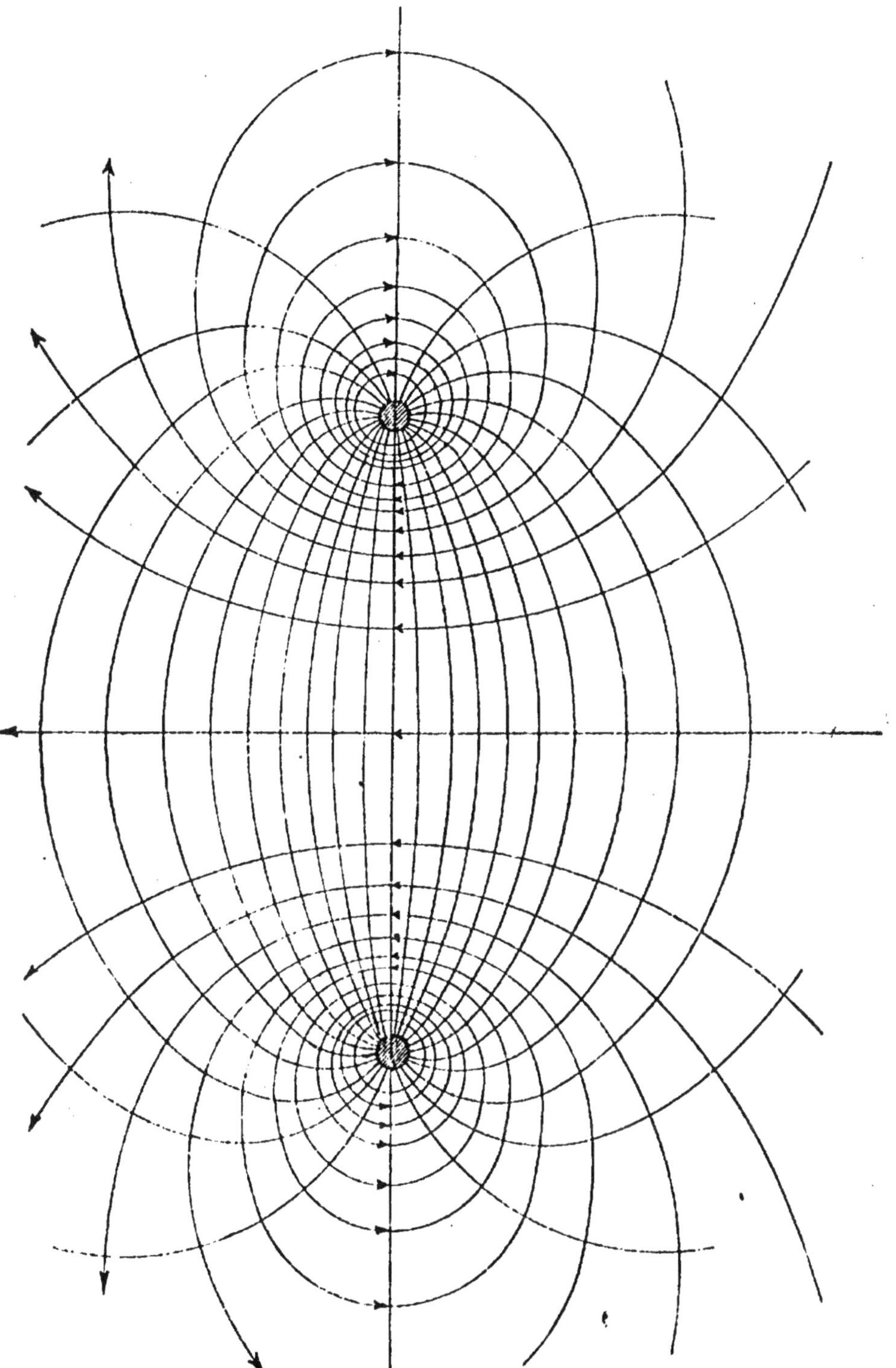

Fig 49. — Champ magnétique dû à un courant circulaire.

d'où, pour la force en P :

$$f = -\frac{dV}{dh} = -2ki\frac{\pi r^2}{(h^2 + r^2)^{\frac{3}{2}}};$$

elle est attractive, (en sens inverse de dh).

Au centre O, ces valeurs deviennent

$$V = -2\pi ki,$$

et

$$f = -2ki\frac{\pi}{r}, \quad \dots \dots \dots \quad (1)$$

qu'on peut mettre sous la forme

$$f = -ki\frac{2\pi r}{r^2},$$

c'est-à-dire : *l'action exercée par un arc de cercle que parcourt un courant d'intensité* i, *sur l'unité de pôle placée à son centre, est en raison directe de la longueur de l'arc, et en raison inverse du carré du rayon.*

Quant à la direction de cette force, la règle de la vis lui est applicable, c'est-à-dire que si nous nous figurons enfoncer ou détourner un foret à vis à droite, en tournant dans le sens d'un courant circulaire donné, le mouvement de translation de la vis donnera le sens de la sollicitation que le courant exerce sur un pôle nord qui se trouverait en un point quelconque de l'axe du courant.

On pourra déterminer de même les valeurs de V et de f pour un point quelconque de l'espace et, par conséquent, tracer les surfaces équipotentielles ainsi que les lignes de force dues à un circuit fermé quelconque.

La fig. 49, d'après W. Thomson (*), représente une section

(*) *On Vortex motion* (TRANSACTIONS R. S. EDINBURGH, vol. XXV, p. 217.

de surfaces équipotentielles ainsi qu'une série de lignes de force dues à un courant circulaire.

Les surfaces équipotentielles sont tracées pour une série de valeurs de ω, distantes de $\frac{\pi}{12}$. La force agissant sur un pôle, en un point quelconque du champ, est normale à ces surfaces et inversement proportionnelle à la distance entre deux surfaces consécutives (§ **30**).

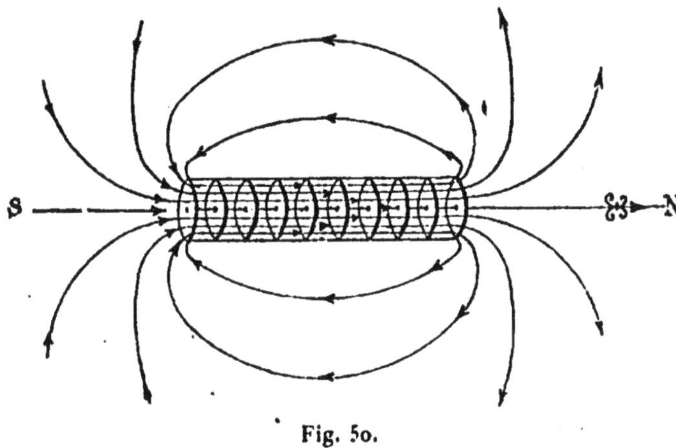

Fig. 5o.

105. Solénoïde. — Ampère nomme *solénoïde* (fig. 5o) une file de conducteurs circulaires égaux, de surface infiniment petite *d*S, infiniment rapprochés, normaux à la courbe le long de laquelle leurs centres sont distribués, et parcourus par des courants parallèles.

Chacun de ces courants *ki* peut être remplacé par un feuillet de puissance $\Phi = ki$; et puisque les feuillets successifs se touchent par leurs faces de nom contraire, l'action du système, en un point extérieur, se réduit à celle des deux bases.

La charge de chacune de celles-ci sera

$$p = \rho . d\text{S},$$

et comme

$$\rho a = \Phi = ki,$$

comme en outre, en appelant l la longueur du solénoïde et n le nombre total des courants

$$a = \frac{l}{n},$$

nous aurons

$$p = ki\frac{n}{l}\,.\,dS,$$

ou

$$p = n_1 ki\,.\,dS,$$

n_1 désignant le nombre de courants par unité de longueur.

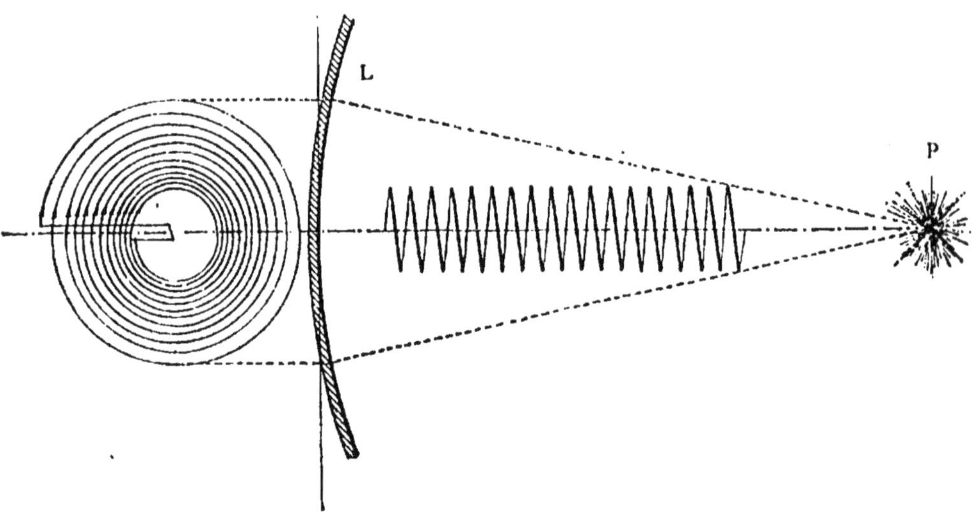

Fig. 51. — Détermination du potentiel par le planimètre.

106. Bobine cylindrique.

— Une bobine cylindrique recouverte de courants normaux à l'axe et à égale distance les uns des autres, correspond à un solénoïde de dimensions transversales finies. C'est le cas qui se présente le plus souvent en pratique.

Soit, par exemple, à déterminer le potentiel dû, en un

point quelconque P, au circuit fermé constitué par une hélice de 12 spires, le fil de retour étant conduit suivant l'axe de l'hélice.

Il suffira de déterminer l'angle solide sous-tendu, au point P, par l'ensemble du circuit. Or, voici un procédé pratique excessivement élégant, dû, en majeure partie, à

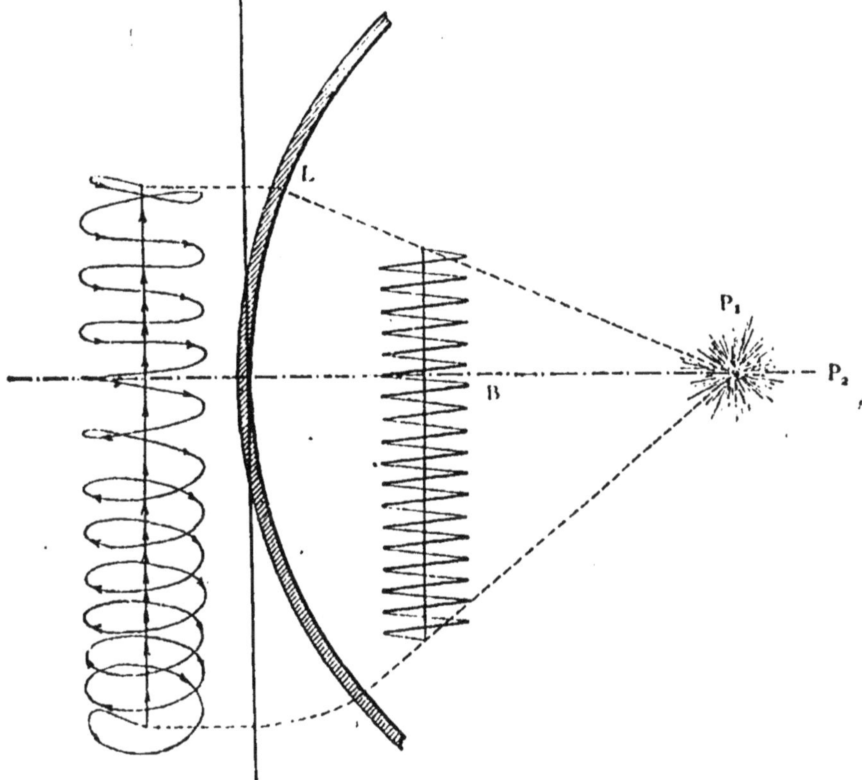

Fig. 52. — Détermination du potentiel par le planimètre.

W. Thomson, auquel nous empruntons d'ailleurs une partie des figures 51 et 52 (*).

Il s'agit de dessiner l'hélice, telle qu'on la verrait du

(*) *On the potential of a closed galvanic circuit of any form* (CAMBRIDGE AND DUBLIN MATHEMATICAL JOURNAL, 1850).

point P, par une projection sur une surface sphérique dont P serait le centre.

Mais en prenant le rayon PL suffisamment grand, on pourra, sans erreur pratique, remplacer la sphère par un cylindre droit dont la base aurait PL pour rayon.

Placez donc en P un point lumineux (un foyer électrique, par exemple), tracez, ou, mieux encore, photographiez l'ombre projetée sur le cylindre, développez celui-ci, et mesurez, au planimètre, l'aire totale de la projection (*). Cette aire, divisée par PL, donne la valeur ω de l'angle solide sous-tendu en P par le système, et l'on aura

$$V = ki\omega + (constante),$$

ki étant la mesure de l'intensité du courant.

La figure 51 suppose le point P situé très près de l'axe de l'hélice et distant, de l'extrémité sud de celle-ci, d'une quantité sensiblement égale à la moitié de sa longueur.

Dans le cas de la figure 52 le point P se trouve sur une perpendiculaire menée à l'axe au tiers de la longueur de l'hélice, et la distance PB est sensiblement égale aux $^2/_3$ de cette longueur.

Ayant déterminé ainsi le potentiel V_0 pour un point quelconque P_0, on pourra déterminer de même les potentiels V_1, V_2 pour deux points très voisins tels que P_1, P_2; les différences $V_1 - V_0$, $V_2 - V_0$, divisées respectivement par P_0P_1, P_0P_2 donneront les deux composantes normales de la force au point P_0; on en déduira facilement la force elle-même.

107. Action électro-magnétique entre courants. — La marche à suivre pour déterminer la valeur de cette action

(*) Pour faire cette mesure, par le planimètre, il faut parcourir, d'un trait continu, toute l'étendue de la ligne sinueuse qui est la projection de l'hélice; on part d'un point quelconque, et l'on s'arrête lorsqu'on est revenu au point de départ.

peut se déduire des considérations qui précèdent. Il résulte, en effet, de celles-ci, qu'il est toujours possible de déterminer le champ magnétique produit par le système des courants; or l'influence subie, par chaque circuit, de la part de l'ensemble de tous les autres, est précisément la réaction qui s'exerce entre ce circuit et le champ magnétique total.

Cela est simple, en principe; mais bien des cas particuliers pourront présenter de graves difficultés d'éxécution. C'est pourquoi nous renseignons ici, comme complément de la méthode générale que nous venons d'indiquer, la loi élémentaire de la force qui s'exerce entre deux éléments de courants.

Ampère a établi cette loi en se basant sur les principes déjà énoncés précédemment et de façon à satisfaire aux actions observées entre courants finis.

Elle s'exprime comme suit (voyez fig. 53) :

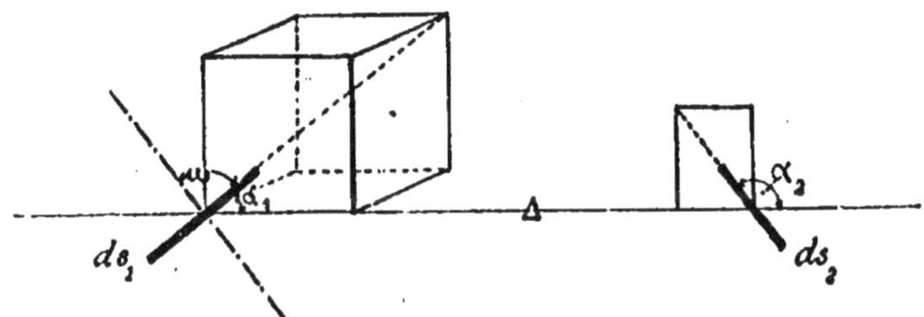

Fig. 53.

$$df = K \frac{i_1 i_2 ds_1 ds_2}{\Delta^2} \left(\cos \omega - \frac{3}{2} \cos \alpha_1 \cos \alpha_2 \right),$$

i_1, i_2 sont les intensités respectives des courants qui parcourent les éléments ds_1, ds_2; Δ la distance qui sépare les centres de ces éléments; ω l'angle que forment entre eux ces éléments; α_1, α_2 les angles qu'ils forment avec la droite qui réunit leurs centres, comptés dans un sens unique; enfin K est une constante positive qui dépend du milieu et de la grandeur de l'unité que nous adopterons pour l'intensité de courant.

Cette force est dirigée suivant la droite qui joint les éléments, et elle est répulsive ou attractive suivant qu'elle est affectée du signe $+$ ou du signe $-$.

108. Courants rectilignes parallèles. — Le cas particulier le plus simple est celui de deux courants rectilignes parallèles.

S'ils vont dans la même direction, on a $\omega = 0°$; et la formule élémentaire devient

$$df = K \frac{i_1 i_2 \cdot ds_1 \cdot ds_2}{\Delta^2} \left(1 - \frac{3}{2} \cos \alpha_1 \cos \alpha_2\right).$$

Cette expression est directement intégrable lorsque l'un des courants est d'une longueur, sinon indéfinie, du moins très grande, par rapport à la longueur de l'autre.

Soit l la longueur d'un courant fini, d'intensité i_1, et i_2 l'intensité d'un courant indéfini parallèle au premier; leur répulsion mutuelle aura pour valeur

$$f = K \frac{i_1 i_2 l}{\Delta},$$

K étant toujours un coefficient qui dépend de l'unité à adopter pour l'intensité du courant, et Δ la distance des deux courants.

109. Énérgie potentielle d'un courant dans un champ magnétique. — C'est, par définition, le travail effectué lorsque le courant est déplacé de sa position actuelle, et dans son état actuel, jusqu'à l'infini.

Il résulte de l'assimiliation d'un feuillet à un courant de même contour, que l'énergie d'un courant dans un champ magnétique pourra être représentée par la formule

$$w' = - if.$$

110. Énergie potentielle relative de deux courants. — C'est, par définition, le travail effectué lorsque les deux circuits sont déplacés de leur position actuelle, et dans leur état actuel, jusqu'à l'infini.

Connaissant la loi élémentaire d'action entre le champ créé par l'un des circuits et l'élément de l'autre, nous pourrons calculer cette énergie potentielle w'; le calcul, trop long pour prendre place ici, donne :

$$w' = + ii'' \iint \frac{\cos \varepsilon \, ds \, ds'}{\Delta},$$

ds et ds' étant les éléments des deux circuits, comptés dans le sens des courants, ε leur angle et Δ leur distance. En comparant cette formule à celle qui donne l'énergie potentielle relative de deux feuillets (§ 57), nous trouvons pour :

$\mathfrak{M}$, ou le *coefficient d'induction mutuelle des deux courants*

$$\mathfrak{M} = - \iint \frac{\cos \varepsilon}{\Delta} \, ds \, ds'.$$

c'est l'expression du flux de force qui, émanant de l'un des circuits pour $i = 1$, pénètre le second.

111. Énergie potentielle propre d'un courant. — Comme des forces agissent entre les différents éléments d'un même courant, ce dernier possède une énergie potentielle propre. On peut en trouver l'expression en partant de la formule précédente, et en supposant que deux courants identiques, d'intensité $\frac{1}{2}$, viennent à se superposer. Dans ce cas, leur énergie mutuelle est positive et devient l'énergie propre du système, et l'on a :

$$w'' = \frac{\mathfrak{L} i^2}{2},$$

$$\mathfrak{L} = - \iint \frac{\cos \varepsilon \, ds \, ds'}{\Delta},$$

ds et ds' étant deux éléments du circuit, ε et Δ respectivement leur angle et leur distance.

Cette quantité $\mathfrak{L}$ se nomme le coefficient *de self induction* du circuit. C'est aussi le flux de force qui s'en échappe. $\mathfrak{L}$ est toujours positif.

CHAPITRE HUITIÈME.

112. — Il importe que nous nous débarrassions dès à présent des coefficients indéterminés k et K que nous avons dû introduire dans les formules du chapitre précédent chaque fois qu'il s'agissait de représenter l'intensité des courants; il nous faut mesurer ceux-ci avec une unité absolue qui se rattache directement aux unités fondamentales : le centimètre, le gramme, et la seconde; afin que l'évaluation des grandeurs électriques, comme celle de toutes les autres grandeurs physiques, se fasse dans un système rationnel et coordonné que nous désignerons sous le nom de système d'unités absolues C. G. S.

Voici d'abord, à cet égard, quelques généralités.

113. Équations de dimensions. — Nous avons vu à plusieurs reprises, à mesure que nous avancions dans notre étude, comment les nouvelles quantités que nous avions à mesurer pouvaient être reliées aux unités fondamentales de longueur, de masse et de temps. L'équation exprimant la relation entre les unités fondamentales L, M, T, et une unité *dérivée* quelconque, s'appelle *l'équation des dimensions* de celle-ci.

Reprenons, par exemple, la définition de l'unité de vitesse : V (5). Nous dirons que, en général, l'unité de vitesse a pour équation

$$V = \frac{L}{T} = L^{1}T^{-1}.$$

Cette équation, purement symbolique, et qu'on appelle une équation de dimensions, signifie plusieurs choses :

1° Elle montre que l'unité de vitesse, dans un système quelconque, est définie par les unités de longueur et de temps, appartenant au même système. Elle dit que la grandeur de l'unité de vitesse est directement proportionnelle à la grandeur que l'on adopte pour l'unité de longueur, et inversement proportionnelle à la grandeur que l'on adopte pour unité de temps;

2° Elle permet d'exprimer une vitesse, déjà évaluée dans un système donné, en fonction de l'unité de vitesse appartenant à un autre système; en d'autres termes, et, en général, elle permet de traduire dans un système quelconque les évaluations déjà faites d'après d'autres unités.

En effet, reprenons notre exemple. Puisque l'unité de vitesse est directement proportionnelle à l'unité de longueur et inversement proportionnelle à l'unité de temps, supposons que v_1 soit l'expression d'une vitesse dans un système ayant respectivement L_1 et T_1 pour unités de longueur et de temps.

Si nous prenions d'autres grandeurs L_2 et T_2 pour unités de longueur et de temps, l'unité de vitesse V_2, dans ce nouveau système, serait à l'unité de vitesse V_1, du premier, dans le rapport

$$\frac{V_2}{V_1} = \frac{L_2}{L_1} \cdot \frac{T_1}{T_2} = \left(\frac{L_2}{L_1}\right)^1 \cdot \left(\frac{T_2}{T_1}\right)^{-1}.$$

On a d'ailleurs aussi, en désignant par v_2 la mesure, dans le nouveau système, de la vitesse donnée

$$\frac{v_2}{v_1} = \frac{V_1}{V_2},$$

car le nombre exprimant une grandeur est d'autant plus petit que l'unité plus grande.

De ces deux équations on tire

$$v_2 = v_1 \left[\left(\frac{L_1}{L_2} \right)^1 \cdot \left(\frac{T_1}{T_2} \right)^{-1} \right].$$

En général, soit

$$X = L^a M^b T^c,$$

l'équation de dimension d'une unité dérivée quelconque. Soit x_1 la mesure d'une grandeur de même espèce dans un système $L_1 M_1 T_1$, et x_2 la mesure de la même grandeur dans un autre système $L_2 M_2 T_2$.

On aura

$$x_2 = x_1 \left[\left(\frac{L_1}{L_2} \right)^a \cdot \left(\frac{M_1}{M_2} \right)^b \cdot \left(\frac{T_1}{T_2} \right)^c \right].$$

Application. — Soit une vitesse de 50 kilomètres à l'heure; en d'autres termes, soit 50 la vitesse v_1 dans un système ayant pour unité de longueur le kilomètre L_1 et pour unité de temps l'heure T_1. On demande d'exprimer cette vitesse en unités absolues C.G.S, c'est-à-dire en centimètres par seconde; de sorte que notre nouvelle unité de temps T_2 est la seconde et notre nouvelle unité de longueur L_2 le centimètre.

On aura

$$v_2 = v_1 \left[\left(\frac{L_1}{L_2} \right)^1 \cdot \left(\frac{T_1}{T_2} \right)^{-1} \right];$$

or

$$\frac{L_1}{L_2} = \frac{kilom\grave{e}tre}{centim\grave{e}tre} = 10^5, \quad \text{et} \quad \frac{T_1}{T_2} = \frac{heure}{seconde} = 3600,$$

donc

$$v_2 = 50 \left[10^5 \times \frac{1}{3600} \right] = \frac{50}{36} \times 10^3 = 1388.8.$$

Une vitesse de 50 kilomètres à l'heure équivaut à une vitesse de 1389 centimètres par seconde.

114. — En se reportant aux définitions que nous en avons données, on trouvera facilement, pour les unités adoptées jusqu'à présent, les équations suivantes :

(§ 5) Unité de vitesse. . . . . $V = LT^{-1}$

(§ 5) Unité d'accélération . . . . $J = LT^{-2}$

(§ 6) Unité de force (la dyne). . . . . . $F = LMT^{-2}$

(§ 7) Unité de travail ou d'énergie (l'erg). . $W = L^2MT^{-2}$

(§ 7) Unité de puissance (1 erg par seconde) $W : T = L^2MT^{-3}$

(§ 42) Unité de pôle . . . . $P = L^{\frac{3}{2}}M^{\frac{1}{2}}T^{-1}$

(§ 61) Unité de champ magnétique . . . . $H = L^{-\frac{1}{2}}M^{\frac{1}{2}}T^{-1}$

(§ 64) Unité de quantité électrostatique. . . $Q_s = L^{\frac{3}{2}}M^{\frac{1}{2}}T^{-1}$

(§ 85) Unité de capacité électrostatique . . . $C_s = L$

Il s'agit maintenant de choisir des unités rationnelles pour l'évaluation des autres grandeurs électriques telles que les *résistances,* les *intensités de courant* et les *forces électromotrices.*

115. Système électrostatique. — L'intensité du courant dans un conducteur est, à proprement parler, la quantité d'électricité qui passe par ce conducteur dans l'unité de temps. On pourrait se proposer de déterminer, expérimentalement, cette quantité dans des circonstances données de résistance et de force électromotrice ou différence de potentiel, et adopter, pour UNITÉ DE COURANT, un courant tel qu'*il passe par le conducteur, en l'unité de temps, une quantité d'électricité égale à l'unité électrostatique,* définie au § **64** et qui a pour dimensions

$$Q_s = L^{\frac{3}{2}}M^{\frac{1}{2}}T^{-1}.$$

On aurait donc, pour les dimensions de l'unité d'intensité de courant, dans ce système, qu'on appellerait le *système électrostatique,*

$$I_s = \frac{Q_s}{T} = M^{\frac{1}{2}}L^{\frac{3}{2}}T^{-2}.$$

L'UNITÉ DE DIFFÉRENCE DE POTENTIEL *entre deux points*, ou l'UNITÉ DE FORCE ÉLECTROMOTRICE, *dans le même système, serait une différence de potentiel telle que l'unité de quantité d'électricité Q_s, passant du premier point au second, produirait un travail d'un erg ou* W.

L'équation de dimensions de l'unité de force électro-motrice serait donc

$$E_s = \frac{W}{Q_s} = M^{\frac{1}{2}} L^{\frac{1}{2}} T^{-1}.$$

L'unité de résistance se déduirait sans difficulté de la loi de Ohm que nous avons énoncée au § **171**.

C'est-à-dire que, dans le système électrostatique, L'UNITÉ ABSOLUE DE RÉSISTANCE *serait celle du conducteur qui, sous l'unité de différence de potentiel, laisserait passer, dans l'unité de temps, une quantité d'électrité égale à l'unité électrostatique.*

Son équation de dimensions serait

$$R_s = \frac{E_s}{I_s} = \frac{T}{L},$$

qu'on peut écrire

$$R_s = \frac{1}{V},$$

c'est l'inverse d'une vitesse ; ce qui semble vouloir dire que l'électricité passe d'autant moins vite, à travers un conduc-teur, que la résistance de celui-ci est plus grande.

Cela posé, la formule d'Ampère

$$df = k \frac{pi \cdot ds}{\Delta^2} \sin \alpha,$$

qui exprime la loi fondamentale des réactions électro-magnétiques et d'où l'on déduit (**104**), pour l'action d'un courant circulaire sur un pôle placé à son centre,

$$f = - pi \frac{2\pi r}{r^2} k;$$

cette formule montre que si nous conservons : comme unité de pôle, le pôle défini au § **42**, et comme unité de force, la dyne ; le coefficient $2\pi k$ est le nombre de dynes exprimant la force qui s'exerce entre un cercle de rayon r, parcouru par l'unité d'intensité de courant, sur l'unité de pôle placé à son centre.

Mais il est préférable de faire en sorte que le coëfficient k devienne égal à 1 et pour obtenir ce résultat il faut, dans le système électrostatique, choisir comme UNITÉ DE PÔLE *un pôle tel que, placé au centre d'un arc de cercle d'un centimètre de longueur et d'un centimètre de rayon parcouru par un courant d'intensité* I_s, *il éprouve de la part de ce courant une force égale à une dyne.*

Le système électrostatique n'est pas usité en pratique.

On a préféré adopter la marche suivante :

116. Système électromagnétique. — L'unité de force reste LA DYNE et l'unité de pôle reste telle qu'elle a été définie, au § **42**, par la loi de Coulomb.

Et on a choisi pour UNITÉ ABSOLUE D'INTENSITÉ *celle du courant qui, circulant dans un arc de cercle de rayon* L, *et de longueur* L, *produit sur l'unité de pôle* P *placée à son centre, une force égale à la dyne* F.

La quantité, ainsi définie, est appelée *l'unité électro-magnétique* d'intensité de courant ; nous la désignerons par I_m.

Les dimensions de cette unité sont :

$$I_m = L^{\frac{1}{2}}M^{\frac{1}{2}}T^{-1}.$$

L'action due à la circonférence entière de rayon L traversée par ce courant $I = 1$, sur l'unité de pôle placée à son centre sera (**104**)

$$f = -\,2\pi \text{ dynes}. \quad \dots \dots \dots \quad (1)$$

et l'on aura, en général, pour l'action d'un courant i, traversant une circonférence de rayon r, sur un pôle p placé à son centre,

$$f = - 2\pi \frac{pi}{r} \; dynes. \quad \ldots \quad \ldots \quad \ldots \quad (2)$$

En d'autres termes, le coefficient k de toutes les formules se rapportant à l'électro-magnétisme devient égal à l'unité, sans que nous ayons besoin de changer ni d'unité de pôle ni d'unité de force.

Par conséquent, dans le système des unités électromagnétiques, le potentiel dû à un circuit quelconque parcouru par un courant d'intensité i, s'exprime par

$$V = i\omega + constante.$$

De même la formule qui traduit la loi élémentaire de la réaction d'un champ magnétique h sur un élément de courant $i \cdot ds$, devient

$$df = hi \cdot ds \cdot \sin \alpha.$$

Mais nous devons, dans ce système, adopter pour *unité de quantité d'électricité,* une grandeur différente de l'unité électrostatique que nous avions admise jusqu'à présent. Celle-ci, c'est-à-dire l'*unité de quantité électrostatique* Q, est la quantité d'électricité qui, concentrée en un point, repousse une quantité égale, placée à l'unité de distance, avec une force égale à la dyne.

Celle-là, c'est-à-dire l'*unité électromagnétique d'électricité* Q_m, *est la quantité qui passe, dans l'unité de temps, à travers un conducteur parcouru par l'unité de courant* I_m, *définie ci-dessus;* d'où, pour les dimensions de l'unité de quantité d'électricité dans le système électromagnétique,

$$Q_m = I_m T = L^{\frac{1}{2}} M^{\frac{1}{2}}.$$

Les équations de dimensions des autres unités telles que l'unité de résistance, l'unité de force électromotrice et l'unité de capacité se déduisent respectivement de la loi de Joule (**72**) de la loi de Ohm (**71**) et de la définition même de la capacité (**83**).

Ainsi, dans le **système électromagnétique** :

L'UNITÉ DE RÉSISTANCE *est celle du conducteur dans lequel l'unité de courant* I_m *développe, en l'unité de temps* T, *une quantité de chaleur égale à un erg* W ; d'où

$$R_m = LT^{-1}.$$

L'UNITÉ DE FORCE ÉLECTROMOTRICE ou de DIFFÉRENCE DE POTENTIEL est celle qui produit l'unité de courant I_m dans l'unité de résistance R_m ; d'où

$$E_m = M^{\frac{1}{2}}L^{\frac{3}{2}}T^{-2}.$$

Enfin l'UNITÉ DE CAPACITÉ *est celle d'un condensateur qui absorbe l'unité de quantité* Q_m, *pour que la différence de potentiel, entre ses armatures, devienne égale à l'unité* E_m ; d'où

$$C_m = L^{-1}T^{2}.$$

117. — En résumé : Il faudra : ou bien faire toutes les mesures exclusivement dans l'un des deux systèmes ; ou bien, et c'est l'usage qui a prévalu, conserver le système électrostatique pour la solution des problèmes qui se rapportent à l'électricité à l'état d'équilibre ; employer le système électromagnétique pour la mesure des actions dues à l'électricité en mouvement ; et déterminer les rapports entre grandeurs correspondantes dans les deux systèmes, pour qu'au besoin la conversion puisse se faire rapidement.

118. Rapports entre les unités électrostatiques et les unités électromagnétiques (*). — Les dimensions de

----

(*) Nous transcrivons ce paragraphe textuellement de Blavier (*Des grandeurs électriques et de leur mesure en unités absolues*, p. 419), parce qu'il ne nous parait pas possible de dire les mêmes choses plus simplement.

l'unité de quantité dans le système électrostatique étant

$$Q_1 = L^{\frac{3}{2}}M^{\frac{1}{2}}T^{-1},$$

une quantité donnée A d'électricité est représentée, dans ce système, par un nombre

$$q_1 = l_1^{\frac{3}{2}}m_1^{\frac{1}{2}}t_1^{-1},$$

l_1, m_1, t_1 étant des multiples des unités absolues de longueur de masse et de temps, L, M et T.

Dans le système électromagnétique, la même grandeur A sera représentée par un nombre

$$q_2 = l_2^{\frac{1}{2}}m_2^{\frac{1}{2}},$$

l_2 et m_2 étant encore des multiples de L et M.

Le rapport $\frac{q_1}{q_2}$ des deux nombres qui représentent la même quantité d'électricité A est

$$\frac{q_1}{q_2} = \frac{l_1^{\frac{3}{2}}m_1^{\frac{1}{2}}t_1^{-1}}{l_2^{\frac{1}{2}}m_2^{\frac{1}{2}}} = \frac{l_1}{t_1} \times \left(\frac{l_1}{l_2}\right)^{\frac{1}{2}} \times \left(\frac{m_1}{m_2}\right)^{\frac{1}{2}}.$$

Le rapport $\frac{l_1}{l_2}$ de deux longueurs est un nombre abstrait indépendant de l'unité employée pour les mesurer; il en est de même du rapport de deux masses $\frac{m_1}{m_2}$; on peut donc représenter leur produit par un nombre abstrait a. Le rapport $\frac{q_1}{q_2}$ devient alors

$$\frac{q_1}{q_2} = a\,\frac{l_1}{t_1} = \mathfrak{V}.$$

Ce rapport qui est évidemment constant, quelle que soit la grandeur de la quantité mesurée A, exprime une vitesse, puisque c'est le rapport d'une longueur al_1 à un intervalle de temps t_1. On le désigne par $\mathfrak{V}$; sa valeur, comme nous le verrons loin, est égale à la vitesse de propagation de la lumière.

Q_s et Q_m représentant respectivement les grandeurs des deux unités absolues, électrostatique et électromagnétique, de quantité; les nombres q_1, q_2 qui représentent une même grandeur A ont pour valeur

$$q_1 = \frac{A}{Q_s}; \quad q_2 = \frac{A}{Q_m},$$

d'où

$$\frac{Q_m}{Q_s} = \frac{q_1}{q_2} = \mathfrak{V}.$$

On obtiendra le rapport des autres unités correspondantes dans les deux systèmes par une marche semblable (*).

Si nous désignons respectivement :

l'unité absolue de quantité d'électricité par. . . Q
» d'intensité de courant par . . . I
» de force électromotrice par . . . E
» de résistance par . . . . R
» de capacité par C

on trouve :

$$\frac{Q_m}{Q_s} = \mathfrak{V} \ \left|\ \frac{I_m}{I_s} = \mathfrak{V} \ \right|\ \frac{E_m}{E_s} = \frac{1}{\mathfrak{V}} \ \left|\ \frac{R_m}{R_s} = \frac{1}{\mathfrak{V}^2} \ \right|\ \frac{C_m}{C_s} = \mathfrak{V}^2.$$

Reste la détermination de la grandeur de $\mathfrak{V}$.

Elle peut s'effectuer par plusieurs méthodes; par exemple, par une double mesure de l'intensité, faite comme suit : en chargeant un condensateur absolu (**84**) à l'aide d'une pile électrique, puis en le déchargeant à travers le fil d'un galvanomètre, et en répétant l'opération à de très courts

---

(*) Pour le développement, voyez Blavier, pages 419 et suivantes.

intervalles, ce qu'on peut réaliser au moyen d'une roue interruptrice; on obtient, dans le fil, un courant sensiblement régulier et constant. Son action sur une aiguille aimantée peut donner la mesure de son intensité en unités électromagnétiques; et cette même intensité, en unités électrostatiques, est égale au produit de la charge du condensateur par le nombre de fois qu'il est mis en communication avec la source électrique, en l'espace d'une seconde.

La charge du condensateur est d'ailleurs égale au produit de sa capacité par la force électromotrice de la source électrique employée, et la capacité d'un condensateur absolu peut se déterminer directement par le calcul, comme nous l'avons vu au § **84**.

On obtiendra ainsi :

1° Par une mesure expérimentale;

2° Par un calcul direct;

deux nombres i_1, i_2 pour exprimer une même grandeur, savoir l'intensité du courant.

Ces nombres sont en raison inverse des unités corespondantes d'intensité; c'est-à-dire que

$$\mathfrak{v} = \frac{\mathrm{I}_m}{\mathrm{I}_e} = \frac{i_2}{i_1}.$$

119. — Weber et Kohlrausch, par une détermination expérimentale des deux unités de quantité, ont trouvé pour valeur de $\mathfrak{v}$

$$\mathfrak{v} = 3{,}1074 \times 10^{10} \text{ centimètres par seconde.}$$

Sir W. Thomson, par une comparaison expérimentale des deux unités de potentiel, a trouvé

$$\mathfrak{v} = 2{,}825 \times 10^{10}.$$

Maxwell, par une expérience dans laquelle une attraction

électrostatique était équilibrée par une répulsion électro-dynamique, a trouvé

$$\mathfrak{V} = 2,88 \times 10^{10}.$$

Les professeurs Ayrton et Perry, en mesurant la capacité d'un condensateur à la fois dans les deux systèmes, ont obtenu la valeur

$$\mathfrak{V} = 2,98 \times 10^{10}.$$

Toutes ces déterminations donnent pour $\mathfrak{V}$ une valeur qui diffère très peu de celle de la vitesse de la lumière qui serait égale,

d'après les expériences de Foucault à. . . . $2,98 \times 10^{10}$,

 »   »   Cornu à . . . . . $3,04 \times 10^{10}$,

et d'après la méthode astronomique à . . . $3,08 \times 10^{10}$.

Nous adopterons pour valeur de $\mathfrak{V}$ le nombre rond

$$\mathfrak{V} = 3 \times 10^{10}.$$

120. — Dès lors les formules données dans le chapitre précédent, comme expressions des lois fondamentales de l'électro-magnétisme, ne présentent plus aucune indétermination; sauf celles qui se rapportent aux actions entre courants, appelées actions électrodynamiques, et dont la loi élémentaire s'écrit

$$df = K \frac{i_1 i_2 \cdot ds_1 \cdot ds_2}{\Delta^2} \left(\cos \omega - \frac{3}{2} \cos \alpha_1 \cos \alpha_2 \right), \quad .\ .\ (a)$$

et d'où l'on déduit, pour l'action exercée par un courant indéfini d'intensité i_1 sur un courant parallèle d'intensité i_2 de longueur l et distant du premier d'une quantité Δ,

$$f = K \frac{i_1 i_2 l}{\Delta},$$

Dans le cas où

$$i_1 = i_2 = i \quad \text{et} \quad l = \Delta,$$

la formule devient

$$f = K i^2,$$

et K deviendrait égal à l'unité, si nous adoptions pour unité d'intensité de courant celle d'un courant qui, circulant dans un conducteur d'un centimètre de longueur, serait attiré par un courant indéfini de même intensité, parallèle et distant du premier d'un centimètre, avec une force égale à la dyne.

Ce serait l'*unité électrodynamique absolue* I_d *d'intensité de courant* et par son adoption la loi élémentaire des actions entre courants se réduirait à

$$df = \frac{i_1 i_2 \cdot ds_1 \cdot ds_2 \cdot}{\Delta^2}\left(\cos\omega - \frac{3}{2}\cos\alpha_1\cos\alpha_2\right). \quad . \quad . \quad (a)$$

Il en résulterait un troisième système de mesures électriques puisqu'il faudrait modifier en conséquence les unités de quantité, de résistance, etc.

Il vaut mieux éviter pareille complication et déterminer le rapport de I_d à I_m, c'est-à-dire, à l'unité électromagnétique d'intensité; puis, grâce à ce rapport, transcrire la formule fondamentale (a) dans le système électromagnétique.

Or la détermination du rapport de I_d à I_m peut se faire, par le calcul, avec une exactitude absolue.

En effet, dans le système électromagnétique, la force développée par un courant rectiligne indéfini MN sur l'unité de pôle à la distance Δ **(96)**, s'écrit

$$f = \frac{2i}{\Delta},$$

Cette valeur de f est la même pour tous les points d'une longueur AB parallèle à MN. Si donc AB est parcouru, lui

aussi, par un courant d'intensité i, nous pouvons le considérer comme soumis à l'action d'un champ magnétique
d'intensité

$$h = \frac{2i}{\Delta},$$

et la réaction aura pour valeur, en unités électromagnétiques

$$f = \frac{2i}{\Delta} \cdot il = 2i^2 \frac{l}{\Delta}.$$

En unités électrodynamiques, cette même réaction a pour
valeur (voyez § **108**)

$$f = i^2 \frac{l}{\Delta}.$$

Donc en désignant respectivement par I_m et I_d les unités
électromagnétique et électrodynamique absolues d'intensité
de courant, on a

$$\frac{I_m^2}{I_d^2} = \frac{1}{2},$$

donc

$$I_d = I_m \sqrt{2}.$$

D'après cela, la formule d'Ampère, exprimant l'action
d'un élément de courant sur un autre et qui, dans le
système électrodynamique, s'écrirait

$$df = \frac{i_1 i_2 \cdot ds_1 ds_2}{\Delta^2} \left(\cos \omega - \frac{3}{2} \cos \alpha_1 \cos \alpha_2 \right),$$

se transcrit, comme suit, dans le système électromagnétique

$$df = \frac{2 \cdot i_1 i_2 \cdot ds_1 ds_2}{\Delta_2} \left(2 \cos \omega - \frac{3}{2} \cos \alpha_1 \cos \alpha_2 \right). \quad . \quad . \quad (b)$$

Il suffit d'adopter cette dernière formule, à l'exemple des
électriciens anglais, pour identifier les deux systèmes de
mesures.

121. Unités pratiques. — Les unités absolues, ci-dessus définies, ne sont usitées que pour les recherches scientifiques. Pratiquement, elles présentent l'inconvénient d'être des grandeurs très différentes de celles qu'on a généralement à mesurer. Ainsi un fil de fer de 4 millimètres de diamètre et de 100 mètres de longueur représente une résistance d'un milliard d'unités absolues électromagnétiques.

C'est pourquoi les électriciens ont adopté, pour *unités usuelles,* des multiples ou des sous-multiples des unités absolues.

Ces unités usuelles sont :

Pour les *résistances :*

$$\text{l'}ohm = \omega = 10^9 R_m.$$

L'étalon ou *ohm légal,* conservé à Paris, diffère très peu de cette valeur et équivaut à la résistance d'une colonne de mercure de 106 centimètres de longueur et de 1 millimètre carré de section, à la température 0° centigrade.

L'unité Siemens valait 1 mètre de mercure, dans les mêmes conditions.

Pour les *différences de potentiel* et les *forces électromotrices :*

$$\text{le } volt = 10^8 . E_m.$$

C'est, à peu de chose près, la force électromotrice d'un élément Daniell.

Pour les *intensités de courant :*

$$\text{l'}ampère = \frac{1\ volt}{1\ ohm} = 10^{-1} . I_m.$$

C'est le courant qu'un volt détermine à travers un ohm.

Pour les *quantités d'électricité :*

Le *coulomb* ou la quantité fournie par un ampère en une seconde

$$\text{Le } coulomb = 10^{-1} . Q_m.$$

Pour les *capacités* :

Le *micro-farad* ou millonième partie de la capacité du condensateur qui absorbe 1 coulomb lorsque la différence de potentiel entre ses deux armatures est d'un volt.

$$\text{Le } \textit{micro-farad} = S_{\textit{t}} \cdot 10^{-3}.$$

Pour la *puissance* :

Le *watt* ou la puissance capable de maintenir un courant d'un ampère entre deux points dont les potentiels diffèrent d'un volt.

Puisque la puissance d'un courant électrique a pour expression

$$w = ei,$$

on a

$$1 \ \textit{watt} = 1 \ \textit{volt} \times 1 \ \textit{ampère} = 10^{8}E_{m} \cdot 10^{-1}I_{m} = 10^{7} \ \textit{ergs-seconde,}$$

Or nous avons vu **(7)** que

$$1 \ \textit{erg-seconde} = \begin{cases} \dfrac{1}{9.81 \times 10^{7}} \ \textit{kilogrammètre-seconde,} \\[2mm] \dfrac{1}{9.81 \times 10^{7} \times 75} \ \textit{cheval-vapeur,} \end{cases}$$

donc

$$1 \ \textit{watt} = \begin{cases} \dfrac{1}{9.81} \ \textit{kilogrammètre-seconde,} \\[2mm] \dfrac{1}{736} \ \textit{cheval-vapeur.} \end{cases}$$

CHAPITRE NEUVIÈME.

INDUCTION MAGNÉTIQUE.

122. — Un corps quelconque, ne possédant par lui-même aucune aimantation, devient un aimant dès qu'on le place dans un champ magnétique.

Par exemple, un barreau de fer doux B (fig. 54), mis en présence d'un aimant permanent A, s'aimante lui-même,

Fig. 54.

sous l'influence de celui-ci; et ses pôles n, s, se placent, par rapport à ceux de l'aimant inducteur, comme l'indique la figure 54; en effet les extrémités en regard s'attirent mutuellement.

Mais qu'on remplace le barreau de fer par un autre de bismuth C (fig. 55), et, au lieu d'une attraction, on constate une répulsion entre les pôles en regard. Il faut en conclure que l'aimantation par influence, qu'on appelle aussi l'*induction magnétique,* est, dans ce dernier cas, de sens inverse à celle produite dans le fer; et qu'il existe, dans le barreau de bismuth, des pôles disposés comme l'indique la figure 55.

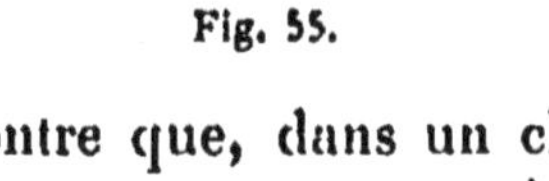

Fig. 55.

L'expérience montre que, dans un champ magnétique donné, tous les corps se comportent, soit comme le fer, soit comme le bismuth; pour distinguer, on nomme *paramagné-tiques* ou *ferromagnétiques* les corps qui, par influence, s'aimantent dans le même sens que le fer; et *diamagné-tiques* ceux qui s'aimantent en sens contraire.

123. Aimantation par le courant électrique. — Le courant électrique développant un champ magnétique autour de lui, il est clair que tous les corps s'aimantent sous son influence; à des degrés différents, il est vrai, et aussi dans un sens ou dans l'autre, suivant qu'ils sont dia-magnétiques ou ferromagnétiques.

Un solénoïde, c'est-à-dire une hélice de fil conducteur parcourue par un courant énergique, constitue le moyen d'aimantation le plus puissant; un barreau de fer doux disposé suivant l'axe du solénoïde acquiert la vertu magné-tique dès que le courant est lancé dans le conducteur qui l'entoure, et la garde tant que le courant passe.

124. Force coercitive. — Dès que l'action induisante cesse, le corps qui y a été soumis revient sensiblement, mais jamais complètement, à l'état neutre : il reste plus ou moins aimanté, retenant donc une certaine quantité de magnétisme qu'on appelle *magnétisme permanent* ou mieux *rémanent*.

On exprime ce fait en disant que le corps possède une *force coercitive*.

Celle-ci, presque nulle pour le fer pur, est relativement grande pour l'acier trempé dur; elle est, dans tous les cas, variable avec le temps et s'éteint graduellement, le corps tendant à revenir peu à peu à l'état neutre.

125. Susceptibilité magnétique. — Comme nous l'avons dit plus haut, tout corps, amené dans un champ magné-tique, s'aimante, par induction, dans un sens ou dans l'autre; l'intensité de l'aimantation, en un point, dépendant à la fois de la nature de la substance, de sa forme, et de l'intensité du champ préexistant que nous appellerons le *champ inducteur*.

Il s'agit de chercher les lois qui régissent ce phénomène.

Admettons, pour commencer, que l'intensité ρ de l'aimantation de chaque molécule soit proportionnelle à l'intensité de « la force » telle que nous l'avons calculée pour la molécule elle-même (§ **52**) et qui est, bien évidemment, la force produisant l'aimantation, c'est-à-dire sollicitant chaque particule matérielle à s'orienter ou à se mouvoir d'une façon déterminée; nous aurons, dans cette hypothèse,

d'où

$$\rho = \chi f_m \quad \ldots \ldots \ldots \quad (1)$$

$$\chi = \frac{\rho}{f_m}; \quad \ldots \ldots \ldots \quad (2)$$

χ, ou le coefficient de proportionnalité, ne dépendrait que de la nature du corps.

L'équation (2) indique que *le coefficient χ est le rapport entre l'intensité de l'aimantation et la force magnétisante.*

Variable avec les substances, et caractérisant chacune d'elles au point de vue du magnétisme, nous le nommerons la *susceptibilité magnétique* de ces substances. Et sa définition donnée ci-dessus, telle qu'elle résulte de l'équation (2), subsiste, lors même que sa valeur serait une fonction de la force, comme elle l'est en réalité, ainsi que nous le verrons plus loin.

126. — L'introduction d'un corps magnétisable, dans un champ magnétique préexistant h, doit nécessairement modifier l'intensité et la forme de celui-ci : ce sont des masses magnétiques venant s'ajouter à un système antérieur.

Le problème qui se présente souvent en pratique est celui-ci : étant donné un champ magnétique h, uniforme; calculer : soit l'intensité d'aimantation ρ que prend une pièce de fer ou d'acier lorsqu'on l'amène dans ce champ, soit l'intensité de la force f_r, en un point donné à l'intérieur de l'aimant. On suppose l'aimantation induite uniforme, et parallèle aux lignes de force du champ inducteur.

Il est clair qu'on obtiendra la force résultante, en un point quelconque de l'espace, en composant l'intensité primitive h avec la valeur de la force résultante due exclusivement à l'aimant et que, dans ce chapitre, nous désignerons par f_a.

Nous avons donc, dans le cas supposé,

$$f_r = h + f_a. \ldots \ldots \ldots \ldots \quad (3)$$

et puisque d'après le § **52**

$$f_m = f_r - 4\pi\rho$$

on aura

$$f_m = h + f_a - 4\pi\rho$$

ou

$$\frac{\rho}{\varkappa} = h + f_a - 4\pi\rho \ldots \ldots \ldots \quad (4)$$

Tout est donc ramené au calcul de f_a. Mais comme cette quantité dépend notamment de la forme du corps, il n'est pas possible d'obtenir une formule générale applicable à tous les cas.

Seuls les cylindres très longs ou minces, ainsi que les anneaux fermés, fournissent une relation applicable à tous les corps de cette forme.

En effet, dans ces cas, comme lorsque l'on considère un milieu magnétique indéfini, on a (§ **52**)

$$f_a = 4\pi\rho,$$

d'où

$$f_r = h + 4\pi\rho, \ldots \ldots \ldots \quad (5)$$

$$f_m = h, \ldots \ldots \ldots \ldots \quad (6)$$

et

$$\rho = \varkappa h, \ldots \ldots \ldots \ldots \quad (7)$$

donc

$$f_r = h(1 + 4\pi\varkappa), \ldots \ldots \ldots \quad (8)$$

ou
$$f_r = \mu \cdot h, \qquad \ldots \qquad (9)$$

en désignant la constante $(1 + 4\pi\varkappa)$ par μ.

On voit que, par l'introduction de pareil corps, la force résultante, qu'on appelle encore la force d'induction, se trouve renforcée dans le rapport $1 : \mu$.

Ainsi que $\varkappa$, le coefficient μ dépend de la nature des corps.

W. Thomson a donné à ce terme

$$\mu = 1 + 4\pi\varkappa \qquad \ldots \qquad (8)$$

le nom de *perméabilité* magnétique, dénomination qui sera expliquée au § **128**.

Pour le moment, nous nous bornons à indiquer clairement, par un exemple numérique, la signification du coefficient $\varkappa$.

D'après des expériences de Plücker, la susceptibilité du fer serait égale à 33 $(\varkappa = 33)$. Cela étant, un barreau de fer doux, long et mince, placé horizontalement dans le méridien magnétique, prendra, sous la seule influence du magnétisme terrestre, une aimantation telle que l'intensité de chacun de ses pôles sera

$$p = \rho S = 33 \cdot hS$$

puisque dans le cas actuel

$$f_m = h, \quad \text{d'où} \quad \rho = \varkappa h.$$

Dans cette formule, $h =$ force horizontale du champ terrestre $= 0.18$ (§ **6**).

Prenons S = section du barreau en centimètres carrés $= 1$; nous aurons

$$p = 5.94,$$

c'est-à-dire que chacun des pôles du barreau attirera un pôle égal, mais de nom contraire, placé à 1 centimètre de distance, avec une force égale à $(5.94)^2$ dynes $= 35$ milligrammes en chiffres ronds.

127. — Jusqu'ici nous avons supposé que $\varkappa$ était une constante ; cela n'est admissible, même par approximation, qu'entre des limites très restreintes et pour de faibles intensités du champ inducteur. En général, la susceptibilité est fonction de cette intensité, diminuant au fur et à mesure que la force induisante augmente ; de telle sorte qu'à partir d'une certaine valeur de h, le produit $\varkappa h = \rho$ reste sensiblement constant, comme si, à partir de cette limite, le corps ne prenait plus de magnétisme induit : on dit alors qu'il en est *saturé*.

Nous reviendrons sur cette particularité qui est de la plus haute importance en pratique.

Enfin les moindres différences de structure moléculaire suffisent pour que deux échantillons de même nature, nous voulons dire de même métal, possèdent des coefficients $\varkappa$ fort différents.

128. Perméabilité magnétique. — Cas d'un milieu illimité. — Supposons un champ magnétique s'étendant à l'infini et uniforme, le milieu n'étant pas aimanté. La force, en un point, sera

$$f = h.$$

Mais cette formule suppose le milieu ambiant vide de toute matière magnétisable.

Or, telle n'est pas la réalité physique. Non seulement le fer, l'acier et le nickel, mais tous les métaux, les liquides et même les gaz s'aimantent, par induction, dès que l'on crée un champ magnétique autour d'eux ; tous, quoique à des degrés différents, subissent la déformation ou la polarisation magnétique.

Remplaçons donc le vide par un milieu magnétisable, du fer, par exemple ; nous devons alors considérer que chaque molécule du milieu est aimantée ; nous devons nous figurer la masse disposée par couches successives suivant les surfaces équipotentielles, et polarisées.

Mais alors, pour déterminer l'intensité de la force h en un point quelconque P, nous ne pouvons plus, ainsi que nous l'avons fait jusqu'à présent, considérer ce point comme placé dans le vide magnétique. C'est un point intérieur à l'aimant.

L'intensité totale f_r sera la somme de deux composantes : dont l'une ou la force due au champ inducteur sera représentée par

$$f_1 = h$$

et dont l'autre, due à la masse magnétique elle-même et partout parallèle à la première, a pour expression (voyez §§ **51** et **126**)

$$f_a = 4\pi\rho, \quad \ldots \ldots \ldots \quad (1)$$

d'où, pour la force résultante (intermoléculaire)

$$f_r = h + 4\pi\rho ; \quad \ldots \ldots \ldots \quad (2)$$

c'est-à-dire la même valeur que celle que nous avons trouvée, au § **126**, dans le tore et dans les cylindres minces très allongés.

Mais

$$\rho = \varkappa h,$$

$\varkappa$ étant la susceptibilité du milieu, d'où enfin

$$f_r = h(1 + 4\pi\varkappa) = \mu h,$$

μ étant la *perméabilité magnétique* du milieu.

La valeur numérique de μ est à déterminer par l'expérience ; sa signification est claire : l'intensité du champ créé, dans le vide, par un système quelconque, étant $f = h$, en un point donné ; devient $f_r = \mu h$ pour un milieu quelconque ; μ indique donc le rapport dans lequel l'intensité d'un champ se trouve modifiée, par la nature même du milieu, *celui-ci étant supposé illimité* ou du moins tel que sa forme ou ses dimensions soient sans influence.

En d'autres termes, les lignes de force du champ primitif, c'est-à-dire, telles qu'elles se produiraient dans le vide, conservent leur *direction* dans le cas d'un milieu indéfini *quelconque;* mais dans ce dernier cas, il faut admettre que le *nombre* des lignes de force passant par l'unité de surface se trouve modifié dans le rapport de $1 : \mu$.

On peut encore définir la perméabilité comme étant le rapport de l'intensité du champ magnétique total à l'intensité du champ inducteur.

Car de

$$f_r = \mu h, \quad \text{on tire} \quad \mu = \frac{f_r}{h}.$$

Pratiquement, dans les applications industrielles, où le maintien d'un champ magnétique correspond à une dépense, on peut dire que μ est un coefficient de rendement économique, puisqu'il exprime le rapport entre la quantité de lignes de force, maintenues dans un milieu, et le travail dépensé pour les maintenir.

Enfin, il est clair que le milieu métallique illimité dont il a été question ci-dessus est une pure fiction théorique à laquelle nous n'avons eu recours que pour faciliter la conception exacte de la perméabilité.

Dans le cas d'un corps de formes quelconques, amené dans un champ inducteur h, il n'est plus exact d'écrire

$$\mu = \frac{f_r}{h},$$

sauf pour les cylindres longs et minces et pour les tores, pour lesquels on a, comme dans un milieu illimité,

$$f_r = h + 4\pi\rho, \quad \text{d'où} \quad \mu = \frac{f_r}{h}.$$

mais, en général, il faut écrire

$$\mu = \frac{f_r}{f_m}. \qquad \dots \dots \dots \quad (5)$$

D'où, pour la *perméabilité*, cette troisième définition :
c'est le rapport de la force résultante à la force moléculaire.

129. Cas du tore. — Supposons un tore circulaire de
section πr^2 et de rayon R, recouvert de courants égaux,
équidistants, situés chacun dans un plan méridien passant
par l'axe de révolution, et soit n, le nombre de ces spires
comprises entre deux plans méridiens faisant entre eux un
angle ω égal à l'unité d'angle (pour laquelle l'arc est égal au
rayon); enfin soit i l'intensité du courant.

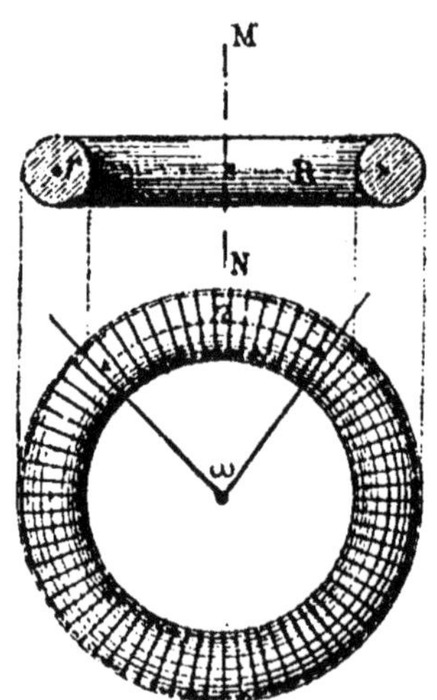

Fig. 56.

En tout point extérieur, la force due à pareil système est
nulle; comme serait nulle l'action d'un aimant replié en
anneau, le pôle nord rejoignant le pôle sud. Mais, à l'intérieur, existe un champ magnétique dont les lignes de force,
formant faisceau annulaire, sont parallèles à l'axe du tore.

La force, en un point intérieur quelconque, à une distance x de l'axe de révolution MN, et en l'absence de matière magnétique vaut, comme on le trouvera facilement,

$$h = \frac{4\pi n_i i}{x} . \quad . \quad . \quad . \quad . \quad . \quad . \quad . \quad (1)$$

Mais supposons maintenant que les spires induisantes soient enroulées, par exemple, sur un anneau en fer; on aura

$$f_r = \frac{4\pi n_i i}{x} \mu,$$

μ étant la perméabilité du fer.

Le flux total d'induction, ou le nombre de lignes de force à travers la section S, sera

$$\int f_r . \, dS = 4\pi n_i i \mu \int \frac{dS}{x},$$

d'où

$$\mathcal{F} = 4\pi n_i i \left(R - \sqrt{R^2 - r^2}\right)\mu,$$

en supposant que la section du fer soit égale à l'aire de chaque spire.

Sans la présence du fer, le flux aurait été

$$\mathcal{F} = 4\pi n_i i \left(R - \sqrt{R^2 - r^2}\right).$$

Le nombre de lignes de force passant par la section de l'anneau se trouve donc augmenté, par la présence du fer, dans le rapport de $\mu : 1$.

130. Cylindre droit. — Soit encore, dans le vide, un champ inducteur uniforme, d'intensité h, et isolons, dans ce milieu, un espace cylindrique de rayon a et de longueur $2l$ (fig. 57). Nous devons nous figurer qu'il passe par ce cylindre un nombre de lignes de force (un flux de force)

$$fS = \pi a^2 h,$$

et l'intensité de la force, au centre P, est $f = h$.

Supposons maintenant que cet espace cylindrique soit occupé par une matière quelconque susceptible d'aimantation et soit d'ailleurs ϰ sa susceptibilité telle qu'elle a été définie au § **125**.

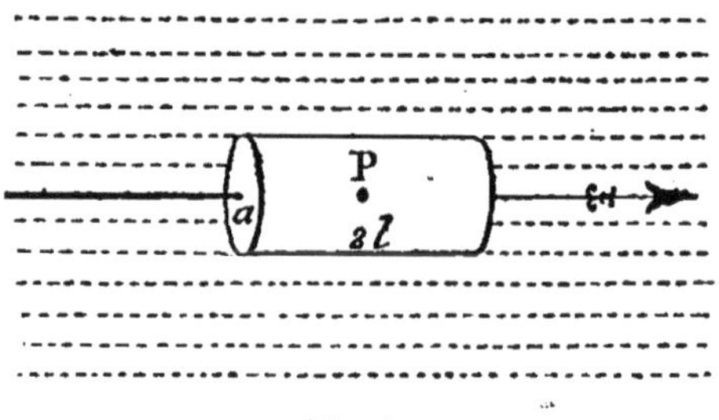

Fig. 57.

Dans ce cas, pour calculer f, il faut que nous connaissions le genre d'aimantation que le cylindre va prendre; nous admettons qu'il s'aimante uniformément suivant une direction parallèle aux lignes de force du champ primitif.

Soit ρ l'intensité d'aimantation au point milieu de l'axe, la force résultante en ce point sera

$$f_r = h + f_a$$

ou [voyez § **51**, équation (2)]

$$f_r = h + 4\pi\rho \cdot \frac{l}{\sqrt{a^2 + l^2}},$$

et, par les relations :

$$\mu = \frac{f_r}{f_m},$$

$$\rho = \varkappa f_m = \frac{\varkappa}{\mu} f_r = \frac{\mu - 1}{\mu} \cdot 4\pi$$

d'où

$$4\pi\rho = \frac{\mu - 1}{\mu} \cdot f_r \quad \cdots \cdots \cdots \quad (1)$$

on trouve facilement

$$f_r = h \cdot \cfrac{1}{1 - \left(\cfrac{\mu - 1}{\mu} \cfrac{l}{\sqrt{a^2 + l^2}} \right)} \cdot$$

Si l'on peut négliger a^2, on retrouve le résultat déjà obtenu pour les cylindres minces :

$$f_r = \mu \cdot h.$$

et le flux vaut :

$$\mathfrak{F} = f_r S = \mu h S.$$

131. Cas de la sphère. — Soit enfin une sphère amenée dans un champ magnétique d'intensité uniforme $= h$ (fig. 58); elle s'aimantera avec une intensité $\rho = \varkappa f_m$ et,

Fig. 58.

comme nous l'avons déjà dit au § **53**, on peut substituer, à l'aimant sphérique ainsi formé, le système de deux ménisques respectivement chargés de matière positive et de matière négative.

La force f_a due à la sphère elle-même est constante pour tous les points intérieurs tels que P et elle y a pour expression (§ **53**)

$$f_a = 4\pi\rho - \frac{4}{3}\pi\rho.$$

Elle est d'ailleurs parallèle à la force du champ inducteur et de même sens que celle-ci si la sphère est paramagnétique, de sens contraire si elle est diamagnétique; on aura donc pour la force totale

$$f_r = h \cdot \frac{1}{1 - \frac{2}{3} \cdot \frac{\mu - 1}{\mu}} \cdot$$

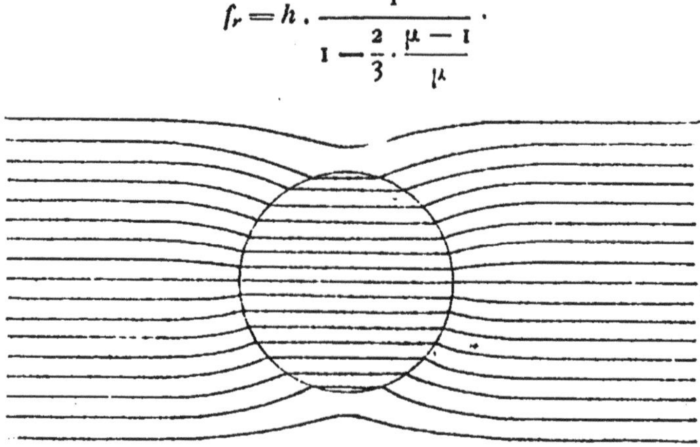

Fig. 59. — Champ magnétique uniforme induisant une sphère ferromagnétique.

Les figures 59 et 60, que nous empruntons à W. Thomson (*), représentent un champ magnétique uniforme modifié par la présence d'une sphère, induite par son influence.

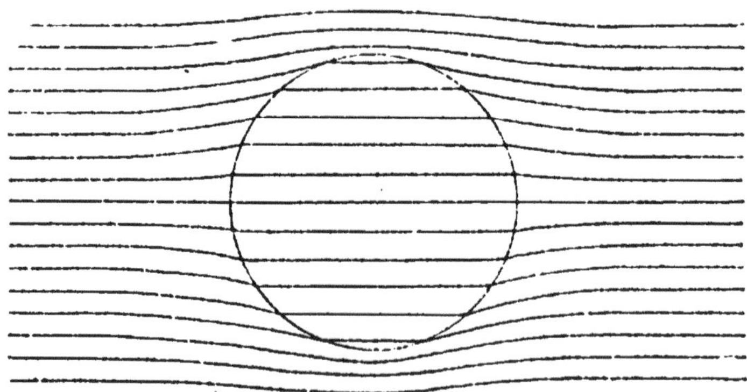

Fig. 60. — Champ magnétique uniforme induisant une sphère diamagnétique.

(*) *Reprint of Papers*, p. 490.

La figure 59 suppose une sphère paramagnétique dont la perméabilité serait $\mu = 2,8$.

La figure 59 se rapporte à une sphère diamagnétique dont la perméabilité serait $\mu = 0,48$.

132. Constantes magnétiques du fer. — Ainsi que nous l'avons déjà signalé au § **127**, ρ, ou l'intensité de l'aimantation n'est proportionnelle à l'intensité h du champ inducteur qu'entre des limites très restreintes; pour une même substance les coefficients $\varkappa$ et μ, liés par la relation

$$\mu = 1 + 4\pi\varkappa,$$

ne sont donc pas des constantes, mais des fonctions de l'intensité du champ inducteur. La connaissance de leurs varia-

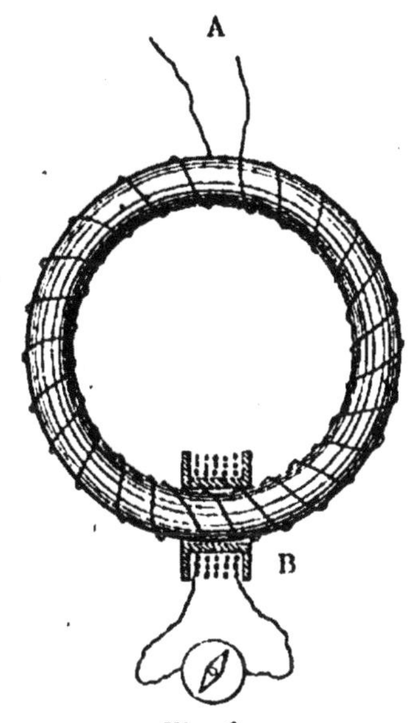

Fig. 61.

tions, dans le fer, est particulièrement importante pour les applications industrielles.

Nous donnons ci-dessous les résultats des expériences de

M. Rowland (*) transcrits dans le système des unités C. G. S.
et relatifs à un anneau en fer de Suède.

h représente l'intensité du champ inducteur ou la force
due à un courant circulant autour de l'anneau dans le circuit A (fig. 61); ce serait l'intensité du champ magnétique
dû au courant, dans le vide, à l'intérieur des spires qui enve-
loppent le tore;

f_r est l'intensité du champ réellement obtenu, champ qui est
beaucoup plus intense que h par suite de la présence du fer.
Rowland mesurait cette intensité par la valeur des courants
induits provoqués dans une bobine B par l'établissement et
l'extinction du courant inducteur dans A; ainsi que nous le
verrons au chapitre suivant, ces courants induits sont pro-
portionnels au nombre des lignes de force qui traversent le
noyau de la bobine, dans la section du tore.

On pourrait dire encore que h donne, par centimètre carré
de section, à l'intérieur du tore, le nombre des lignes de force
dues au courant inducteur; et f_r ce même nombre augmenté
de celui des lignes de force dues à la présence du fer, celles-ci
se chiffrant par $f_a = f_r - h$ et représentant la quantité du
magnétisme communiqué au métal.

Des données f_r et h on déduit les autres par le calcul,
savoir, dans le cas du tore ou d'un milieu indéfini pour
lequel $f_m = h$:

$$\text{la perméabilité} \quad \mu = \frac{f_r}{h} \quad \text{(voyez § 128),}$$

$$\text{la susceptibilité} \quad \varkappa = \frac{\mu - 1}{4\pi} \quad \text{(voyez § 126),}$$

$$\text{l'intensité d'aimantation} \quad \rho = \frac{f_r - h}{4\pi} \quad \text{(voyez § 128),}$$

$$\text{ou encore} \quad \rho = \varkappa h \quad \text{(voyez § 125).}$$

<hr>

(*) ROWLAND, *On magnetic permeability* (PHILOSOPHICAL MAGAZINE, vol. XLVI,
1873).

Cela étant, voici en unités C. G. S., les résultats obtenus :

h	f_r	$f_a = f_r - h$	$\mu = \dfrac{f_r}{h}$	$x = \dfrac{\mu - 1}{4\pi}$	$\rho = xh$
0.18	71	71	391	31	5,6
0,69	600	600	869	69	48
0.86	967	966	1 129	90	77
1.26	2 460	2 459	1 936	154	196
1.40	2 923	2 922	2 078	»	»
1.44	3 082	3 081	2 124	»	»
2.04	4 959	4 957	2 433	193	395
2.22	5 482	5 480	2 470	»	»
2.34	5 782	5 780	2 472	197	460
2.70	6 651	6 648	2 448	»	»
3.14	7 473	7 470	2 367	»	»
4.03	8 943	8 939	2 208	176	712
5.31	10 080	10 075	1 899	»	»
8.83	12 270	12 261	1 448	121	976
10.1	12 970	12 960	1 269	101	»
11.9	13 630	13 618	1 137	»	»
17 7	14 540	14 522	824	65	1 156
34.2	15 770	15 736	462	37	»
45.7	16 270	16 224	354	»	»
64.8	16 600	16 535	258	24	1 317
. . . . .	. . . . . .	. . . . . .	. . . . .	. . . . .	. . . . . .
∞	»	17 500	1	zéro	1 393
zéro	»	»	320	»	»

Lorsqu'on traduit en tracés graphiques les données du
tableau précédent (fig. 62), on voit immédiatement qu'il ne
peut être question de considérer plus longtemps μ et x
comme des constantes ; même en pratique, cela n'est admissible, comme donnée approximative, qu'aux environs de
la perméabilité maxima, qui a lieu pour $h = 2.34$ (à peu
de chose près) et entre des limites très réstreintes, disons

pour des valeurs de la force induisante comprises entre
$h = 2$ et $h = 3$.

133. — Cette inconstance des coefficients est de nature à

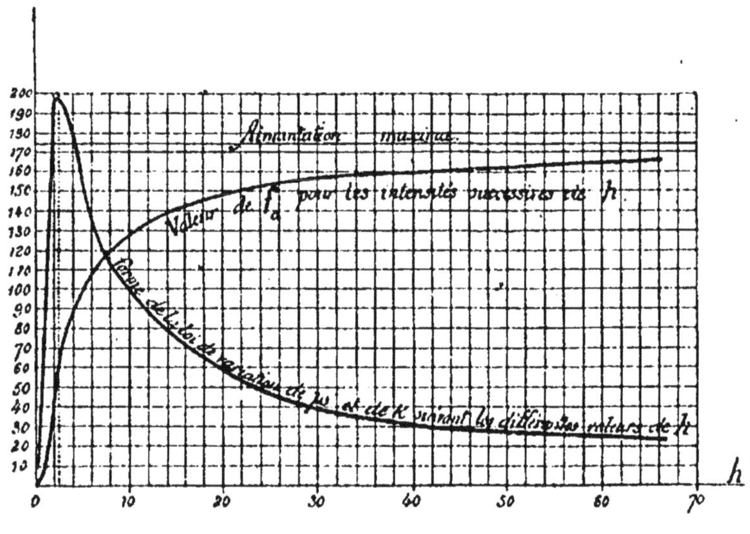

Fig. 62.

compliquer singulièrement les calculs relatifs aux électro-
aimants et aux machines électriques industrielles. La théorie
d'une machine n'est établie que s'il est possible de calculer,
a priori, quelles sont les dimensions et les formes à adopter
pour obtenir un résultat déterminé.

M. Frölich a introduit la formule empirique suivante(*) :

$$M = \frac{I}{a + bI},$$

pour exprimer la relation entre l'intensité I du courant
inducteur et ce que M. Frölich appelle « le magnétisme de
la dynamo », a et b étant des constantes à déterminer expé-

(*) *La machine dynamo-électrique,* par O. Frölich. Berlin, 1886.

rimentalement pour chaque machine, *déjà construite,* et qui
ne conviennent qu'à celle-là. Leur valeur dépend, non
seulement de la nature du fer employé, mais encore de la
forme de la machine; et il n'est pas possible de préciser leur
signification d'une manière générale.

La formule peut être utile, *a posteriori,* pour étudier, par
exemple, les conséquences d'un changement de régime dans
une machine donnée; elle n'est pas applicable dans une
théorie générale.

134. — Au lieu de représenter les coefficients μ et $\varkappa$ en

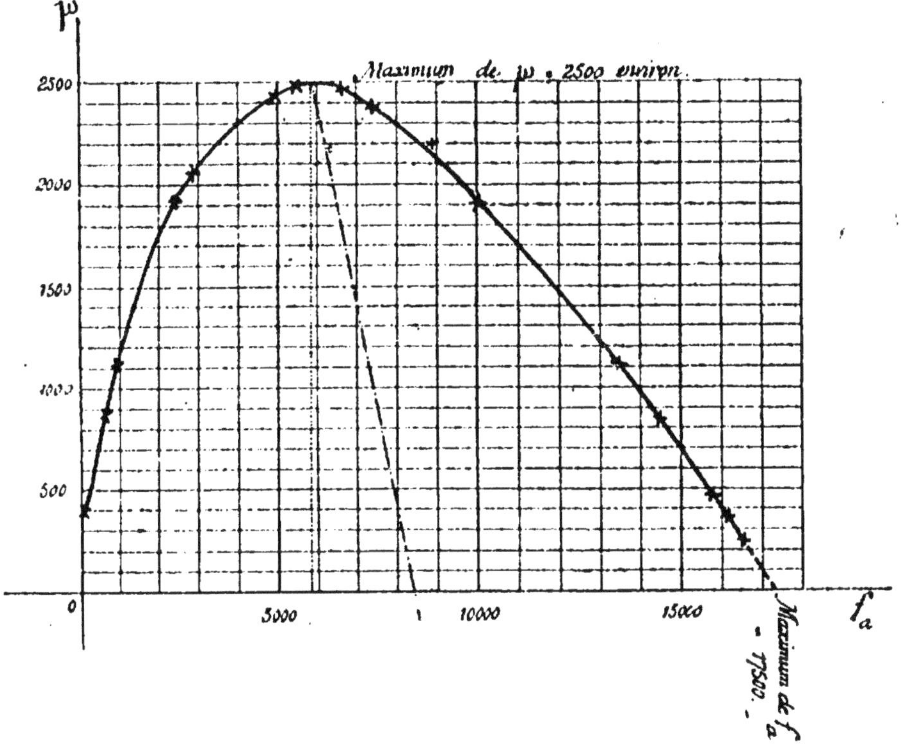

Fig. 63. — Loi de la variation de la perméabilité du fer.

fonction du champ inducteur h, Rowland emploie un mode
de représentation qui paraît bien préférable, parce qu'il

permet d'obtenir, pour toutes les grandeurs d'aimantation, des courbes finies très régulières, à l'aide desquelles on peut déterminer avec précision la valeur du maximum. En outre, ces courbes s'expriment par une formule assez exacte, relativement simple, et dont les constantes ne varient qu'avec la nature du métal.

La méthode consiste à prendre comme abscisse f_a, c'est-à-dire la force mesurant la quantité de magnétisme déjà acquise par le fer, et comme ordonnée la perméabilité μ ou la quantité

$$\lambda = 4\pi\mu.$$

Les courbes ainsi obtenues ont la forme de paraboles inclinées et sont bien représentées par la formule

$$\lambda = A \sin \frac{f_a + a\lambda + b}{c},$$

dans laquelle a, b, c sont des constantes qui ne dépendent que de la nature du métal observé et qu'on peut déterminer par l'expérience, ainsi que A, qui est la valeur maximum de λ.

CHAPITRE DIXIÈME.

INDUCTION ÉLECTROMAGNÉTIQUE.

I. — *Faits d'observation.*

135. — Soient deux circuits fermés AB et CD (fig. 64) en présence l'un de l'autre, chacun parcouru par le courant que fournissent des sources électromotrices constantes E. Nous supposons que l'on ait interposé un galvanomètre

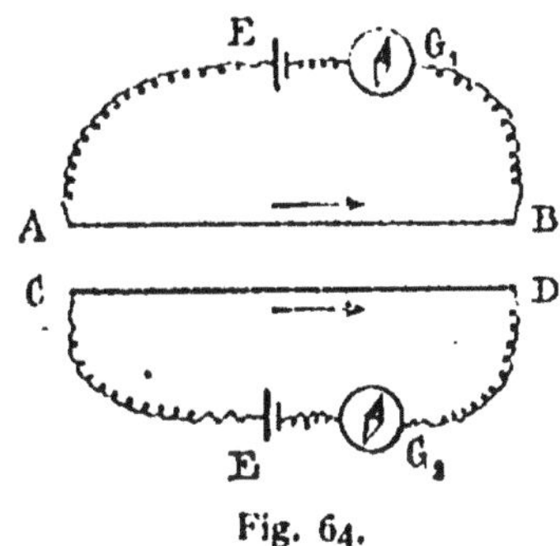

Fig. 64.

dans chacun des deux circuits, afin de pouvoir observer les phénomènes galvaniques qui se produisent lorsqu'on change la position respective des conducteurs.

Tant que ceux-ci sont maintenus en place, dans une même position relative quelconque, chaque galvanomètre marque une déviation constante, indiquant la constance des courants; mais dès qu'on rapproche les circuits, ou qu'on les éloigne l'un de l'autre, les aiguilles dévient de leurs indications normales. Ces écarts persistent tant que dure le déplacement relatif des conducteurs; ils augmentent avec la vitesse du déplacement et leur sens se renverse lorsqu'après avoir rapproché les circuits on les éloigne l'un de l'autre;

enfin le sens des écarts dépend encore de la direction des courants en présence.

Puisque rien n'est changé dans le système, si ce n'est la position relative des conducteurs, et que néanmoins les intensités de courant changent, il faut bien admettre que, par le seul fait du déplacement relatif, chacun des circuits devient le siège de forces électromotrices spéciales, qu'on appelle *forces électromotrices d'induction*.

Des phénomènes d'induction se présentent encore lorsqu'on déplace un conducteur fermé dans le voisinage d'un aimant, ou quand, au lieu de changer la position respective de deux circuits, on fait simplement varier l'intensité du courant dans l'un d'eux, ou encore lorsque, sans faire varier l'intensité, on déforme un des conducteurs.

Faraday, le premier, appela l'attention sur cet ordre de phénomènes nouveaux, et montra que, en général, la production d'un courant induit dans un circuit est accompagnée d'une variation du flux de force qui traverse ce circuit.

Lenz, physicien allemand, peu de temps après la découverte faite par Faraday, donna une loi générale qui permet de prévoir quel sera le sens d'un courant induit consécutif à un déplacement donné. Cette loi est connue sous le nom de *loi de Lenz* et s'énonce comme suit :

Tout déplacement relatif d'un circuit fermé et d'un courant ou d'un aimant développe un courant induit dirigé de façon qu'il tende à s'opposer au mouvement.

II. — *Théorie mathématique.*

136. Théorie générale de l'induction. — Les phénomènes d'induction sont reliés directement à la grande loi de la conservation de l'énergie, qui en indique l'existence nécessaire et permet d'en évaluer la grandeur.

Le principe que nous invoquons dit qu'*en toutes cir-*

*constances, la somme des énergies d'un système reste
constante, s'il ne reçoit pas d'énergie du dehors ; et que,
s'il en reçoit, la variation de son énergie propre vaut
exactement l'énergie reçue.* Il dit également que *tout travail dépensé doit se retrouver sous une forme quelconque
d'énergie.*

Or, soit un circuit parcouru par le courant qu'alimente
une pile voltaïque, de force électomotrice E, interposée
dans le circuit; et supposons celui-ci placé dans un champ
magnétique qui le repousse dans une direction donnée. Il
en résulte une énergie potentielle qui varie suivant la position
du circuit dans le champ. Si l'on déplace le circuit, par
exemple à l'encontre de la force qui le sollicite, cette énergie
potentielle augmente, tandis que les forces électromagnétiques du système produisent un travail négatif, égal mais
de signe contraire au travail que l'opérateur dépense pour
obtenir le déplacement indiqué (*).

En même temps la pile interposée dans le circuit fournit
un travail chimique; et de la chaleur se dégage du système.
Ainsi donc :

1° Ce que notre système électromagnétique *reçoit* à chaque
instant du dehors, c'est :

a) Le travail des forces extérieures que nous désignerons
par $d\mathcal{C}$ pour le temps dt;

b) Le travail chimique de la pile qui, pour un courant
d'intensité i, a pour expression $Ei.dt$.

2° Ce que le système cède à chaque instant au dehors,
c'est la chaleur qui se dégage du circuit.

Si la somme des énergies reçues du dehors, ou Σdw_r, n'est
pas, à chaque instant, égale à la somme des énergies cédées

(*) Nous supposerons que le circuit est dénué d'inertie et de poids, pour ne pas
avoir à tenir compte des variations de force vive, ce qui compliquerait inutilement
la question.

et que nous désignerons par Σdw_c, la différence doit se retrouver, dans le système lui-même, à l'état d'énergies potentielles. Voilà ce qui résulte du principe de la conservation de l'énergie. On écrira donc

$$\Sigma dw_r - \Sigma dw_c = dW \ . \ \ldots \ \ldots \ \ldots \quad (1)$$

dW étant *la variation* de l'énergie potentielle pendant le temps dt.

Cela posé, soit, à un instant donné, E la force électromotrice d'induction dont le circuit devient le siège par suite de son déplacement dans le champ magnétique; le courant devient

$$i_1 = \frac{E + E_1}{r}.$$

Nous avons, dès lors, à chaque instant, pour la chaleur dégagée

$$(E + E_1)i_1 dt$$

et pour le travail chimique de la pile

$$E i_1 dt,$$

la formule (1) devient

$$d\mathfrak{C} + E i_1 dt - (E + E_1)i_1 dt = dW,$$

Or, le travail $d\mathfrak{C}$ de la force extérieure qui déplace le circuit est, à chaque instant, égal mais de signe contraire au travail des forces électromagnétiques que nous désignerons par $d\tau$; d'où

$$E_1 i_1 dt = -[d\tau + dW]. \ \ldots \ \ldots \ \ldots \quad (2)$$

Cette formule (2) résume toute la théorie de l'induction.

Son application exige la spécification exacte des énergies partielles composant l'énergie potentielle totale d'un système électromagnétique donné.

Rappelons brièvement la valeur de ces énergies :

1° Un circuit parcouru par un courant i_1 et placé dans un champ magnétique quelconque, subit, en chacune de ses parties, la force de ce champ ; de là une énergie potentielle qui s'exprime, en général (§ **109**), par

$$w' = - i_1 \mathcal{F}. \quad \ldots \ldots \ldots \ldots \quad (3)$$

$\mathcal{F}$ étant le flux de force qui traverse l'aire du circuit.

Cette valeur w' varie nécessairement, aussi bien avec l'intensité de i, qu'avec la position du circuit dans le champ magnétique ; et toute variation de w' doit se retrouver ailleurs sous une forme quelconque. (On la retrouve en énergie calorifique.)

2° Le conducteur, à lui tout seul, c'est-à-dire indépendamment de tout champ magnétique étranger à lui-même, possède une énergie potentielle propre dès qu'il est parcouru par un courant i_1. En effet, entre deux quelconques de ses éléments, s'exerce une force qui, dans le système électromagnétique, s'exprime par

$$df = \frac{ds \cdot ds'(2 \cos \omega - 3 \cos \alpha_1 \cos \alpha_2)}{\Delta^2} \, i_1^2.$$

De là, pour le circuit considéré en lui-même, une énergie potentielle qui tend à déformer le conducteur, qui est une tension entre ses divers éléments, comparable à la tension d'un ressort, et qui a pour expression (§ **111**)

$$w_1'' = \frac{\mathcal{L} i_1^2}{2}. \quad \ldots \ldots \ldots \ldots \quad (4)$$

Elle varie donc lorsque le courant change ; ces variations doivent produire ou absorber du travail ou de la chaleur.

Dans l'équation (4) $\mathcal{L}$ est le coefficient de « self-induction » égal, comme on sait (§ **111**), au flux de force qui, pour $i_1 = 1$, émane du circuit lui-même et le traverse.

Remarques. — Si le champ magnétique, au lieu d'être dû à des aimants, est fourni par un deuxième courant;

1° L'expression de w' devient

$$w' = - i_1 i_2 \mathfrak{M}, \qquad \dots \dots \dots \quad (5)$$

$\mathfrak{M}$ étant le coefficient d'induction mutuelle de deux circuits Il a pour valeur (§ **110**)

$$\mathfrak{M} = - \iint \frac{\cos \varepsilon \, ds . ds'}{\Delta},$$

et c'est la valeur du flux qui, émanant de l'un des circuits lorsque l'intensité du courant y est égale à l'unité, pénètre l'autre circuit.

2° Toujours dans l'hypothèse de deux circuits en présence, il faudra encore tenir compte de l'énergie potentielle appartenant en propre au deuxième circuit et qui a pour expression

$$w''_2 = \frac{\mathfrak{L}_2 i_2^2}{2}. \qquad \dots \dots \dots \quad (6)$$

$\mathfrak{L}_2$ étant le coefficient de self induction du second circuit.

3° Les formules (3) et (5), qui donnent respectivement l'expression de l'énergie potentielle relative d'un courant dans un champ et celle de deux courants, ont été déduites de l'équivalence, au point de vue de l'action extérieure, du feuillet et du courant. L'étude des phénomènes d'induction nous force à en modifier le signe. En effet, ces phénomènes prouvent que l'énergie potentielle relative d'un courant et d'un champ, et celle de deux courants ne peuvent être considérées comme tantôt négatives et tantôt positives, ainsi que les donneraient les formules (3) et (5). Car les énergies en question étaient exprimées en toutes circonstances par les expressions (3) et (5), les *forces intérieures,* dont le travail (§ **59**) est égal, mais de signe contraire, aux variations des énergies potentielles, devraient tantôt favoriser l'action des forces extérieures, et tantôt la contrarier.

Or, l'expérience prouve qu'il n'en est pas ainsi. Les forces extérieures font naitre des courants induits qui *contrarient toujours* leur action : c'est la loi de Lenz. L'énergie respective de deux courants ou d'un courant et d'un champ doit donc être regardée comme une énergie essentiellement positive.

L'énergie dite cinétique est dans ce cas : nous pourrons donc dire que l'énergie relative de deux courants ou d'un courant et d'un champ est une énergie positive ou cinétique exprimée par :

$$w' = i_1 \mathfrak{F}, \quad \ldots \ldots \ldots \ldots \quad (3)'$$

et

$$w' = i_1 i_2 \mathfrak{M}. \quad \ldots \ldots \ldots \ldots \quad (5)'$$

Nous croyons que cette simple remarque lève une difficulté sérieuse qui se présente à celui qui étudie la théorie de l'induction, lorsqu'il voit dans les traités classiques l'expression $- i_1 i_2 \mathfrak{M}$ de l'énergie potentielle de deux courants remplacée par la même expression avec le signe $+$, sans que l'on fournisse l'explication de ce fait.

Après avoir exposé les principes généraux qui régissent les phénomènes d'induction, il nous reste à les appliquer, dans des cas donnés, au calcul des forces électromotrices induites et à traduire les résultats obtenus en des règles ou formules pratiques facilitant les évaluations de ce genre.

137. Circuit mobile dans un champ de force. — L'expérience ayant prouvé que la force électromotrice d'induction est fonction de la vitesse de déplacement, ainsi que de l'intensité du champ inducteur, on peut concevoir un champ magnétique et des déplacements successifs tels que la force électromotrice d'induction reste constante.

Supposons d'abord ce cas pour plus de facilité.

L'énergie potentielle, appartenant en propre au circuit

lui-même, abstraction faite du champ dans lequel il se meut, sera constante, puisqu'elle a pour expression

$$w''_1 = \frac{\mathfrak{L} i_1^2}{2},$$

d'où pour

$$i_1 = constante,$$

$$dw''_1 = 0,$$

et la formule (2) du paragraphe précédent se réduit à

$$E_1 i_1 dt = - [d\tau + d\imath v]$$

Nous pouvons même imaginer un cas où l'énergie potentielle relative w' reste constante, malgré le déplacement (il en est d'ailleurs ainsi dans les machines dynamos que l'on construit pour la production de l'electricité).

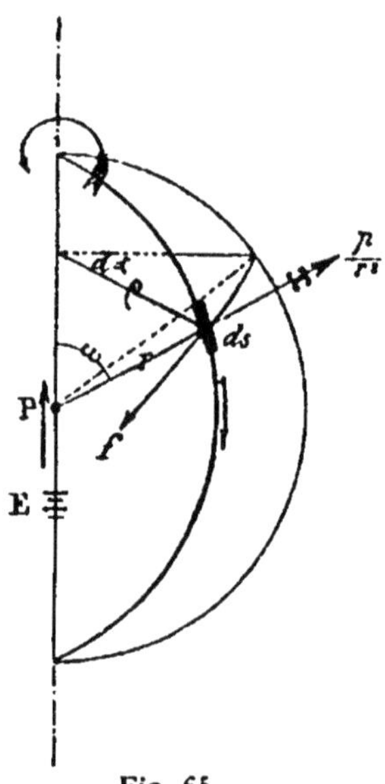

Fig. 65.

Ce cas est fourni par une expérience célèbre due à Faraday.

Soit (fig. 65) un demi-cercle conducteur soumis à l'action du champ magnétique que développe un pôle, nord par exemple, placé au centre. Si nous le faisons tourner autour de son diamètre comme axe, le flux de force émané du pôle et traversant l'aire de ce demi-cercle est constamment nul.

Donc

$$dw' = 0,$$

et l'équation (2) (**136**) se réduit à

$$E_1 i_1 dt = - d\tau = d\mathcal{G}.$$

C'est-à-dire : *le travail des forces extérieures se transforme intégralement en chaleur, due aux courants d'induction.*

Il nous reste à expliquer cette transformation plus en détail et à évaluer $d\tau$ pour en déduire la valeur de E_1, force électromotrice d'induction.

Pour cela supposons le conducteur parcouru par le courant que fournit une pile voltaïque de force électromotrice E, soit R la résistance totale du circuit, et p la valeur du pôle placé en P. Tant que le système est maintenu immobile, le courant est constant et a pour valeur $i = \frac{E}{R}$; mais dès qu'on l'abandonne à lui-même, il se met à tourner avec une vitesse croissante, obéissant à la sollicitation normale que la force du champ exerce sur chacun des éléments du circuit. Un galvanomètre interposé indiquerait, dans l'intensité du courant, une diminution graduellement croissante avec la vitesse de rotation, d'où il faut bien conclure que le conducteur, par le seul fait de son mouvement à travers les lignes de force, est devenu le siège de forces électromotrices d'induction.

D'ailleurs, lorsqu'on entraîne le demi-cercle en sens inverse, on constate au galvanomètre que cette fois l'intensité du courant augmente graduellement avec la vitesse ; le système oppose aussi des résistances croissantes au mouvement, tandis que l'opérateur dépense un travail mécanique $d\mathcal{C}$ qui se transforme en chaleur dans le circuit par l'intermédiaire de l'électricité.

Calculons

$$d\mathcal{C} = - d\tau.$$

Soit, à un moment donné, θ la vitesse angulaire, E_i la force électromotrice d'induction et i_i l'intensité du courant.

La force df agissant sur un élément de circuit ds vaut (§ 97)

$$df = i_i f \cdot ds = i_i ds \cdot \frac{p}{r^2},$$

et son travail en un temps dt vaut

$$df \cdot \rho \theta \cdot dt.$$

Mais

$$\rho = r \sin \omega, \quad \text{et} \quad ds = r d\omega,$$

et l'on obtient, pour le travail élémentaire sur toute l'étendue de la demi-circonférence

$$i_i p \theta \cdot dt \int_0^\tau \sin \omega_i d\omega = 2 i_i p \theta \cdot dt.$$

On a donc

$$E_i i_i \cdot dt = 2 i_i p \theta \cdot dt$$

d'où

$$E_i = 2 p \theta.$$

Telle est la force électromotrice d'induction. Elle est proportionnelle à la vitesse de rotation ; elle change de signe avec θ, mais elle est indépendante de E, c'est-à-dire, indépendante du courant préexistant dans le circuit ; elle se produit donc au même degré pour $E = o$.

Elle est encore indépendante de la résistance du circuit, en sorte que celui-ci pourrait être ouvert, auquel cas $r = \infty$.

Conclusion : *tout conducteur déplacé dans un champ magnétique, subit l'induction.*

Remarquons enfin que la valeur de E_i peut s'écrire

$$E_i = 2p\theta = \frac{4\pi r^2 . d\alpha}{2\pi . dt} \cdot \frac{p}{r^3},$$

$\frac{p}{r^3}$ est la force en un point quelconque du fuseau d'angle $d\alpha$, $\frac{4\pi r^2 . d\alpha}{2\pi}$ est la surface de ce fuseau ; le produit de ces deux facteurs donne le nombre de lignes de force coupées par le conducteur en un temps dt. Soit dN ce nombre ; on pourra écrire

$$E_i = \frac{dN}{dt},$$

ce qui veut dire que la *force électromotrice d'induction est égale au nombre de lignes de force que le conducteur coupe en l'unité de temps.*

Cette formule est générale.

Quant au sens de la force électromotrice d'induction, voici, pour le déterminer, une règle mnémotechnique qui résulte de la loi de Lenz : « Le courant induit est toujours d'un sens tel qu'il tend à s'opposer au mouvement. »

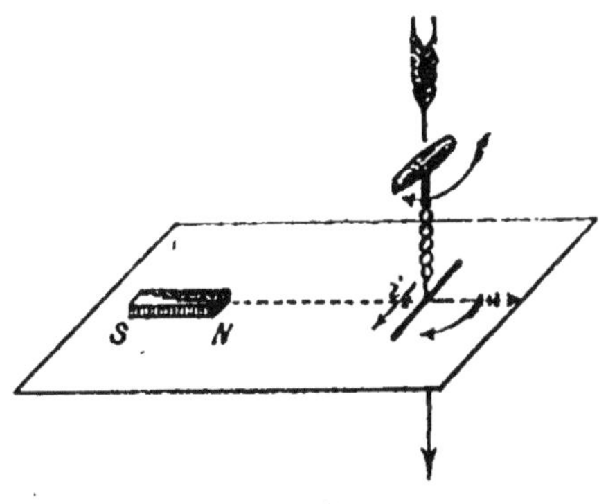

Fig. 66.

Supposez une vis à droite placée, dans la direction du déplacement, en un point quelconque du circuit ; faites-la

tourner de manière que son mouvement de translation
soit dans le sens de ce déplacement; le sens de sa rotation
indique l'angle entre la direction des lignes de force et celle
du courant induit.

138. Circuit immobile dans un champ variable. —
Le circuit étant immobile, le travail extérieur aussi bien
que celui des forces électro-magnétiques du champ est nul;
mais l'énergie potentielle du circuit change. Sa variation est
égale à la variation du flux de force qui traverse l'aire du
circuit considéré; en outre, elle mesure la force électromotrice induite qui en est la conséquence, ainsi qu'on peut le
voir aisément.

En effet, l'équation (2) du § **136** se réduit à

d'où

$$E_1 i_1 dt = - dW = - dw' - dw''_1;$$

d'où

$$E_1 i_1 dt = - i_1 \frac{d\mathfrak{F}}{dt} dt - i_1 \mathfrak{L} \frac{di_1}{dt} dt;$$

$$E_1 = - \frac{d(\mathfrak{F} + \mathfrak{L} i_1)}{dt}.$$

Nous pouvons donc dire, d'une manière générale, que,
pour un circuit placé dans un champ variable, *les variations du flux, prises en signe contraire, sont égales aux
forces électromotrices d'induction.*

Toutefois nous tenons à faire remarquer ici que cet
énoncé n'exprime qu'une règle de calcul, facilitant les évaluations dans la plupart des cas. Il ne faudrait pas en
conclure que l'induction s'exerce sur *l'aire* d'un conducteur
fermé. En réalité elle se produit sur son périmètre, sur son
développement linéaire, et elle existe même dans un circuit
ouvert, c'est-à-dire sur un conducteur quelconque se dépla-
çant de manière à *couper,* à « passer à travers » des lignes
de force. Cela résulte clairement de l'expérience de Faraday
que nous avons examinée au paragraphe précédent.

139. Courant périodique. — Nous examinerons encore le cas suivant :

Un circuit fixe, indéformable et de résistance r comprend une force électromotrice qui varie périodiquement et s'exprime par la relation suivante

$$E = E_o \sin 2\pi \frac{t}{T}.$$

E_o étant la valeur initiale de la force électromotrice, c'est-à-dire quand $t = o$; et T étant la durée de la période.

Quelle est au temps t la valeur de l'intensité i du courant?

Sans la « self induction » cette intensité serait

$$i = \frac{E_o}{r} \sin 2\pi \frac{t}{T}. \quad \ldots \ldots \ldots \quad (a)$$

Mais il faut tenir compte de la force électromotrice d'induction qui résulte des variations du courant et que nous désignerons par E_1. Sa valeur est telle que $E_1 i_1 dt$ égale la variation de l'énergie potentielle prise en signe contraire (§ **138**).

Or l'énergie potentielle a pour expression

$$2v'' = \frac{\mathcal{L} i^2}{2},$$

d'où

$$E_1 i_1 dt = -\mathcal{L} \frac{di}{dt} i_1 dt,$$

d'où

$$E_1 = -\mathcal{L} \frac{di_1}{dt},$$

et, pour l'intensité demandée,

$$i = \frac{E - \mathcal{L} \dfrac{di_1}{dt}}{r}.$$

Reste à intégrer l'équation

$$E = ri + \frac{\mathcal{L}\,di}{dt};$$

son intégrale vaut :

$$i = -\frac{E_0 T}{\sqrt{r^2 T^2 + 4\pi^2 \mathcal{L}^2}}\left[\frac{2\pi \mathcal{L}}{\sqrt{r^2 T^2 + 4\pi^2 \mathcal{L}^2}}\cos 2\pi\frac{t}{T} -\right.$$

$$\left.-\frac{rT}{\sqrt{r^2 T^2 + 4\pi^2 \mathcal{L}^2}}\sin 2\pi\frac{t}{T} - \frac{2\pi \mathcal{L}}{\sqrt{r^2 T^2 + 4\pi^2 \mathcal{L}^2}}e^{-\frac{rt}{\mathcal{L}}}\right].$$

la constante d'intégration correspondant aux données

$$\begin{cases} t = 0 \\ i = 0. \end{cases}$$

Si l'on pose

$$\frac{2\pi \mathcal{L}}{\sqrt{r^2 T^2 + 4\pi^2 \mathcal{L}^2}} = \sin 2\pi\varphi,$$

on aura

$$\frac{rT}{\sqrt{r^2 T^2 + 4\pi^2 \mathcal{L}^2}} = \cos 2\pi\varphi,$$

d'où

$$i = \frac{E_0 T}{\sqrt{r^2 T^2 + 4\pi^2 \mathcal{L}^2}}\left[\sin 2\pi\frac{t}{T}\cos 2\pi\varphi - \cos 2\pi\frac{t}{T}\sin 2\pi\varphi + \sin 2\pi\varphi \cdot e^{-\frac{rt}{\mathcal{L}}}\right].$$

$$i = \frac{E_0 T}{\sqrt{r^2 T^2 + 4\pi^2 \mathcal{L}^2}}\left[\sin 2\pi\left(\frac{t}{T} - \varphi\right) + \sin 2\pi\varphi e^{-\frac{rt}{\mathcal{L}}}\right].$$

Le second terme de la parenthèse correspond à l'établissement du courant. Pratiquement au bout d'un temps t assez court, ce second terme est nul; on aura donc alors :

$$i = \frac{E_0 T}{\sqrt{r^2 T^2 + 4\pi^2 \mathcal{L}^2}}\sin 2\pi\left(\frac{t}{T} - \varphi\right),$$

ou

$$i = \frac{E_0}{\sqrt{r^2 + \frac{4\pi^2 \mathcal{L}^2}{T^2}}}\sin 2\pi\left(\frac{t}{T} - \varphi\right) \quad . \quad . \quad . \quad . \quad (b$$

Cette formule montre que l'intensité est, comme la force électromotrice, une fonction périodique du temps, dont la période T est la même; seulement les valeurs maxima et minima de i et de E ne se présentent pas aux mêmes époques; en effet $E = E_o$, valeur maxima, pour

$$2\pi \frac{t}{T} = n \cdot \frac{\pi}{2},$$

ou bien

$$t = \frac{T}{4} = \frac{nT}{4};$$

tandis que i atteint les valeurs maxima pour

$$2\pi\left(\frac{t}{T} - \varphi\right) = n \cdot \frac{\pi}{2}; \quad \frac{t}{T} = \varphi + \frac{n\pi}{4\pi} = \varphi + \frac{n}{4}$$

ou

$$t = \varphi T + \frac{nT}{4}.$$

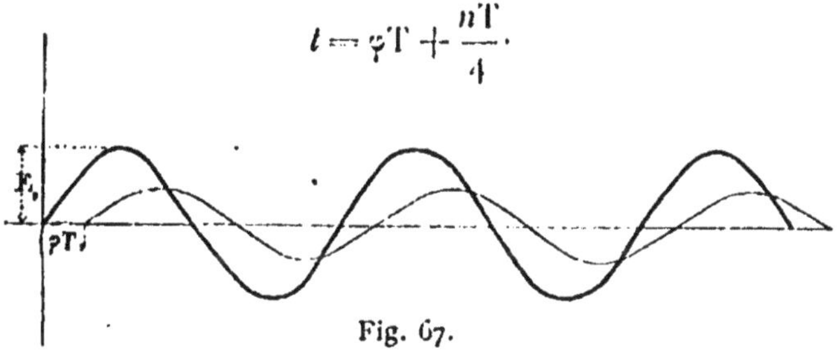

Fig. 67.

La quantité φT est le retard qui sépare les marches semblables de E et de i. On peut remarquer que si

$$\mathfrak{X} = 0, \quad \varphi = 0;$$

et l'équation devient :

$$i = \frac{E_o}{r} \sin 2\pi \frac{t}{T} \cdot \quad \ldots \ldots \ldots \ldots \quad (a)$$

c'est-à-dire que, dans ce cas, i et E passent par leurs maximums et leurs minimums aux mêmes instants.

$\mathfrak{X}$ joue le rôle d'une résistance supplémentaire qui non seulement retarde les ondulations, mais encore en diminue l'amplitude, c'est-à-dire, diminue le courant qui aurait lieu à ce même moment si $\mathcal{L}$ n'existait pas.

Cette diminution est d'autant plus sensible que les oscillations sont plus rapides. En effet, l'équation (*b*) montre que la résistance apparente du circuit est

$$\sqrt{r^2 + \frac{4\pi^2 \mathcal{L}^2}{T^2}};$$

quantité d'autant *plus grande* que T est plus petit.

DEUXIÈME PARTIE

PRODUCTION

DE

L'ÉLECTRICITÉ.

CHAPITRE ONZIÈME.

DESCRIPTION DES MACHINES DYNAMO.

140. — Dans les phénomènes d'induction, le travail mécanique se transforme en énergie électrique : cette transformation, dont les lois ont été exposées dans la première partie de cet ouvrage, sert actuellement de base à la production industrielle de l'électricité.

Les machines qui la réalisent seront désignées sous le nom générique de MACHINES DYNAMO-ÉLECTRIQUES, ou simplement : DYNAMOS.

Un conducteur, de développement plus ou moins considérable, y est entraîné à travers un champ magnétique intense. L'entraînement procure des courants induits, qu'on peut utiliser, mais exige une dépense de travail mécanique au moins équivalente à l'énergie électrique obtenue. Ainsi, soit E la force électromotrice d'une dynamo, en volts, i l'intensité du courant qu'elle fournit, en ampères; il va de soit que $\frac{Ei}{736}$ exprime, en chevaux-vapeur, le minimum de puissance requise pour actionner la machine en question. Ce serait la puissance suffisante si la dynamo possédait un rendement de 100 %, c'est-à-dire si la transformation se

Dynamo MATHER (inducteur en tore).

faisait sans perte. Cela n'est pas possible en pratique; cependant les pertes sont minimes dans le cas de dynamos bien conçues et bien exécutées. Nous reviendrons plus tard sur la question du rendement. Il nous faut avant tout donner la description des machines.

141. — Toute dynamo comprend deux parties essentielles : l'*inducteur* ou l'organe qui produit le champ magnétique; et l'*induit* ou l'organe qui se meut dans ce champ et, par là, devient le siège de forces électromotrices d'induction.

142. Machine magnéto-électrique. — Si le champ résulte d'aimants permanents, la machine est dite *magnéto-électrique*. La figure 68 est une représentation schématique d'un appareil de ce genre.

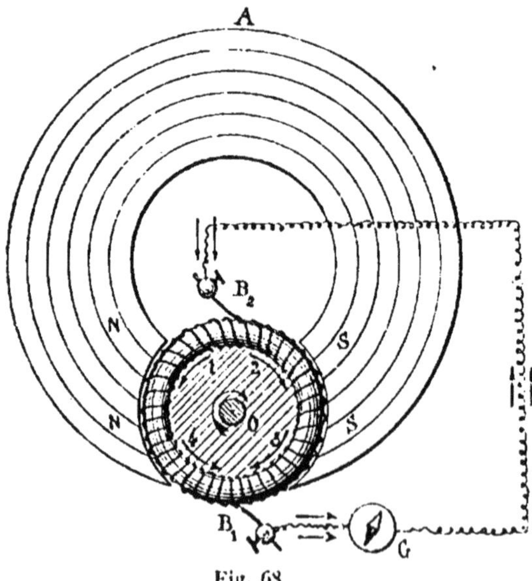

Fig. 68.

NAS est un aimant permanent dont N et S sont les pôles. Dans le champ magnétique, sensiblement uniforme, de

Dynamo. GRAMME (armature à anneau).

l'espace interpolaire, supposons un tore ou anneau en bois sur lequel on aurait enroulé, en hélice à spires serrées, un fil métallique non recouvert de matière isolante, « un fil nu », et de telle façon qu'aucune des spires ne soit en contact avec ses voisines; supposons aussi qu'il n'y ait qu'une seule couche de spires.

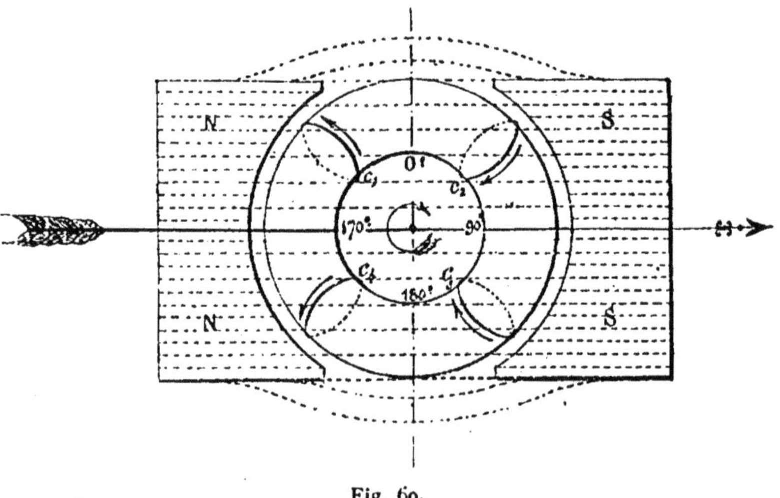

Fig. 69.

Si l'on fait tourner l'anneau dans le sens de la flèche, autour de l'axe O, le flux de force, passant par chaque spire, augmente pour toutes les spires du deuxième et du quatrième quadrant, telles que C_3 et C_1 (fig. 69); tandis qu'il diminue pour celles du premier et du troisième, telles que C_4 et C_2.

Il y aura donc, dans les deux cas, développement de forces électromotrices d'induction; le sens des courants élémentaires qu'elles tendent à engendrer étant fourni par la règle de la vis (§ **137**) et indiqué par les flèches C_1, C_2, C_3 et C_4 de la figure 69.

Pour l'ensemble des spires de l'anneau, et en tenant compte du sens de l'enroulement de l'hélice, les forces

Dynamo Edisson-Hopkinson (armature à tambour).

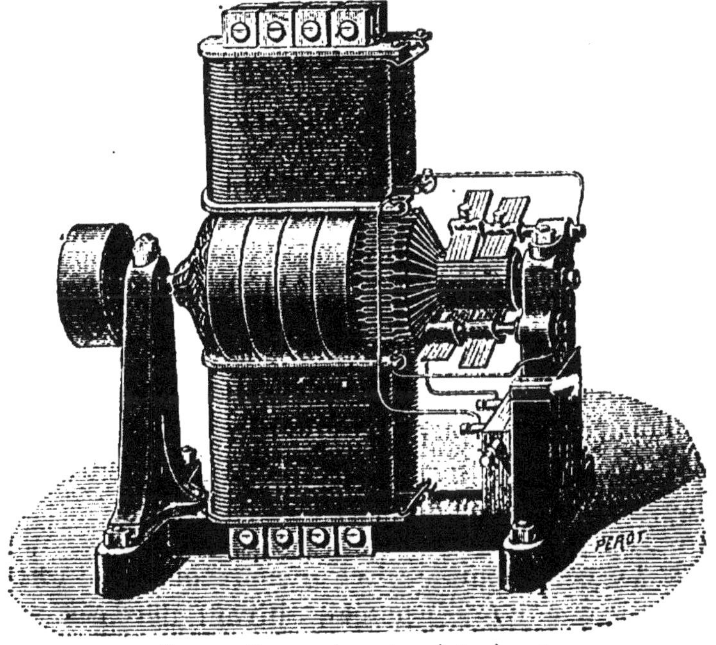

Dynamo Siemens (armature à tambour).

électromotrices engendrées tendent à produire des courants
qui, *dans l'hélice,* se propageraient respectivement dans la
direction des flèches 1, 2, 3, 4 de la figure 68.

La résultante de ces courants serait nulle pour l'ensemble
de l'hélice.

Mais que deux *balais* ou frotteurs métalliques B_1, B_2
(fig. 68), relié par un *circuit extérieur* $B_1 B_2 G$, appuient
constamment, en deux points diamétralement opposés de
l'anneau, suivant ce qu'on appelle la *ligne neutre* du
champ; aussitôt la neutralisation mutuelle des forces électromotrices cesse, et les deux moitiés de l'anneau seront
parcourues par des courants égaux et parallèles qui se
superposeront l'un à l'autre, dans le circuit extérieur, suivant la direction des flèches de la figure 68.

En d'autres termes, les deux moitiés de l'hélice forment
deux branches dérivées du circuit total; en sorte que si r est
la résistance du circuit extérieur et ρ celle de l'une des
moitiés de l'hélice, la résistance totale sera

$$R = r + \frac{\rho}{2}.$$

Nous nous occuperons plus loin du calcul de la force
électromotrice développée.

Disons immédiatement que, dans les machines industrielles, l'anneau, qu'on appelle l'*armature* de la machine,
est généralement en fer; et que, le plus souvent, on enroule
sur l'anneau plusieurs couches de spires en fil conducteur
recouvert d'une enveloppe isolante. Les balais ne peuvent
plus, dans ce cas, appuyer sur le conducteur lui-même et
il faut recueillir les courants par l'intermédiaire d'un
organe nouveau qu'on appelle le *collecteur*.

143. Le collecteur. — Cet organe comprend une série
de lames en cuivre disposées, suivant des génératrices,

autour de l'axe de l'anneau, isolées de ce dernier et isolées entre elles (fig. 70).

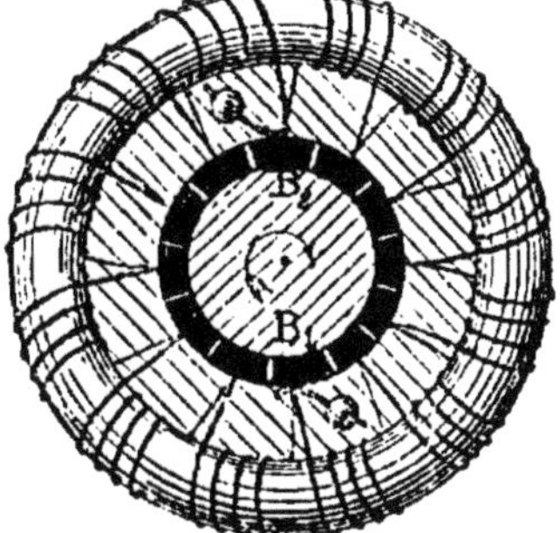

Fig. 70.

D'autre part, on subdivise le circuit de l'hélice (de l'« armature ») en plusieurs bobines distinctes, toutes enroulées dans le même sens, la fin de chaque bobine étant reliée au commencement de la suivante, et chacun des points de jonction ainsi obtenus étant en communication métallique

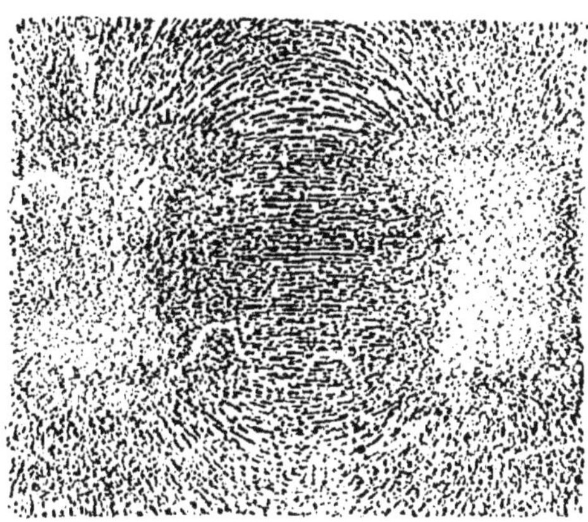

Fig. 71. · Champ magnétique d'une dynamo, l'armature étant enlevée.

avec la lame correspondante du collecteur. Le nombre de ces lames est d'ailleurs égal au nombre de bobines enroulées sur l'anneau.

Les balais appuyant sur le collecteur et étant reliés par

un circuit extérieur B_1B_2G, (fig. 68) toutes choses se passent, à peu de chose près, comme dans la machine plus simple

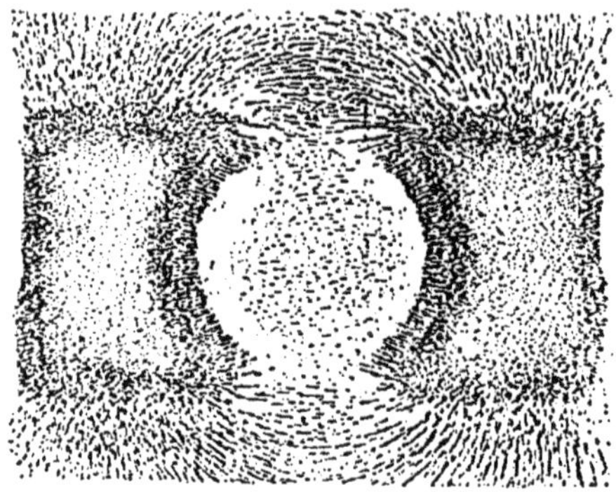

Fig. 72. — Champ magnétique d'une dynamo, l'armature étant en place.

décrite au paragraphe précédent, du moins en ce qui concerne la prise de courant.

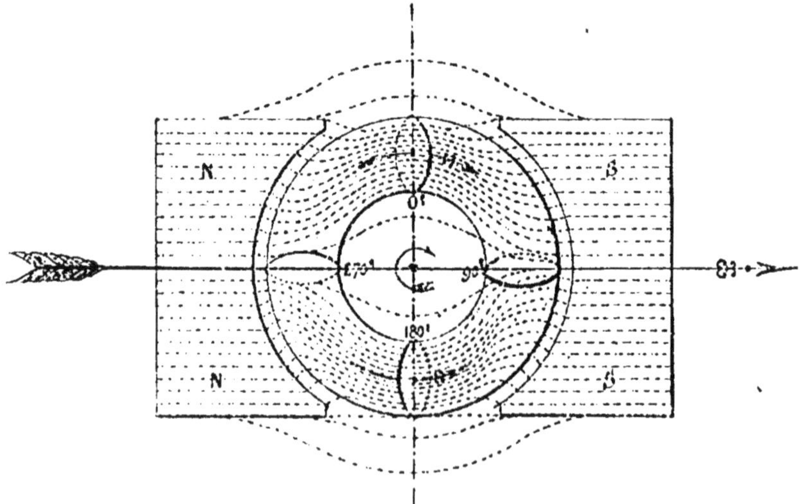

Fig. 73. — Flux de force dans l'armature d'une dynamo.

144. Influence du fer de l'armature. — La substitution du fer au bois, dans la construction de l'armature, modifie nécessairement la forme et l'intensité du champ magnétique interpolaire. Le fer étant incomparablement plus « perméable » que le bois, le champ devient plus intense ; et presque toutes les lignes de force, émanant des épanouissements polaires, passent par l'anneau.

Cette influence de l'armature sur la distribution du champ magnétique est clairement indiquée par les figures 71, 72 et 73.

En conséquence, chacune des spires intercepte, à peu de chose près, la moitié du flux émis, chaque fois qu'elle passe par la ligne neutre, c'est-à-dire par les positions 0° et 180° de la figure 73 ; tandis que dans la position 90° ou la position 270° le flux, à travers la spire qui l'occupe, est nul.

145. Principales formes de l'armature. — Les constructeurs ont donné aux dynamos des formes variées.

Considérant ces machines au point de vue de leur armature, on peut les classer en deux catégories principales : *machines à anneau* comme celle dont nous nous sommes occupés ci-dessus et dont le type industriel est dû à Gramme ;

Fig. 74. — Armature à tambour.

et *machines à tambour* comme celle de Siemens ou d'Edison. Nous allons esquisser ces deux dernières à gros traits.

Armature Edison. — Dans la dynamo d'Edison, un nombre impair de bobines est enroulé sur un tambour en fer, et les connexions de ces bobines entre elles, ainsi que les liaisons avec les lames du collecteur, sont établies comme l'indique la figure 75, dans laquelle chaque bobine n'est représentée que par une seule spire, α désignant le commencement et δ la fin de chaque bobine.

Si pareil tambour tourne autour de l'axe O dans un champ magnétique inducteur que, pour plus de simplicité, nous supposerons uniforme (avant l'introduction du tam-

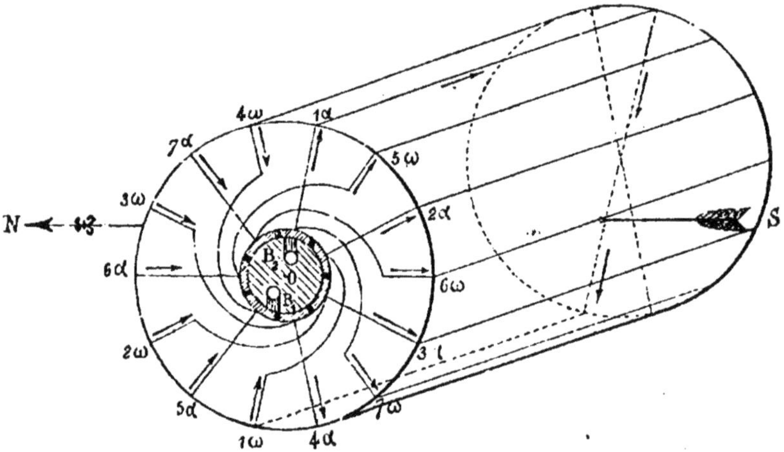

Fig. 75. — Schéma de l'armature Edison.

bour en fer) et dont NS représente la direction, il est clair que pour certaines bobines, telles que 1,5, et 2, le flux de force intercepté va décroissant; tandis que pour d'autres, telles que 3, 7 et 4, le flux intercepté va croissant.

Il se développe donc des forces électromotrices d'induction tendant à engendrer des courants dont le sens, suivant la règle du § **137**, est donné par les flèches de la figure 75.

Et il est aisé de voir qu'en plaçant les balais respectivement en B_1 et B_2 on recueillera, dans le circuit extérieur reliant ces deux points, la somme des courants engendrés dans chacune des moitiés de l'enroulement total.

La modification du champ interpolaire, si le tambour est en fer au lieu d'être en bois, et qu'il soit creux ou massif, est d'ailleurs analogue à la modification du même champ par un anneau en fer : la totalité, à peu de chose près, des

lignes de force émises par les pôles, passant par le métal du
tambour, et se trouvant amenées ainsi, presque intégralement, à l'intérieur des spires. Le flux inducteur intercepté par chacune des spires est maximum dans les positions 4 et 1 (fig. 75) et nul dans la position 6.

Le mode d'action de pareil tambour ne diffère donc pas
sensiblement de celui de l'anneau Gramme et la même
théorie pourra s'appliquer à ces deux genres de machines.

Armature Siemens. — L'enroulement et les connexions
du tambour Siemens ne diffèrent des dispositions Edison
qu'en ce détail que les bobines sont en nombre pair, et
superposées deux à deux, au lieu d'être juxtaposées.

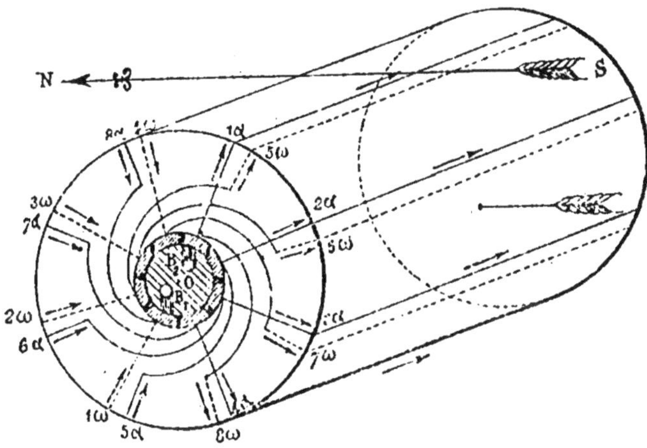

Fig. 75. — Schéma de l'armature Siemens.

Dans la figure 76, schéma du tambour Siemens, chaque
bobine n'est figurée que par une seule spire, les lignes pointillées représentant les bobines inférieures et les traits pleins
les bobines superposées à celles-là.

Comme dans la figure précédente, les flèches indiquent le
sens des forces électromotrices d'induction développées par
la rotation du tambour dans un champ magnétique NS.

α et ω désignent respectivement le commencement et la fin de chaque bobine; B_1 et B_2 l'emplacement des balais, c'est-à-dire les pôles ou « les bornes » de la machine auxquelles on attache les extrémités du circuit extérieur.

Dans les machines à tambour, comme dans celles à anneau, les deux moitiés de l'enroulement de l'armature constituent donc deux circuits générateurs réunis « en quantité », c'est-à-dire, en séries parallèles. Chacun d'eux est assimilable à une batterie de générateurs élémentaires accouplés en série, en tension; chaque spire, ou plutôt chaque élément de spire, étant un des éléments de la batterie.

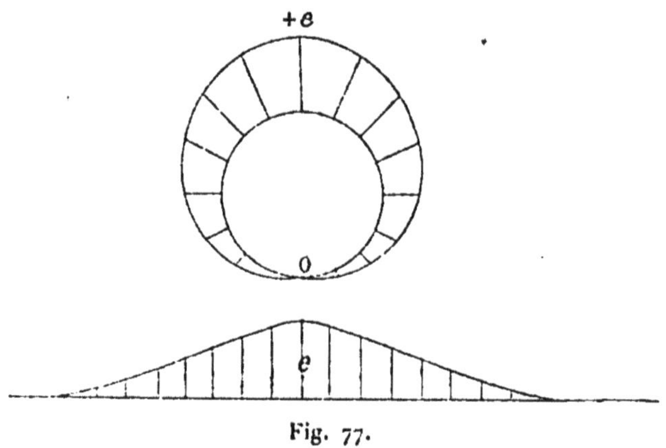

Fig. 77.

La différence de potentiel va donc croissant symétriquement d'un balai à l'autre.

La figure 77 est un diagramme schématique de ces différences de potentiels, en coordonnées polaires; elle comprendrait deux éléments de spirale si l'induction avait partout la même intensité.

146. Machines multipolaires. — Dans certaines dynamos de grand débit, devant fournir des courants de grande intensité, l'inducteur comprend plusieurs pôles placés symétriquement autour de l'induit.

Soit, par exemple (fig. 78), quatre pôles équidistants, alternativement Nord et Sud. Le dessin indique les connexions, et figure les différences de potentiel. On voit que, dans le collecteur, deux lames diamétralement opposées sont au même potentiel; on les relie deux à deux et on place les balais en B_1 et B_2, c'est-à-dire, à 90°.

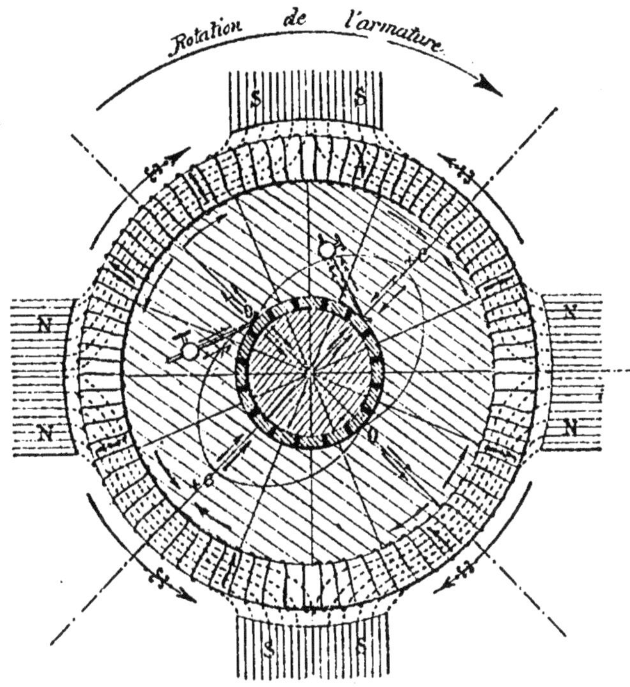

Fig. 78.

Le système est équivalent à quatre séries parallèles, chaque série étant formée par les spires d'un quart de l'anneau.

Par la disposition multipolaire, on n'augmente donc pas la force électromotrice des machines; mais on réduit leur résistance intérieure pour les rendre aptes à fournir des courants de grande intensité.

147. Divers modes d'excitation. — Ce qu'on appelle « *l'excitation* » d'une machine dynamo est la constitution du champ magnétique inducteur. Nous avons supposé jusqu'ici que ce champ résultait d'aimants permanents. Il pourrait être produit par un électro-aimant; et si le courant nécessaire pour le maintien de celui-ci n'est pas emprunté à la dynamo elle-même, mais fourni soit par une source hydro-électrique, soit par une petite dynamo secondaire distincte, soit de toute autre façon, la dynamo est dite à *excitation indépendante*.

Le plus souvent les dynamos sont *auto-excitatrices*, c'est-à-dire qu'elles fournissent elles-mêmes le courant d'excitation; et ce résultat peut être obtenu de deux manières distinctes.

1° *Excitation en série.* — Supposons que les balais B_1, B_2 (fig. 79), c'est-à-dire, les deux pôles du circuit géné-

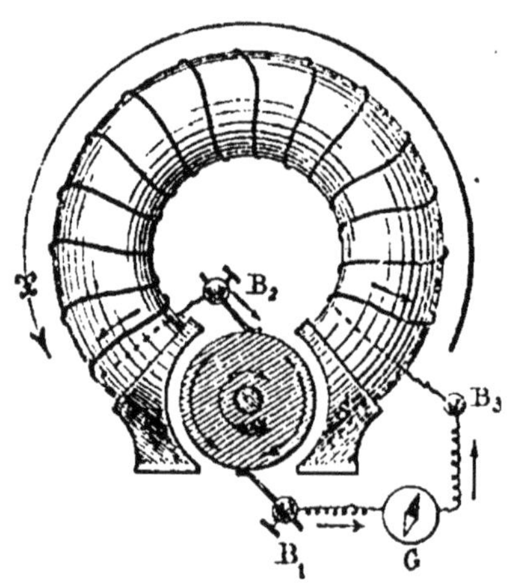

Fig. 79.

rateur, ou induit, soient reliés par un conducteur comprenant, à la suite du circuit extérieur $B_1 G B_3$, celui de l'électro-aimant ou inducteur $B_2 B_3$; et supposons aussi qu'une quantité, si faible qu'elle soit, de magnétisme rémanent existe dans la masse en fer de l'électro-aimant.

Si, dans ces conditions, on met la machine en marche, par l'application d'une force motrice donnée, celle-ci imprimera à l'armature une vitesse de rotation accélérée jusqu'à ce que la puissance des réactions devienne égale à la puissance motrice; à partir de cet instant, la vitesse se maintiendra uniforme et le circuit sera parcouru par un courant constant. Initialement, le courant est faible, à cause de la faiblesse du champ inducteur au moment de la mise en marche; mais, puisque les courants produits passent par l'électro-aimant, l'intensité de celui-ci va croissant, jusqu'à ce qu'il y ait équilibre entre la force motrice et les réactions électromagnétiques de la machine, augmentées des résistances dues au frottement, etc.

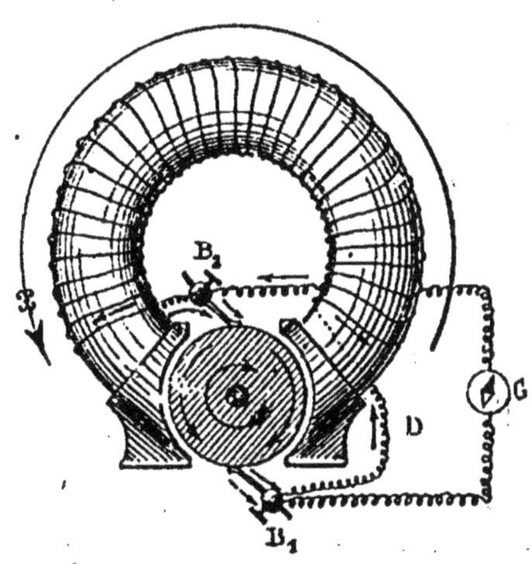

Fig. 80.

2° *Excitation dérivée.* — On peut réunir les balais B_1, B_2 (fig. 80), par deux circuits distincts, savoir :

a) Le circuit inducteur $B_1 DB_2$;

b) Le circuit extérieur $B_1 GB_2$.

Il suffira, comme dans le cas précédent, que la masse inductrice possède quelque peu de magnétisme rémanent pour que le travail utile d'une force motrice constante se transforme en une quantité équivalente d'énergie électrique. Le courant se partagera d'ailleurs entre le circuit extérieur et le circuit d'excitation en raison inverse des résistances respectives de ces deux circuits.

Dans les dynamos excitées en série, le fil inducteur est relativement gros, l'induit plus fin; ces conditions réduisent à un minimum le développement total du circuit intérieur et, par suite, les frais de construction. Mais si, accidentellement, les balais sont mis en « court circuit », c'est-à-dire si la résistance extérieure devient, à un moment quelconque, notablement inférieure à sa valeur normale, l'excitation augmente brusquement et le courant acquiert une intensité exagérée, parfois suffisante pour « brûler » la machine et la mettre hors de service.

En second lieu, si le circuit extérieur contient une force contre-électromotrice e, par exemple, si la dynamo est employée à charger des accumulateurs, un ralentissement accidentel de la vitesse de rotation de l'armature pourra faire descendre la force électromotrice développée dans celle-ci à une valeur égale ou quelque peu inférieure à e. Aussitôt le sens de l'excitation et par suite celui du courant se renverseront et la destruction des bobines peut en être la conséquence, les accumulateurs se déchargeant alors à travers le circuit intérieur.

C'est pour éviter les inconvénients et les accidents de ce genre ainsi que pour donner plus de stabilité et de régularité au régime, en le soustrayant dans une certaine mesure aux influences de la résistance extérieure, qu'on a imaginé les machines à excitation dérivée ou *shunt-dynamos*.

Dans ces machines, le circuit inducteur est relativement résistant, à fil fin; et la destruction de la machine, par l'éta blissement d'un court circuit, n'est plus à craindre puisque l'intensité du courant d'excitation diminue au fur et à mesure que la résistance extérieure devient moindre.

3° *Excitation « compound »*. — L'excitation dérivée (fig. 80) amène ce résultat remarquable que, dans une certaine mesure, l'intensité du courant dans le circuit extérieur est indépendant des variations de résistance qui peuvent s'y produire. En effet, dans une « shunt-dynamo », si la résistance extérieure augmente, l'excitation, et par suite la force électromotrice d'induction, augmente en conséquence.

Comme l'inverse se produit pour une machine excitée en série, on conçoit la possibilité de combiner les deux systèmes de façon à réaliser à peu près rigoureusement la constance de l'intensité du courant, dans le circuit extérieur, pourvu que la vitesse de rotation de l'armature soit maintenue uniforme.

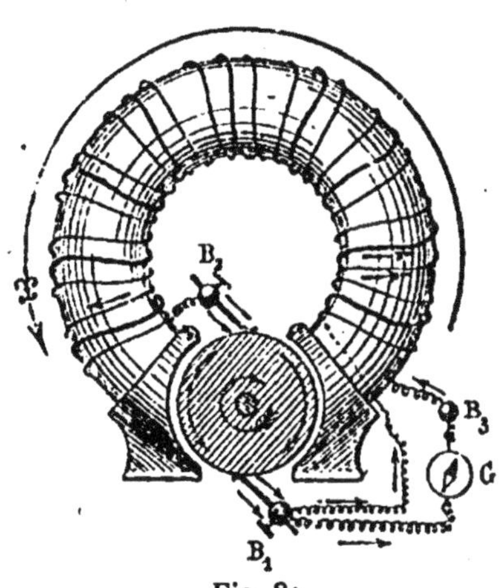

Fig. 81.

On arrive à ce résultat en enroulant, sur les électro-aimants, deux circuits distincts, l'un, à gros fil, intercalé en série dans le circuit extérieur, l'autre, à fil fin, mis en dérivation sur ce circuit (voyez fig. 81).

On peut aussi, par une combinaison convenable des

deux modes d'excitation, arriver à construire une machine qui maintienne, à ses bornes, une différence constante de potentiel, quelles que soient les variations de la résistance du circuit extérieur, pourvu que la vitesse de rotation de l'armature soit maintenue uniforme.

Les machines à deux circuits inducteurs sont nommées *dynamoscompound*.

148. Machines à courants alternatifs. — La figure 82 est une représentation schématique des machines de ce genre. L'armature est constituée par une série de bobines enroulées alternativement dans un sens et dans l'autre, c'est-à-dire que, si nous désignons ces bobines par leurs numéros d'ordre dans la série, les numéros 1, 3, 5 .... seront enroulés, par exemple, dans le sens du mouvement des aiguilles

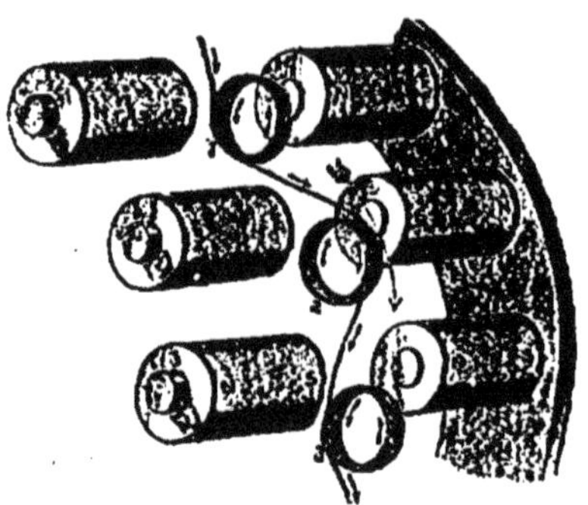

Fig. 82.

d'une montre, et les numéros 2, 4, 6 ... en sens inverse. On peut aussi enrouler toutes les bobines dans un même sens, mais alors, en constituant la série, il faut relier, non pas « la sortie » d'une bobine avec « l'entrée » de la suivante, mais bien la sortie du numéro 1 avec la sortie du numéro 2 ; l'entrée du numéro 2 avec l'entrée du numéro 3, et ainsi de suite.

Ces bobines, montées sur un bâti convenable, sont entraînées, par la rotation de l'axe du bâti, à travers un champ magnétique, alternativement positif et négatif, constitué par les pôles en regard de deux séries d'électro-aimants; les noyaux en fer de chaque série étant fixés dans une même culasse circulaire en fonte (fig. 83).

Fig. 83. — Dynamo Siemens, à courants alternatifs, avec son excitatrice.

Ces électros sont excités par le courant que produit une petite dynamo ordinaire appelée excitatrice.

Lorsque l'armature tourne, chacune de ses bobines est alternativement traversée par un flux positif et un flux négatif, et il est clair que, lorsque les bobines de rang impair passent par un champ positif, celles de rang pair passent, au même instant, par un champ négatif. Or, comme les bobines de rang pair sont enroulées en sens inverse de celles de rang impair, les forces électromotrices développées dans la première série ne sont jamais opposées à celles qui se produisent dans l'autre; celles-ci s'ajoutent, au contraire, à celles-là pour produire, dans l'ensemble du circuit, des courants de même direction.

Mais il est facile de se rendre compte que cette direction change périodiquement de signe, la durée de la période étant égale au temps que met une quelconque des bobines pour passer d'un électro au suivant.

149. Transformateurs. — Les machines à courants alternatifs sont usitées lorsqu'il s'agit de porter l'énergie électrique à de grandes distances. Elles engendrent l'électricité à des potentiels élevés. Or, nous verrons au chapitre de la distribution de l'énergie que, toutes choses égales, et au seul point de vue de l'économie, le transport de l'électricité se fait dans des conditions d'autant plus favorables que la force électromotrice est plus élevée.

Seulement, comme l'utilisation du courant pour l'éclairage exige, en général, qu'aux endroits de consommation la force électromotrice ne dépasse pas 100 volts (en chiffres ronds), l'on doit, dans ces cas, recourir à des *transformateurs.*

On appelle ainsi des bobines d'induction construites de la manière suivante. Sur un tore en fer on enroule deux circuits distincts, l'un à gros fil peu résistant et formé par un petit nombre de spires, l'autre à fil fin comprenant des spires nombreuses. Si l'on fait passer dans le fil fin des courants alternatifs à potentiel élevé mais d'intensité relativement faible, l'induction engendrera, dans le gros fil, des courants alternatifs de potentiel moindre, mais d'intensité plus grande.

Le rapport entre les énergies électriques respectivement restituées par l'induit d'un transformateur et absorbées par l'inducteur de l'appareil, est le rendement de celui-ci.

D'après Hopkinson et Ferrari, le rendement pourrait, dans de bonnes conditions, et dans les transformateurs bien construits, atteindre et même dépasser 90 %.

CHAPITRE DOUZIÈME.

THÉORIE GÉNÉRALE DES MACHINES DYNAMO.

150. Examinons d'abord le cas de la disposition schématique du § **142** qu'on peut considérer comme un type
général auquel tous les autres se ramènent.

Une hélice à spires nombreuses, enroulées sur un anneau
en bois, y est entraînée à travers un champ magnétique
uniforme.

Soit H l'intensité de ce champ.

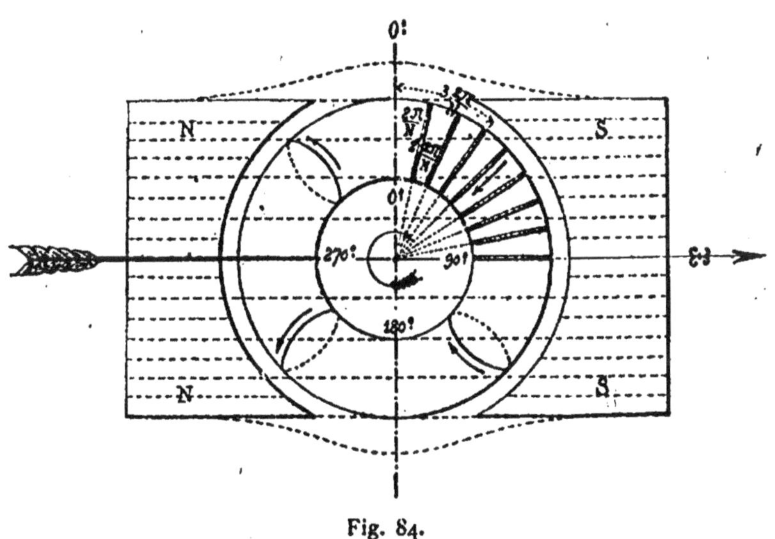

Fig. 84.

Soit S l'aire de chaque spire, et θ l'angle que le plan de
l'une d'elles fait, à un instant donné, avec le plan vertical
passant par l'axe de rotation.

Soit enfin $d\theta$ l'angle dont l'armature tourne en un
temps dt.

Si le mouvement est uniforme, et c'est l'hypothèse pratique dans laquelle nous nous plaçons, $\frac{d\theta}{dt}$ est constant ; c'est la vitesse angulaire que nous exprimerons par ω.

Par suite de son déplacement, la spire considérée est le siège d'une force électromotrice d'induction dont nous connaissons le sens par la règle de la vis donnée § **137**, en sorte qu'il nous suffit d'en calculer la valeur absolue, abstraction faite du signe.

Cette force électromotrice d'induction s'exprime comme nous avons vu § **138** par

$$e_i = -\frac{d\mathfrak{F}}{dt}$$

en négligeant la self-induction.

Or le flux dans la spire vaut

$$\mathfrak{F} = HS . \cos \theta,$$

d'où

$$e_i = HS \sin \theta \frac{d\theta}{dt} = HS \omega \sin \theta.$$

Mais considérons dans leur ensemble toutes les spires du premier quart de l'anneau ; toutes subissent l'induction simultanément, et la force électromotrice totale développée, à chaque instant, dans ce quadrant, est égale à la somme des forces électromotrices individuelles, puisque les spires successives sont assimilables à des éléments de pile accouplés en série. On a donc, pour le premier quadrant

$$\Sigma e_i = \Sigma_o^{\frac{\pi}{2}} HS\omega \sin \theta.$$

Supposons que $\frac{N_a}{4}$ soit le nombre de spires enroulées sur le quart du tore ; on peut considérer que leur distance angulaire est

$$\frac{\pi}{2} \cdot \frac{4}{N_a} = \frac{2\pi}{N_a},$$

d'où

$$\Sigma e_i = \text{HS}\omega \left[\sin 0° + \sin \frac{2\pi}{N_a} + \sin 2\,\frac{2\pi}{N_a} + \sin 3\,\frac{2\pi}{N_a} + \cdots + \sin \frac{\pi}{2} \right],$$

expression qui, lorsque N est très grand, se réduit à

$$\Sigma e_i = \frac{1}{2}\,\text{HS}\omega\,\frac{N_a}{\pi}.$$

Ceci pour la force électromotrice d'induction développée dans le premier quadrant.

Dans le deuxième, qui complète la demi-circonférence de droite du tore, les forces électromotrices développées sont de même signe que les précédentes ; on a donc, pour le demi-tore de droite

$$E_i = \text{HS}\omega\,\frac{N_a}{\pi}. \qquad \ldots \ldots , \ldots \ldots \quad (1)$$

Quant à la force électromotrice développée dans le demi-tore de gauche, elle est la même que dans celui de droite. Seulement, comme nous l'avons fait remarquer au § **142**, ces deux moitiés constituent, lorsque les balais sont en place, deux séries parallèles. La force électromotrice totale, pour l'ensemble de l'armature, reste donc telle qu'elle est fournie par l'équation (1) ci-dessus.

Cette formule donne la force électromotrice en unités absolues électromagnétiques pourvu que S soit exprimé en centimètres carrés, H en unités absolues d'intensité de champ (définie § **61**), et ω en *radiants,* le radiant étant l'angle dont l'arc est égal au rayon et qui vaut $57°\,19'\,11''$.

Pour obtenir la force électromotrice en volts, il n'y aura qu'à diviser le résultat ainsi obtenu par 10^8.

On peut exprimer la vitesse angulaire ω en fonction du nombre n de révolutions que l'armature accomplit par seconde, ce qui donne

$$\omega = 2\pi n,$$

d'où

$$E_t = 2H . S . N_a . n. \qquad\qquad (2)$$

Enfin, si nous désignons par S_t la section *totale* du tore, en sorte que $2S = S_t$, on a finalement

$$E_t = HS_t N_a . n$$

ou

$$E_t = \mathcal{F} . N_a n \qquad\qquad (3)$$

$\mathcal{F}$ étant le flux total passant par les spires qui se trouvent dans la position de l'interception maxima.

151. Cas d'une armature en fer. — Supposons maintenant que les N_a spires soient enroulées sur une armature en fer; le champ magnétique ne sera plus uniforme, et le flux qui traverse chaque spire sera considérablement renforcé; néanmoins, la forme de l'expression de la force électromotrice n'en sera pas sensiblement altérée.

En effet, si, nous reportant à la figure 84, nous considérons, par exemple, une spire passant de la position définie par $\theta = 270°$ à celle définie par $\theta = 0°$, nous voyons qu'elle passe graduellement d'une situation dans laquelle elle ne contient aucune ligne de force à une autre où elle en contient un maximum, c'est-à-dire, à peu de chose près, la moitié du flux magnétique émis par les épanouissements polaires. L'autre moitié de ce flux passe dans le demi-tore inférieur.

Nous pouvons donc, pour ce cas, qui est celui de la pratique, appliquer la formule générale (3) du paragraphe précédent en y considérant $\mathcal{F}$ comme le flux total qui passe dans « l'entrefer » (*) et que nous supposons égal à celui qui entre dans l'armature de l'induit.

______

(*) *L'entrefer* est l'espace compris entre les extrémités polaires et le noyau en fer de l'armature.

152. Influence du courant induit sur le flux inducteur.
— Lorsqu'une machine dynamo fonctionne, le courant
induit qui circule dans les spires de l'armature crée nécessairement des lignes de force dans le noyau de celle-ci; d'où
modification du flux inducteur. Toutefois lorsque la droite
qui joint les balais du collecteur et qu'on nomme *l'axe de
commutation,* est normale à la direction des lignes de force
du champ inducteur, cette modification est sans influence
sur la valeur de la force électromotrice totale. En effet, s'il
est vrai que dans le premier et le troisième quadrant, le flux
de force, dû au courant induit, est dirigé dans le même
sens que le flux inducteur et s'y ajoute, par contre, dans
le deuxième et le quatrième quadrant, il lui est opposé, et le
diminue de la même quantité qu'il l'avait augmenté dans les
deux autres quadrants, de sorte que le flux total $\mathcal{F}$ dans l'armature, tel que nous l'avons défini au paragraphe précé-
dent, n'en est pas altéré.

Nous considérerons donc les formules (1), (2), (3),
comme tout à fait générales. Cela n'est pas absolument
rigoureux, mais c'est d'une approximation très suffisante
pour les besoins de la pratique.

Ces formules nous permettent de calculer la force électromotrice en fonction du flux. Il nous reste à évaluer celui-ci.

153. Calcul du flux. — Pour arriver à la détermination
du flux nous devons calculer l'intensité h du champ inducteur; c'est-à-dire, déterminer qu'elle serait l'intensité de la
force s'exerçant sur l'unité de pôle, à l'intérieur des spires
de l'inducteur et de l'armerture, si ces spires, au lieu d'être
enroulées sur des noyaux en fer, se trouvaient autour
de noyaux en bois ou en toute autre matière de perméabilité $\mu = 1$.

Enlevons donc, en imagination, les noyaux en fer, supposons que l'unité de pôle soit déplacée le long d'une courbe

fermée qui, partout, suive l'axe du flux de force, et évaluons le travail accompli, sur cette unité, lorsque celle-ci a parcouru un tour complet.

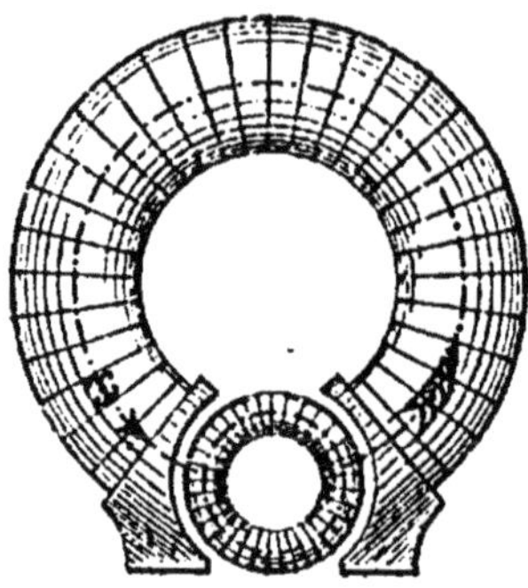

Fig. 85.

Nous savons (§ 102) que si, sur pareil trajet, le mobile considéré coupe le plan d'une spire parcourue par un courant, le travail accompli a pour expression $4\pi i$, i étant l'intensité du courant. Et il est clair que si, sur le parcours, on coupe n plans de spires, le travail correspondant sera

$$4\pi n i.$$

Cela étant, soit

N_m le nombre de spires enroulées sur l'inducteur,
i_m l'intensité du courant dans l'inducteur.

Le travail produit, par une traversée complète, aura pour expression

$$w = 4\pi N_m i_m. \quad \ldots \ldots \ldots \quad (1)$$

Car il est à remarquer que le travail, pour la traversée de l'armature, est nul. En effet, pendant la traversée du quatrième quadrant, le travail est égal mais de signe contraire à celui qui s'accomplit par le passage à travers le premier, et il en est de même dans les troisième et deuxième quadrants. Le travail total se réduit donc bien à $4\pi N_m i_m$.

Or nous pouvons, pour ce travail total w, trouver une autre expression. En effet, supposons que la force h ait respectivement les valeurs suivantes :

dans l'âme de l'électro . . . . . . h_1
dans les pièces polaires . . . . . h_2
dans l'entrefer . . . . h_3
dans l'armature . . . . h_4

Soient enfin l_1, l_2, l_3, l_4, les longueurs de la courbe fermée, décrite par l'unité de pôle, comprises dans les espaces occupés respectivement par les électros, les pièces polaires, l'entrefer et l'induit, nous aurons

$$w = h_1 l_1 + 2 h_2 l_2 + 2 h_3 l_3 + h_4 l_4 \quad . \quad . \quad . \quad . \quad (2)$$

En égalant ces deux expressions (1) et (2) d'un même travail, nous obtenons

$$4\pi N_m i_m = h_1 l_1 + 2 h_2 l_2 + 2 h_3 l_3 + h_4 l_4 \quad . \quad . \quad . \quad (3)$$

Cela étant, remettons, en imagination, les noyaux en fer, et supposons la machine en activité; nous pouvons, sans erreur grave, considérer le système des inducteurs et de l'armature comme une masse magnétique *fermée,* assez semblable, en ce qui concerne l'induction magnétique, à un tore, ou à un milieu indéfini.

Dans cette hypothèse l'intensité de la force résultante f_r, en un point quelconque de cette masse magnétique, sera

$$f_r = \mu h,$$

μ étant la perméabilité au point considéré; et on aura, pour le flux à travers une section de surface A

$$\mathcal{F} = A h \mu,$$

d'où

$$h = \frac{\mathcal{F}}{A \mu},$$

Et si nous appelons μ_1, μ_2, 1 et μ_4 les perméabilités respectives des électros, des pièces polaires, de l'entrefer (air) et de l'armature; $\mathcal{F}_1$, $\mathcal{F}_2$, $\mathcal{F}_3$, $\mathcal{F}_4$ les flux dans ces mêmes parties dont A_1, A_2, A_3, A_4 sont les sections; l'équation (3) devient

$$4\pi N_m i_m = \mathcal{F}_1 \frac{l_1}{\mu_1 A_1} + 2\mathcal{F}_2 \frac{l_2}{\mu_2 A_2} + 2\mathcal{F}_3 \frac{l_3}{A_3} + \mathcal{F}_4 \frac{l_4}{\mu_4 A_4}. \quad . \quad (4)$$

De plus, si le flux, tel qu'il existe au sommet de l'inducteur, se conservait dans le système, c'est-à-dire, si des lignes de force ne s'échappaient pas au dehors, franchissant l'air d'un pôle à l'autre sans passer par le noyau de l'armature, on aurait

$$\mathcal{F}_1 = \mathcal{F}_2 = \mathcal{F}_3 = \mathcal{F}_4.$$

Mais, en réalité, des déperditions se produisent, ainsi que l'indique clairement le fantôme (fig. 72) (p. 187) représentant le champ d'une dynamo lorsque l'armature est en place.

Dès lors, soit toujours $\mathcal{F}_3$ le flux dans l'entrefer et qui passe dans l'armature, en sorte que

$$\mathcal{F}_3 = \mathcal{F}_4,$$

on aura

$$\mathcal{F}_1 = \nu_1 \mathcal{F}_3, \qquad \mathcal{F}_2 = \nu_2 \mathcal{F}_3,$$

ν_1 et ν_2 étant des coefficients que l'expérience peut fournir pour une forme donnée de machine et qu'il est de l'intérêt du constructeur de rendre aussi près que possible égaux à l'unité.

Finalement, mettant ces valeurs dans l'équation (4), on obtient

$$4\pi N_m i_m = \mathcal{F}_3 \left[\nu_1 \frac{l_1}{\mu_1 A_1} + \nu_2 \frac{2l_2}{\mu_2 A_2} + \frac{2l_3}{A_3} + \frac{l_4}{\mu_4 A_4} \right], \quad . \quad . \quad (5)$$

d'où

$$\mathcal{F}_3 = \frac{4\pi N_m i_m}{\nu_1 \dfrac{l_1}{\mu_1 A_1} + \nu_2 \dfrac{2l_2}{\mu_2 A_2} + \dfrac{2l_3}{A_3} + \dfrac{l_4}{\mu_4 A_4}}. \quad . \quad . \quad (6)$$

On ne peut s'empêcher de remarquer l'analogie frappante qui existe entre cette formule, donnant le « flux de force » à travers un circuit magnétique, et la formule d'Ohm

$$i = \frac{E}{R},$$

qui donne le « flux d'électricité » à travers un conducteur. En effet, chacun des termes du dénominateur peut être considéré, en quelque sorte, comme la *résistance magnétique* de la partie à laquelle il se rapporte; cette résistance étant en raison directe des longueurs, et en raison inverse des sections ainsi que du coefficient μ de *perméabilité*. On est tenté de dire : de conductibilité.

Poursuivant les mêmes analogies, nous dirons que $4\pi N_m i_m$ est la force *magnétomotrice,* c'est-à-dire, l'équivalent de la force électromotrice en électricité.

Nous représenterons donc l'équation (6) sous la forme suivante :

$$\mathcal{F} = \frac{4\pi N_m i_m}{\Sigma \mathcal{R}}, \quad \ldots \ldots \ldots \ldots (7)$$

le dénominateur $\Sigma \mathcal{R}$ ou simplement $\mathcal{R}$ figurant la somme des résistances magnétiques.

154. Équation finale d'une dynamo. — La relation (3) du § **150** ou

$$E_1 = \mathcal{F} N_a n, \quad \ldots \ldots \ldots \ldots (8)$$

jointe à l'équation (7) ci-dessus, permet de résoudre tous les problèmes se rapportant à la construction des machines dynamo; bien entendu étant donné le genre d'enroulement de l'inducteur, ainsi que les résistances relatives des différentes parties du circuit.

Il convient de remarquer que les coefficients ν aussi bien que les coefficients μ sont fonctions de l'intensité du courant (voyez § **132**).

CHAPITRE TREIZIÈME.

RENDEMENT DES MACHINES DYNAMO.

155. — Théoriquement, 1 cheval-vapeur équivaut à 736 watts; pratiquement et dans les bonnes machines, 1 cheval-vapeur *indiqué* n'en produit en moyenne que 478, disponibles dans le circuit extérieur. Le rendement de la transformation du travail mécanique en énergie électrique *disponible* s'élève donc à 65 % en moyenne.

Nous allons examiner en détail la nature et la valeur des différentes pertes subies :

1° *Perte dans la transmission.* — Dans les installations électriques industrielles de quelque importance, les dynamos sont généralement actionnées par des moteurs à vapeur, plus économiques et plus réguliers que tous les autres. Le travail, par seconde, de la vapeur sur le piston du cylindre, donne la mesure de la puissance motrice; c'est la *puissance indiquée*. Ce travail doit être transmis à l'axe de la dynamo tournant à des vitesses de 800, 1000 et même 1400 tours par minute. Les frottements dans le moteur, le glissement des courroies et d'autres déperditions du même genre, amènent une perte qu'on évalue en moyenne à 15 %.

2° *Perte dans la transformation.* — Si $\mathfrak{C}$ est la puissance motrice indiquée; $\mathfrak{C} \times 0,85$ sera, d'après ce qui précède, la puissance transmise à l'axe de la dynamo. Cette quantité de travail moteur ne se transforme pas complètement en énergie électrique; il faut tenir compte des frottements de l'axe sur ses coussinets, des réactions dues à des courants d'induction parasites qui se développent dans les masses métalliques en mouvement, de la self-induction dans les bobines, à chaque fluctuation du courant, etc.

De tout cela résultent de nouvelles pertes qui, dans les bonnes machines, varient de 5 à 15 %.

Admettons 10 % en moyenne.

Le rapport entre le travail transmis à l'axe, et que nous représenterons par $\mathfrak{C}$, à l'énergie électrique produite, est ce qu'on appelle le *coefficient de transformation* de la dynamo; nous le représenterons par μ_1.

3° *Perte due à l'échauffement interne.* — Toute l'énergie électrique produite n'est pas utilisable dans le circuit extérieur. Le courant parcourt nécessairement les spires de l'armature et celles des bobines d'excitation, d'où échauffement, c'est-à-dire, perte d'énergie inévitable et perte relative d'autant plus grande que la résistance intérieure de la machine est plus considérable comparativement à la résistance du circuit extérieur. Le rapport entre l'énergie électrique disponible, pour le circuit extérieur, et l'énergie totale développée se nomme le *rendement électrique* de la dynamo. Il est fonction de la résistance extérieure, comme nous venons de le dire; et il est évident que pour une machine en série, par exemple, ce rapport est tout simplement égal au rapport de la résistance intérieure à la résistance de tout le circuit. En général, soit e la force électromotrice dans l'armature et i l'intensité du courant dans celle-ci, ei représente la puissance électrique développée; de même, ε étant la force électromotrice aux bornes, et $i_{\prime}$ l'intensité du courant dans le circuit extérieur, $\varepsilon i_{\prime}$ sera l'énergie disponible par seconde; et le rendement électrique, que nous désignons par μ_2, aura pour expression

$$\mu_2 = \frac{\varepsilon i_{\prime}}{ei}.$$

En marche normale, les bonnes machines ont un rendement électrique d'environ 0.85.

156. Rendement industriel. — On définit le rendement industriel d'une dynamo comme étant le rapport entre l'énergie électrique disponible pour le circuit extérieur, et le travail transmis à l'axe de la machine électrique.

Ce rendement, que nous désignerons par μ, vaut en moyenne, d'après ce qui précède,

$$\mu = \mu_1 \cdot \mu_2 = 0.90 \times 0.85 = 0.76.$$

157. Rendement final. — Pour nous, le *rendement final* sera le rendement industriel, défini comme ci-dessus, multiplié par le coefficient de transmission dont nous avons parlé en premier lieu. Ce sera, en d'autres termes, le rapport entre le travail *dépensé* et l'énergie électrique *disponible*.

Le rendement final est donc en moyenne

$$0.76 \times 0.85 = 65 \text{ %} \text{ en chiffres ronds.}$$

158. Coût théorique du cheval électrique effectif, par les dynamos. — Pour obtenir un cheval électrique effectif, soit 736 watts, il faut donc disposer d'une puissance « indiquée » de 1.5 cheval; or, comme dans les bonnes installations de force motrice à vapeur, on ne brûle qu'un kilogramme de charbon par heure et par cheval indiqué, le coût théorique du cheval électrique effectif, en *combustible dépensé,* sera de 1.5 kilogramme de charbon par heure, soit, en comptant le charbon à 12 francs la tonne et en chiffres ronds, 2 centimes par heure. Ceci bien entendu si l'installation est assez importante pour admettre des machines à vapeur perfectionnées.

159. Coût industriel du cheval électrique, par les dynamos. — L'amortissement du capital dépensé pour l'acquisition des machines, ainsi que les frais de locaux et de personnel, sont des facteurs très importants, qui, suivant les circonstances, varient dans de fortes proportions; et il n'est guère possible de préciser à cet égard.

Néanmoins, pour en avoir une idée approximative, supposons qu'il s'agisse d'une installation d'importance modérée, destinée, par exemple, à fournir le courant pour l'éclairage électrique par 100 lampes incandescentes de 2 carcels, l'éclairage fonctionnant, en moyenne, 6 heures par jour.

Il faudra que la puissance effective de la dynamo soit égale à 6000 watts (voyez § **182**), ce qui exige (§ **157**) une force motrice de

$$\frac{6\,000 \times 0.65}{736} = 12 \text{ chevaux indiqués.}$$

Le devis s'établit approximativement comme suit :

Frais de premier établissement.

Machine à vapeur, chaudière et dynamo . . . . 10 000 francs.

Frais journaliers.

2 kilogrammes charbon par cheval et par heure, le charbon à 12 francs la tonne. fr.	1.73
Allumage, huiles et graisses	0.75
Eau d'alimentation à 4.5 centimes l'hecto-litre	0.40
Par jour. . . . . . fr.	2.88

Annuellement	1 051 francs.
Intérêt et amortissement à 10 %.	1 000 —
Assurance	20 —
Traitement du conducteur.	1 600 —
Entretien et frais imprévus	329 —
Total.	4 000 francs,

à répartir sur 2190 heures de production de 6000 watts effectifs, ce qui porte le prix industriel du watt effectif à

0.03 centimes par heure;

donc le cheval électrique effectif à

$$736 \times 0.36 = 22 \text{ centimes par heure.}$$

Cette évaluation ne tient pas compte du loyer de l'emplacement occupé par les machines.

160. Caractéristique d'une dynamo. — Les conditions du fonctionnement d'une machine dynamo peuvent être représentées à l'aide d'une courbe, qu'on appelle *la caractéristique* de la machine, et dont nous allons indiquer la construction ainsi que la signification.

Supposons d'abord qu'il s'agisse d'une machine *en série*.

Pour une machine donnée de ce genre, tournant à une vitesse donnée n, il est clair que la force électromotrice, aussi bien que l'intensité du courant, sont fonctions de la résistance totale; or, celle-ci peut varier suivant les conditions du circuit extérieur. Donnons successivement diverses valeurs à la résistance totale r, mesurons les intensités correspondantes du courant i à l'ampère-mètre, et déduisons de ces mesures les valeurs successives de e, c'est-à-dire de la force électromotrice de l'armature, par la relation

$$e = ir,$$

et traçons la courbe ayant pour abscisses les intensités de courant et pour ordonnées les valeurs correspondantes de la force électromotrice.

Cette courbe sera la *caractéristique* à la vitesse n.

C'est donc une ligne représentant la relation qui, pour une valeur donnée de la vitesse, existe entre la force électromotrice et l'intensité du courant, lorsque celui-ci varie, par suite des modifications de la résistance extérieure.

La figure 85 donne la caractéristique d'une machine Siemens, en série, essayée par le Dr Hopkinson.

La caractéristique commence par une partie à peu près

rectiligne. Pendant cette période, la force électromotrice,
donc l'intensité du champ inducteur, reste sensiblement proportionnelle à l'intensité du courant d'excitation, puisque
n est supposé constant. Mais à mesure que le courant augmente, la perméabilité du fer diminue, les quantités $\mathcal{F}$

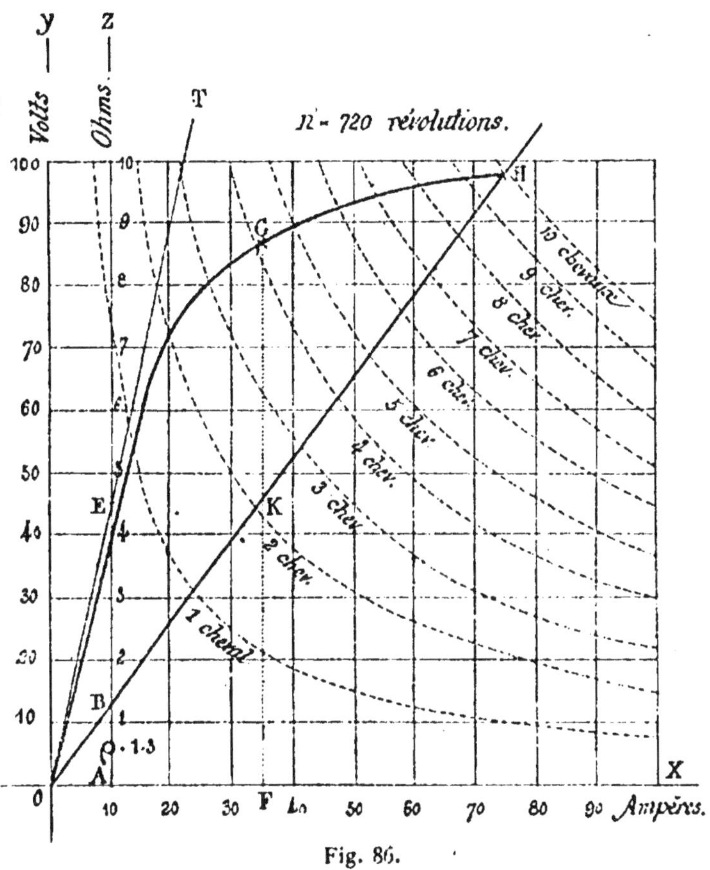

Fig. 86.

(flux d'induction) et e (force électromotrice) croissent moins
vite que l'intensité i : la caractéristique s'infléchit pour
former ce qu'on appelle *le genou* de la courbe.

Enfin, lorsqu'on atteint la « saturation », e cesse d'augmenter avec le courant ; et si, diminuant toujours la résis-

tance du circuit, on continue à faire croître l'intensité du courant, il peut arriver que la force électromotrice décroît, par suite de circonstances spéciales dont nous réservons l'examen.

161. — La caractéristique d'une dynamo permet de résoudre rapidement les différents problèmes auxquels peut donner lieu l'utilisation de cette machine.

Cela résultera clairement des remarques suivantes :

1° Soit G un point de la courbe ; en ce point,

l'intensité du courant . . . $i = OF = 35$ ampères,
la force électromotrice. . . $e = GF = 87$ volts,

d'où

$$r = \frac{e}{i} = \frac{GF}{OF} = \text{tg GOX} = 2{,}5 \text{ ohms};$$

donc la résistance se mesure par la tangente que la droite GO fait avec l'axe des x, et la valeur de cette tangente se lit directement sur l'échelle AZ, en ohms.

2° Marquez $AB = $ à la résistance intérieure ρ, et tracez OBH.

H est le point correspondant aux conditions de la machine « en court circuit », fermée sur elle-même, c'est-à-dire, avec une résistance extérieure négligeable.

De plus, les portions d'ordonnées telles que KG, comprises entre la courbe et la droite OH que nous venons de définir, représentent les forces électromotrices aux bornes.

En effet, on a, en général,

$$\varepsilon = E - i\rho,$$

donc, ici, en un point donné G,

$$\varepsilon = GF - OF \cdot \text{tg GOF},$$

d'où

$$\varepsilon = GF - FK = GK.$$

La caractéristique, rapportée aux axes obliques YO et

OH, exprimera donc la loi des variations de la force électromotrice aux bornes.

C'est ce qu'on appelle la *caractéristique extérieure* de la
dynamo.

De là un moyen commode de construire la caractéristique, connaissant, pour des valeurs successives de *r*, les
intensités du courant et les différences de potentiel aux
bornes; ce qui dispense, pour la détermination de la caractéristique, de mesurer *r* et de calculer *e*.

3º *Désamorcement.* — On voit, par la figure 86, que
pour une résistance totale supérieure à 4.5 ohms, la machine
se désamorcera, c'est-à-dire qu'elle cessera de s'exciter et
qu'elle ne fournira pas de courant, puisque la caractéristique
n'a aucun de ses points situé dans l'angle TOY.

4º *Puissance.* — La puissance électrique d'une dynamo
a pour expression

$$w = ei.$$

En traçant les courbes pointillées, ayant respectivement
pour équation

$$.ei = 736 = 1 \text{ cheval}$$

$$ei = 736 \times 4 = 4 \text{ chevaux}$$

$$ei = 736 \times 9 = 9 \text{ chevaux},$$

et en multipliant, si on le désire, le nombre de ces courbes
(qui sont des branches d'hyperbole équilatère), le diagramme
se trouvera complété par l'indication de la puissance électrique développée, dans les différentes conditions de fonctionnement, par la dynamo que l'on étudie.

5º *Rendement électrique.* — Nous avons vu (§ **155**, 3º)
que le rendement électrique

$$\mu_2 = \frac{\varepsilon}{e},$$

donc ici, pour un point G,

$$\mu_2 = GK : GF.$$

Ainsi, la comparaison, sur le diagramme, des ordonnées de la courbe, prises respectivement par rapport à l'axe OH et à l'axe OX, indique les variations du rendement.

Tandis que l'intensité du courant va croissant depuis zéro, le rendement électrique reste d'abord à peu près constant. C'est la période correspondant à la partie rectiligne de la courbe; puis il diminue de plus en plus jusqu'à devenir nul en H.

On conclut de là, qu'en général, il convient de faire travailler la machine dans les conditions qui correspondent au « genou » de la caractéristique. Au delà, elle travaille dans de mauvaises conditions économiques; en deçà, elle est mal utilisée, en ce sens que le travail par seconde y est faible, comparativement à la puissance que la machine pourrait développer.

6° *Influence de la vitesse de rotation.* — L'équation de la caractéristique, pour une vitesse n donnée, est de la forme

$$e = kn\mathfrak{F}, \qquad \ldots \ldots \ldots \ldots \quad (1)$$

équation dans laquelle k est une constante propre à la dynamo, n la vitesse, et $\mathfrak{F}$ le flux inducteur, c'est-à-dire, une fonction de i.

Or, après avoir déterminé la caractéristique d'une dynamo pour une vitesse donnée, on peut aisément en déduire la caractéristique pour toute autre vitesse; il suffit de considérer que, d'après l'équation (1), si nous désignons par c_1 et c_2 les forces électromotrices qui, pour une même intensité de courant, correspondent respectivement à deux vitesses différentes n_1, n_2, on aura

$$\frac{c_1}{c_2} = \frac{n_1}{n_2}, \quad \text{d'où} \quad c_2 = c_1 \frac{n_2}{n_1}.$$

C'est-à-dire qu'il suffit de multiplier, par un rapport

constant, toutes les ordonnées de la caractéristique due à
la première vitesse.

En d'autres termes, la caractéristique pour une vitesse n_1
ayant été tracée, elle pourra représenter également les conditions du fonctionnement de la machine à toute autre
vitesse n_2, pourvu que l'on multiplie les nombres lus, sur
l'échelle des potentiels, par le rapport de $n_2 : n_1$.

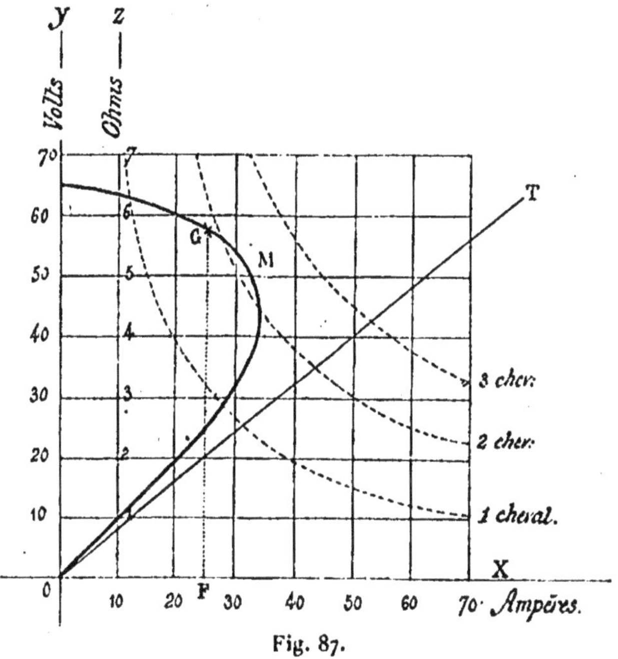

Fig. 87.

162. Caractéristique extérieure d'une shunt-dynamo.
— La figure 87 représente la caractéristique *extérieure*
d'une machine excitée en dérivation. C'est une courbe dont
les abscisses sont proportionnelles aux intensités de courant,
dans le circuit extérieur, et les ordonnées proportionnelles
aux valeurs correspondantes de la force électromotrice aux
bornes.

On la détermine par l'expérience, comme suit : la vitesse

de rotation étant maintenue constante, on fait varier successivement la résistance extérieure, et l'on mesure, pour
chaque résistance, le courant dans le circuit extérieur ainsi
que la force électromotrice aux bornes.

Le diagramme complet se construit et s'interprète comme
dans le cas précédent.

On remarquera immédiatement que l'influence des variations du circuit extérieur s'exerce ici d'une façon bien différente. Ainsi, tandis qu'une machine en série se désa-
morce lorsque la résistance dépasse la limite fournie par la
tangente OT (fig. 86), une shunt-dynamo ne s'amorce, au
contraire, que si la résistance est supérieure à semblable
limite, donnée par la tangente OT (fig. 87).

En second lieu, à partir de cette limite, et pour des résistances extérieures croissantes, l'intensité du courant extérieur, aussi bien que la force électromotrice aux bornes,
commence par croître dans un rapport sensiblement constant; puis le courant diminue, tandis que la différence
de potentiel croît sans cesse, mais de moins en moins.
Elle tend vers une limite supérieure de 65 volts, correspondant à un circuit extérieur ouvert. A ce point, le
courant *extérieur* est devenu nul.

Remarquons enfin que la puissance extérieure passe, en
M, par un maximum de 2.2 chevaux, en chiffres ronds.
En ce point, la différence de potentiel entre les bornes est
5o volts, et l'intensité 32 ampères.

CHAPITRE QUATORZIÈME.

I. — *Faits d'observation.*

163. — La figure 88 représente un *voltamètre,* appareil qui sert, comme l'on sait, à décomposer l'eau par le courant électrique.

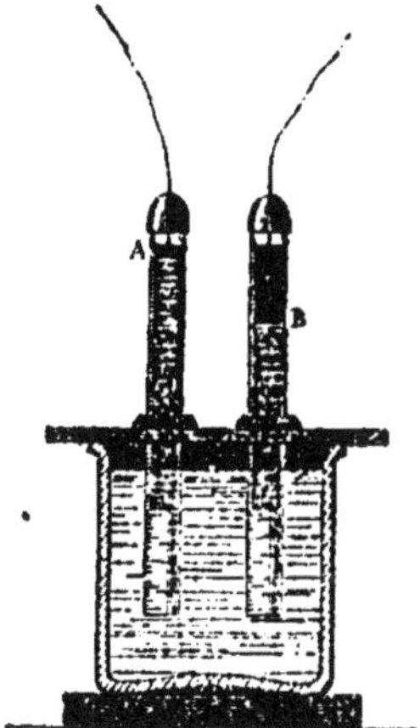

Fig. 88.

Celui-ci est amené au liquide par deux fils de platine, deux électrodes, respectivement reliés au pôle positif et au pôle négatif d'une source électrique. Dès que le circuit est établi, *et pourvu que la force électromotrice de la source soit supérieure à 1.5 volt,* le liquide est décomposé en ses deux éléments : l'oxygène se dégage sur l'électrode reliée au pôle positif de la source, l'hydrogène en volume double à l'autre électrode.

Les masses respectives de gaz dégagées, comme la

masse d'eau décomposée, sont proportionnelles à l'intensité du courant et à la durée de l'expérience.

En sorte que, si i est l'intensité du courant, supposée constante, et t la durée de l'expérience, on aura

pour l'hydrogène dégagé. . $m_h = k'it$

pour l'oxygène dégagé. . . $m_o = k''it$

pour l'eau décomposée . . $m_e = (k' + k'')it = kit,$

k étant la quantité d'eau décomposée par l'unité de courant dans l'unité de temps, donc par l'unité de quantité d'électricité, de même que k' et k'' sont, respectivement, les quantités d'hydrogène et d'oxygène dégagées par le passage de cette même unité.

Ces nombres k, k', k'' se nomment les *équivalents électrochimiques* des corps considérés.

Un ampère, en une seconde, décompose une quantité d'eau égale à 0.0936 milligrammes.

Le passage de l'unité absolue de quantité Q_m décompose donc une quantité d'eau

$$k = 936 \times 10^{-6} \text{ grammes.}$$

Un coulomb dégage une quantité d'hydrogène égale à

$$0,0104 \text{ milligrammes,}$$

d'où

$$k = 104 \times 10^{-6} \text{ grammes.}$$

La décomposition chimique des corps, par le courant, a reçu le nom d'*électrolyse*; le corps décomposé se nomme *électrolyte*.

L'électrode positive, par laquelle le courant arrive, est l'*anode*; l'électrode négative, la *cathode*; des deux éléments séparés, celui qui se rend à l'électrode négative est supposé être *électro-positif*; celui qui se rend à l'électrode positive, *électro-négatif*.

164. — Disposons dans un même circuit, comme l'indique la figure 89, plusieurs électrolytes de nature différente. Les quatre premiers tubes, contenant respectivement de l'eau et des dissolutions aqueuses de chlorure cuivrique, de sulfate cuivrique et de sulfate de zinc, sont munis d'électrodes en platine; le dernier a des électrodes en zinc et contient une solution aqueuse de sulfate de zinc.

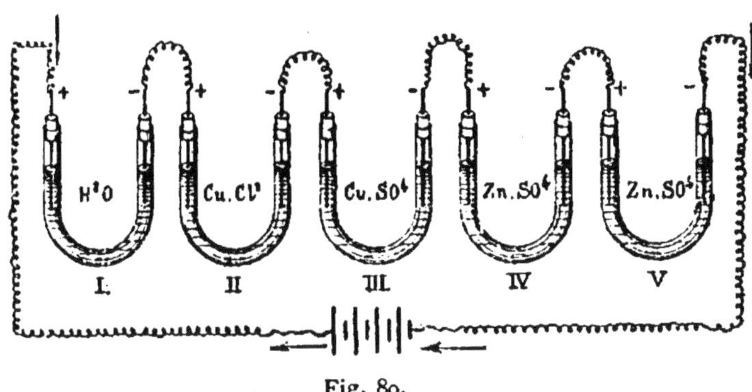

Fig. 89.

Le courant étant établi, on observe les phénomènes suivants : dans l'appareil n° I, l'hydrogène H² (électro-positif) se rend à l'électrode négative ou cathode, et s'y dégage; l'oxygène O (électro-négatif) se dégage à l'anode ou électrode positive.

Dans l'appareil n° II, le cuivre (électro-positif) se dépose, à l'état métallique, sur l'électrode négative; tandis que du chlore est libéré autour de l'anode; une partie du chlore se combine avec l'anode et forme du chlorure de platine.

Dans l'appareil n° III, le courant décompose la solution aqueuse de sulfate de cuivre : en cuivre (+), qui se dépose sur la cathode; et en SO^4 qui se porte vers l'anode. Mais ce groupe oxygéné, qui n'est pas stable, se dédouble en SO^3, qui, fixant de l'eau, formera de l'acide sulfurique; et en oxygène (négatif) qui se dégage autour de l'anode (positive). L'ensemble de ces actions est exprimé par les équations suivantes :

$$Cu \cdot SO^4 = Cu + SO^4$$
$$SO^4 = SO^3 + O$$
$$SO^3 + H^2O = H^2 \cdot SO^4.$$

Lorsque tout le métal contenu dans la dissolution aura été réduit et déposé par le courant, il restera une solution aqueuse d'acide sulfurique.

Dans l'appareil n° IV : même forme de réactions que dans le n° III, seulement c'est du zinc qui se dépose sur la cathode.

Enfin, dans l'appareil n° V, le courant décompose encore le sulfate de zinc, Zn.SO⁴; et dépose Zn, le métal, sur la cathode; tandis que le groupe SO⁴ se rend à l'anode et se combine avec elle pour reformer le sel Zn.SO⁴ : l'anode se dissout. Le résultat final est un simple transport de métal d'un électrode à l'autre.

Or, voici la circonstance remarquable qui caractérise l'expérience : les quantités respectives H² d'hydrogène, Cu de cuivre et Zn de zinc qui se dégagent ou se déposent aux cathodes, aussi bien que les masses O d'oxygène et Cl² de chlore qui, aux anodes, se dégagent de la combinaison primitive, sont entre elles comme les équivalents chimiques de ces corps.

165. Loi de l'électrolyse. — Résumant ce qui a été exposé dans les deux paragraphes qui précèdent, nous dirons :

Les quantités d'électrolytes décomposées en un même temps, par un même courant, ou par des courants d'égale intensité, sont entre elles comme les équivalents chimiques de ces électrolytes; il en est de même des éléments de la décomposition, c'est-à-dire des radicaux qui ont été dis-

*sociés par le courant. Elles sont d'ailleurs proportion-
nelles aux quantités d'électricité qui ont opéré la
décomposition.*

Telle est la loi de l'électrolyse, établie par Faraday.

166. — D'après cela, l'équivalent électro-chimique de
l'hydrogène étant 104×10^{-6}, en unités absolues, et son
équivalent chimique étant 1, il suffit évidemment, pour
obtenir l'équivalent électro-chimique d'un corps, en unités
absolues, de multiplier son équivalent chimique par le facteur 104×10^{-6}.

En multipliant l'équivalent chimique d'un corps par
0.0104, on obtient son équivalent électrochimique en
milligrammes par coulomb.

167. — Si, après avoir décomposé dans un voltamètre
une certaine quantité d'eau par le courant, nous enlevons
la source électromotrice qui fournissait le courant, pour la
remplacer par un galvanomètre, nous constatons que le
circuit ainsi constitué est parcouru par un courant de sens
contraire à celui qui avait opéré la décomposition, et que
les gaz se recombinent pour reformer de l'eau; les gaz
disparaissent des éprouvettes jusqu'à ce que les électrodes
soient entièrement recouvertes de liquide.

II. — *Théorie de l'électrolyse.*

168. — Le fait cité au paragraphe précédent prouve que
l'électrolyte est le siège d'une force contre-électromotrice.
C'est une conséquence qui découle naturellement du principe de la conservation de l'énergie.

En effet, la réduction des corps composés entraîne la
consommation d'une certaine quantité d'énergie employée
à vaincre l'affinité chimique, quantité qui est d'ailleurs

égale à la chaleur que les éléments dégagent lorsqu'en se combinant ils forment l'électrolyte.

Soit donc e la force électromotrice qui, agissant dans un circuit de résistance r, y développe un courant d'intensité i et y accomplit un travail chimique déterminé, en même temps que l'échauffement du circuit, suivant la loi de Joule.

L'énergie totale développée et qui a pour expression

$$w = eit,$$

doit être égale à la chaleur développée dans la résistance r, et qui a pour expression $i^2 rt$, augmentée de la chaleur équivalente au travail chimique accompli par le courant. On a donc

$$eit = i^2 rt + cit, \qquad \ldots \ldots \ldots \quad (1)$$

c étant la quantité de chaleur exigée pour la décomposition de la quantité d'électrolyte que décompose l'unité de courant dans l'unité de temps; en d'autres termes, c étant la chaleur développée par la formation d'un équivalent électrochimique de l'électrolyte.

De l'équation (1) on tire

$$i = \frac{e - c}{r}.$$

Or, si on remplaçait l'électrolyte par un conducteur de même résistance, mais ne subissant pas l'électrolyse, on aurait

$$i' = \frac{e}{r}.$$

Donc, la présence de l'électrolyte, dans le circuit, diminue la force électromotrice d'une quantité c; en d'autres termes, l'électrolyte est le siège d'une force contre-électromotrice dont c exprimera la valeur numérique en unités absolues; c lui-même étant l'évaluation, en ergs, de la

quantité de chaleur qui résulte de la formation d'un équivalent électrochimique du corps décomposé.

Exemple. — L'équivalent électrochimique de l'eau est
$k = 104 \times 10^{-6}$ grammes par unité absolue de quantité Q_m;
or la formation d'un gramme d'eau produit 3.8 calories; et
1 calorie (kilogramme-degré) $= 4.2 \times 10^{10}$ ergs; on a donc

$$c = 936 \times 10^{-6} \times 3.8 \times 4.2 \times 10^{10} \text{ en unités absolues,}$$

ou

$$c = 936 \times 3.8 \times 4.2 \times 10^{4} \times 10^{-8} \text{ volts,}$$

ou

$$c = 1.5 \text{ volt.}$$

Ce résultat explique pourquoi la décomposition de l'eau
exige une force électromotrice supérieure à 1.5 volt.

169. Théorie des piles hydro-électriques. — Nous
n'avons pas à décrire ici ces sources d'électricité, suffisamment connues; il nous suffira d'en esquisser la théorie
générale.

Tout élément de pile est un électrolyte soumis à la loi de
l'électrolyse (**185**)..

Chaque fois qu'on ferme le circuit d'un couple voltaïque,
un courant s'établit, en même temps que des actions chimiques s'accomplissent au sein de l'élément, et le *travail
électrique accompli est équivalent à l'énergie chimique
dépensée.*

Soit w la quantité de chaleur due aux actions chimiques
qui s'accomplissent par le fait du courant; on ne trouve
qu'une partie de cette quantité à l'intérieur de la pile;
mais le circuit extérieur s'est échauffé au passage du courant
et la quantité d'énergie correspondante, jointe à la chaleur
dégagée à l'intérieur même de l'élément, complète la valeur
w; le principe de la conservation de l'énergie se trouve ainsi
satisfait.

170. Calcul de la force électromotrice. — D'après cela,

il est facile de calculer, à priori, la force électromotrice d'un couple, lorsqu'on connaît les réactions chimiques dues au courant, dans le couple.

En effet, soit r la résistance totale du circuit, comprenant donc la résistance intérieure de l'élément, soit e la force électromotrice du couple et i l'intensité du courant.

Le circuit étant fermé, le travail électrique accompli en un temps dt est

$$w_1 = i^2 r \, . \, dt = ei \, . \, dt.$$

D'autre part, soient c_1, c_2, c_3 ... les quantités de chaleur dégagées ou absorbées par l'équivalent électrochimique de chacun des corps qui entrent ou qui sortent de combinaison; on a, pour la chaleur produite par les actions chimiques,

$$w_2 = (c_1 + c_2 + c_3 - \cdots + c_n)i \, . \, dt = i \, . \, dt \Sigma c,$$

Or, le principe de la conservation de l'énergie exige

$$w_1 = w_2,$$

ou

$$ei \, . \, dt = i \, . \, dt \Sigma c,$$

d'où

$$e = \Sigma c. \qquad \ldots \ldots \ldots \ldots \quad (4)$$

Les quantités c étant exprimées en ergs, on aura e en unités absolues.

Exemple. — Soit à calculer la force électromotrice d'un élément Daniell.

En circuit ouvert, cet élément ne donne lieu à aucune action chimique; mais, dès qu'on ferme le circuit, pour chaque équivalent de zinc qui se dissout d'un côté, un équivalent de cuivre se dépose de l'autre; celui-ci se combinant avec l'oxygène, celui-là se dégageant du même élément; telles sont les actions chimiques dues au courant.

La force électromotrice sera donc, en unités absolues,

égale à la différence des chaleurs de combinaison, avec
l'oxygène, d'un équivalent électrochimique de zinc et d'un
équivalent électrochimique de cuivre, ces chaleurs de
combinaison étant exprimées en ergs; or, l'équivalent chimique du zinc est

$$32.7;$$

l'équivalent chimique du cuivre est

$$31.6.$$

On aura donc, pour leurs équivalents électrochimiques
respectifs :

$$32.7 \times 104 \times 10^{-6}$$

et

$$31.6 \times 104 \times 10^{-6}$$

en grammes.

Enfin la chaleur de combinaison avec l'oxygène étant,
pour le zinc

$$5.46 \times 10^{10} \text{ ergs par gramme}$$

et pour le cuivre

$$2.56 \times 10^{10} \text{ ergs par gramme,}$$

on a donc finalement

$$e = 104 \times 10^{-6}(32.7 \times 5.46 - 31.6 \times 2.56) \times 10^{10} \text{ en unités absolues,}$$

ou

$$e = 104(32.7 \times 5.46 - 31.6 \times 2.56)10^{-4} \text{ en volts,}$$

c'est-à-dire

$$e = 1.01 \text{ volt,}$$

résultat qui concorde sensiblement avec la valeur de la
force électromotrice de l'élément Daniel directement mesurée.

III. — *Coût et rendement du travail de piles hydro-électriques.*

171. — Les couples voltaïques, considérés comme sources industrielles d'énergie, sont caractérisés par un rendement très défavorable, même en ne tenant pas compte des inconvénients de leur entretien.

En fait, ce sont des foyers de combustion, dans lesquels les combustibles ordinaires de nos foyers, tels que la houille, le bois, le pétrole et le gaz d'éclairage, se trouvent remplacés par un métal très oxydable, ordinairement le zinc.

Or, l'énergie potentielle contenue dans un kilogramme de charbon, dont le coût ne dépasse guère 1 centime, est

$$33.6 \times 10^{13} \text{ ergs};$$

celle contenue dans 1 mètre cube de gaz d'éclairage, dont le prix de vente actuel oscille aux environs de 15 centimes, est

$$25.2 \times 10^{13} \text{ ergs};$$

tandis que la combustion d'un kilogramme de zinc, valant 60 centimes, ne produit que

$$5.46 \times 10^{13} \text{ ergs},$$

et il s'en faut de beaucoup que cette quantité de chaleur consommée soit tout entière disponible.

Dans la pile Daniell, par exemple, l'une des plus économiques et la seule qui conviendrait pour un service soutenu, la réduction du cuivre absorbe une quantité de chaleur, qui est à la chaleur produite, dans le rapport de

$$\frac{31.6 \times 2.56}{37.2 \times 5.46},$$

c'est-à-dire que la moitié de l'énergie dépensée reste seule disponible.

En second lieu, la pile étant elle-même parcourue par le courant qu'elle fournit, son propre échauffement, régi par la loi de Joule, absorbe une quantité d'énergie qui est à l'énergie disponible dans le rapport de la résistance intérieure de la pile à la résistance totale du circuit.

Il est loisible de rendre ce rapport très faible en groupant de grands éléments en séries parallèles pour réduire ainsi la résistance intérieure, mais pareil arrangement est, en général, au détriment de la puissance de la pile.

En effet, étant donnés un circuit extérieur et un certain nombre d'éléments voltaïques, pour donner à la pile le maximum de puissance, il faut en grouper les éléments par la condition que la résistance intérieure soit égale à la résistance du circuit extérieur et, dans ces conditions, l'on subit une nouvelle perte de 50 %.

Le rendement final ne serait plus que de 25 %.

Par suite, pour produire un cheval-heure au moyen de la pile Daniel, il faudra dépenser, rien que pour le combustible zinc, la somme de fr. 1.20.

En tenant compte de tous les éléments de la question, notamment de la consommation de sulfate de cuivre, et tout en défalquant la valeur du cuivre réduit, M. Regnier évalue à 4 francs le prix du cheval-heure, par la pile Daniell.

Au moyen des chaudières et des machines perfectionnées dont l'industrie dispose de nos jours, on produit un cheval-heure électrique au prix de 1.5 kilogramme de charbon, dont coût : 2 centimes ; et cela malgré le faible rendement des machines à vapeur dans lesquelles la chaleur de vaporisation de l'eau est fatalement perdue.

Théoriquement 1 kilogramme de charbon vaut 8000 calories, soit 13 chevaux-heures, en chiffres ronds.

IV. — *Éléments secondaires ou accumulateurs.*

172. — Le développement, par l'électrolyse, d'une force contre-électromotrice **(167)** constitue le phénomène connu sous le nom de *polarisation*.

Lorsqu'un appareil à électrolyse, tel que le voltamètre, a subi, pendant quelque temps, l'action décomposante du courant provenant d'une source extérieure quelconque, ses électrodes conservent, après l'interruption de ce courant, et par suite des dépôts dont ils se sont chargés, une polarité inverse qui leur donne la faculté de produire un courant de sens contraire à celui du courant « de charge », jusqu'à ce que les dépôts soient épuisés par la reconstitution des combinaisons primitives.

Cette propriété a reçu une application industrielle dans les *accumulateurs* ou *batteries secondaires*.

La première forme de ces appareils est due à Gaston Planté. C'est une auge contenant une dissolution de 1 partie d'acide sulfurique dans 9 parties d'eau, et dans laquelle plongent des électrodes en plomb.

La « formation » des accumulateurs consiste à faire passer un courant dit « de charge » alternativement dans un sens et dans l'autre, et à répéter plusieurs fois cette opération, jusqu'à ce que les électrodes se soient recouvertes d'une couche spongieuse : l'une de peroxyde de plomb, imprégné d'oxygène; l'autre de plomb réduit, imprégné d'hydrogène.

Dans cet état, le couple est « formé » et « chargé ».

En reliant alors les électrodes par un conducteur de faible résistance, on obtient un courant énergique, inverse du courant de charge et dont la force électromotrice, par élément, varie de 2.25 à 2 volts suivant l'état de la charge.

Le courant est intense, même avec un seul élément, parce que la résistance intérieure de l'élément est très faible.

Pour réduire la durée de la formation de pareils éléments et augmenter en même temps leur « capacité », Faure a imaginé de recouvrir les électrodes d'oxydes de plomb, tels que le minium et la litharge.

D'autres emprisonnent les oxydes dans des cellules pratiquées dans les électrodes en plomb.

Dans tous les cas, le courant de « formation » transforme la litharge en plomb spongieux et le minium en peroxyde; en outre, il imprègne ces substances respectivement d'hydrogène et d'oxygène.

L'énergie électrique qu'on peut emmagasiner dans de semblables appareils est considérable, relativement aux dimensions de ceux-ci.

Fig. 90.

D'après des essais effectués à l'Institut électrotechnique de Liège, un élément de ce genre, petit modèle, comprenant 7 lames positives et 6 négatives, le poids du plomb étant de 3 kilogrammes et les surfaces polarisées offrant un développement total de 12.4 décimètres carrés, a absorbé, à la charge, une énergie équivalente à 416 kilogrammètres.

Le rendement, à la décharge, a varié, suivant les circonstances, de 75 à 82 %.

Pour la bonne conservation des éléments, il importe que, tant à la charge qu'à la décharge, le courant ne dépasse pas 2 ampères par kilogramme de plaque.

Comme renseignements pratiques : un courant de 1.5 ampère par kilogramme est admissible ; les durées de charge et de décharge seront respectivement 8 heures et 7 heures.

En d'autres termes, un accumulateur, de l'espèce indiquée ci-dessus, est capable de fournir normalement, pendant 7 heures, un courant de 1.5 ampère par kilogramme de plaque, sous une force électromotrice interne de 2 volts en moyenne.

Une puissance « rendue » de 1 cheval-vapeur exige 245 kilogrammes de plaque, dont le coût, à raison de 2.50 fr. par kilogramme, est 712 francs.

Relativement à l'entretien annuel par suite de la détérioration des électrodes, les renseignements précis font défaut. Des entrepreneurs se sont engagés à maintenir une batterie donnée, à raison de 25 centimes par an et par kilogramme de plaque.

CHAPITRE QUINZIÈME.

173. Faits d'observation. — Lorsqu'un conducteur fermé n'est pas homogène en toutes ses parties, lorsqu'il résulte, par exemple, d'un fil de fer soudé, nécessairement en deux points, à un fil de nickel, toute différence de température entre les deux points de réunion des deux métaux détermine, dans le circuit, un courant électrique.

Les phénomènes de cette nature, appelés *phénomènes thermo-électriques,* ont été découverts en 1821 par Seebeck; ils se constatent au moyen de l'appareil représenté par la

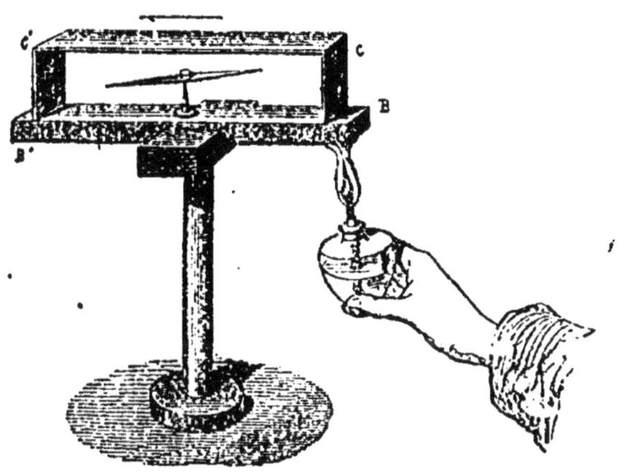

Fig. 91.

figure 91. Une lame de cuivre CC' est soudée, par ses extrémités recourbées, à une lame de bismuth BB'; à l'intérieur de ce circuit fermé, et mobile sur un pivot : une aiguille aimantée.

Si, après avoir orienté l'appareil dans le méridien magnétique, on chauffe l'une des soudures; l'aiguille dévie, indiquant l'existence d'un courant électrique allant, dans le cuivre, de la soudure chaude à la soudure froide; et nécessairement, dans le bismuth, de la soudure froide à la soudure chauffée.

174. Valeurs thermo-électriques. — La force électro-motrice d'un circuit hétérogène s'appelle sa *force thermo-électrique*. Elle est sensiblement proportionnelle, entre des limites données, à la différence des températures des points de jonction. Elle dépend aussi de la nature des métaux soudés, et l'on a déterminé expérimentalement quelle est la force électromotrice qui se développe, dans un circuit de deux métaux donnés, à des températures données.

On appelle *valeur thermo-électrique* d'un couple, pour une température t, la force électromotrice qui se développe, pour chaque degré de différence de température, dans le circuit du couple, quand la moyenne des températures des soudures est t.

Enfin, si a est la valeur thermo-électrique d'un métal A par rapport à un métal X, c'est-à-dire si a est la force électromotrice, par degré, du couple $\left\{ {A \atop X}\right.$; si, d'autre part, b est la valeur thermo-électrique d'un métal B par rapport au même métal X, on démontre par l'expérience qu'alors $a - b$ est la valeur thermo-électrique du couple $\left\{ {A \atop B}\right.$.

Table des valeurs thermo-électriques rapportées au plomb comme zéro.

	Valeur thermo-électrique en unités électromagnétiques (t désignant la tempér. centigr.)		Valeur thermo-électrique en unités électromagnétiques (t désignant la tempér. centigr.)
Fer	$- 17^3 4 + 4,87\,t$	Magnésium	$- 224 + 0,95\,t$
Acier	$- 1139 + 3,28\,t$	Argent allemand (mail-	
Alliage, platine-iri-		lechort)	$+ 1207 + 5,12\,t$
dium (t)	$- 839$ à toute temp.	Cadmium	$- 266 - 4,29\,t$
Alliage, platine 95 ;		Zinc	$- 234 - 2,40\,t$
iridium 5	$- 622 + 0,55\,t$	Argent	$- 214 - 1,50\,t$
Alliage, platine 90 ;		Or	$- 283 - 1,02\,t$
iridium 15 . . .	$- 596 + 1,34\,t$	Cuivre.	$- 136 - 0\,95\,t$
Alliage, platine 85 ;		Plomb	0
iridium 15 . . .	$- 709 + 0,63\,t$	Étain	$+ 43 - 0,55\,t$
Alliage, platine 85 ;		Aluminium . . .	$+ 77 - 0,39\,t$
iridium 15 . . .	$- 577$ à toute temp.	Palladium . . .	$+ 625 + 3,59\,t$
Platine malléable . .	$+ 61 + 1,10\,t$	Nickel jusqu'à 175°C .	$+ 2204 + 5,12\,t$
Alliage, platine et		Nickel de 250° à 310°C.	$+ 8449 - 24,1\,t$
nickel	$- 544 + 1,10\,t$	Nickel au-dessus de	
Platine écroui . . .	$- 260 + 0,75\,t$	340°C	$+ 307 + 5,12\,t$

Dans cette Table, la limite inférieure de température est — 18° C. pour tous les métaux de la liste. La limite supérieure est 416° C., sauf les exceptions suivantes :

cadmium, 258°C.; zinc, 373°C.; maillechort, 175°C.

La table ci-dessus indique, d'après Tait (*), en unités absolues électromagnétiques, les valeurs thermo-électriques des métaux, rapportées à celles du plomb comme zéro. En d'autres termes, la table donne la force électromotrice, par degré, d'un circuit formé par du plomb et l'un quelconque des métaux renseignés dans la table, quand la température moyenne des soudures est t. Le courant traverse la soudure chaude en allant du métal qui a la plus grande valeur thermo-électrique vers celui qui a la valeur thermo-électrique la plus faible.

Application. — Soit à déterminer la force électromotrice du couple fer-nickel, les températures des soudures étant maintenues respectivement à 0° et 100°.

La valeur thermo-électrique du nickel par rapport au plomb est

$$+ 2204 + 5.12\, t.$$

La valeur thermo-électrique du fer par rapport au plomb est

$$- 1734 + 4.87\, t.$$

Donc la valeur thermo-électrique du nickel par rapport au fer est

$$3938 + 9.99\, t.$$

Soit pour une température moyenne de 50°

$$3938 + 500 = 4438.$$

Et la force électromotrice du couple, pour une différence de 100°, sera

$$443800 \text{ unités électro-magnétiques}$$

ou

$$443800 \times 10^{-8} = 0,0044 \text{ volt.}$$

(*) *Trans. Royal Society Edinburgh*, t. XXVII. Décembre 1873.

175. Théorie des phénomènes thermo-électriques. — Lorsqu'un circuit homogène est parcouru par un courant électrique, toutes ses parties s'échauffent, conformément à la loi de Joule (§ **72**). Il n'en est pas ainsi dans un circuit hétérogène.

Peltier découvrit, en 1843, que lorsqu'un courant électrique circule dans un conducteur formé de deux métaux différents, soudés bout à bout, l'une des soudures s'échauffe plus, et l'autre s'échauffe moins que le reste du circuit, l'écart en plus étant égal à l'écart en moins.

Ces anomalies changent de signe lorsqu'on renverse le courant, c'est-à-dire que l'on constate alors un refroidissement relatif là où, dans le premier cas, se dégageait un excès de chaleur.

Le phénomène découvert par Peltier n'explique pas l'expérience de Seebeck, c'est-à-dire la production de forces électromotrices par des différences de température, elle la complète seulement. Elle prouve la réversibilité de ces phénomènes, elle indique les conditions requises pour leur maintien, et confirme une fois de plus la généralité du principe de la conservation de l'énergie.

Lorsque, par suite de conditions données de température, un courant électrique s'est déclaré dans un circuit hétérogène, il cause, suivant la loi de Peltier, un refroidissement relatif à l'une des soudures, et, à l'autre, un échauffement relatif correspondant. Il est clair que si l'on chauffe la région qui tend à se refroidir par le fait du courant, et que l'on refroidisse celle qui tend à s'échauffer, de manière à maintenir les différences initiales de température, le courant se maintiendra également.

Ce qu'il importe de remarquer, c'est que cette condition est *indispensable*.

Sans cela on pourrait songer à la production gratuite de l'électricité.

Éclaircissons ce point par un exemple.

La température du sol varie avec les profondeurs. Donc, il suffirait d'enfouir à des profondeurs différentes les soudures de noms contraires d'une pile thermo-électrique pour obtenir un courant, — *sans dépense équivalente,* dirait-on au premier abord.

Il n'en est rien. La pile étant enfouie dans les conditions indiquées, le courant se déclare, il est vrai ; mais, par le fait même du courant, les soudures placées dans les régions chaudes se refroidissent ; celles plongées dans le milieu froid s'échauffent : le courant s'éteindra donc graduellement puisque son action tend à égaliser les températures. Si l'on veut que le mouvement électrique se maintienne constant, on doit dépenser aux soudures des régions chaudes : 1° une quantité de chaleur égale au refroidissement dû au courant, 2° l'équivalent de l'échauffement normal des conducteurs tel qu'il résulte de la loi de Joule. On recueille aux soudures chaudes la première partie de cette dépense ; et le principe de la conservation de l'énergie se trouve ainsi satisfait.

176. Piles thermo-électriques. — On a cherché à utiliser les phénomèmes thermo-électriques pour la production industrielle de l'électricité. Nous indiquerons brièvement les principaux appareils réalisés jusqu'à ce jour.

Pile Noë. — Chaque élément est formé par un cylindre d'alliage zincantimoine *a* (fig. 92), soudé à un faisceau de fils de maillechort. Ceux-ci pénètrent par une extrémité dans une petite capsule de laiton *c* qui sert de fond au moule dans lequel on coule l'alliage. Dans cette même capsule pénètre une tige en cuivre *r* saisie également dans le métal fondu. C'est cette tige que l'on chauffe à son extrémité libre pour qu'elle amène la chaleur à la soudure chaude, le chauffage direct de celle-ci offrant des inconvénients.

L'autre soudure se refroidit par rayonnement, et l'on

active le refroidissement en attachant à la soudure froide un diffuseur formé d'une feuille de cuivre mince enroulée en cylindre vertical (voyez fig. 93) et recouverte d'une pein-

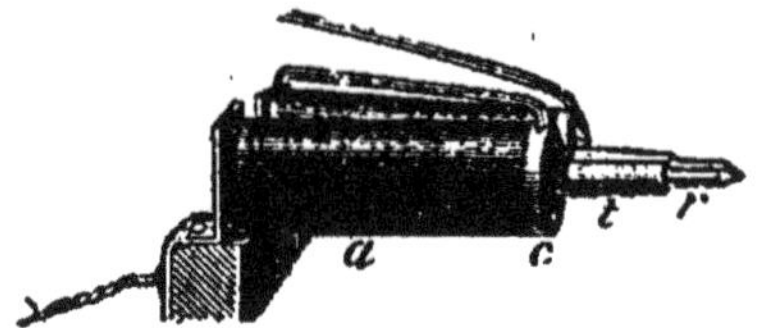

Fig. 92.

ture noire, mate. Les éléments sont disposés en un cercle, au centre duquel viennent se grouper toutes les pointes en

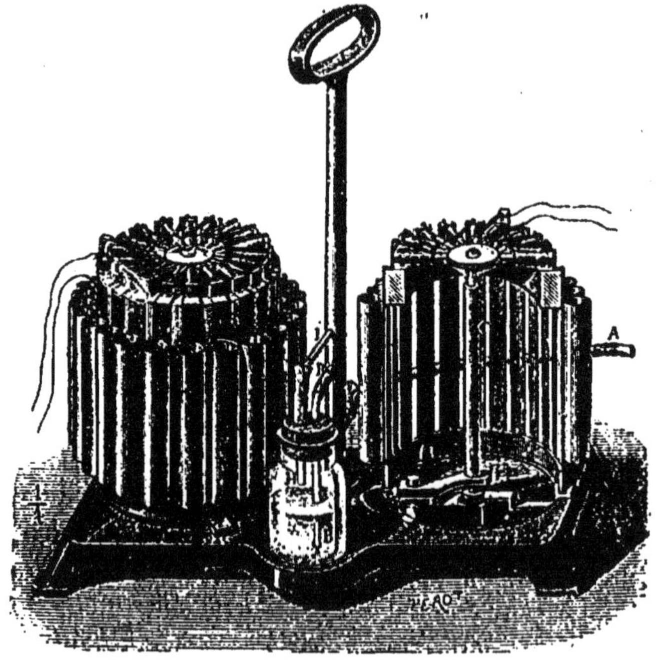

Fig. 93.

cuivre allant aux soudures chaudes. Celles-ci se chauffent, toutes à la fois, à la flamme d'un brûleur unique : bec Bunsen ou lampe à alcool.

16

Dans les conditions pratiques, et les soudures centrales étant chauffées au maximum, la force électromotrice de

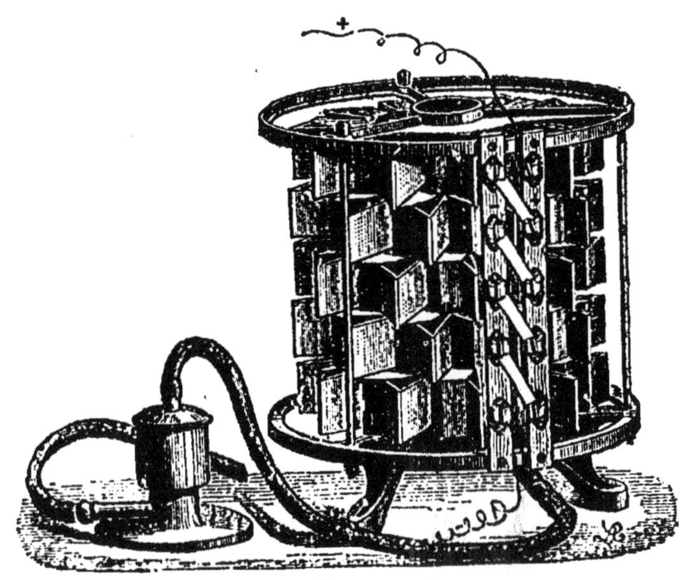

Fig. 94.

cette pile est de $\frac{1}{16}$ volt par élément, dont la résistance égale $\frac{1}{40}$ d'ohm.

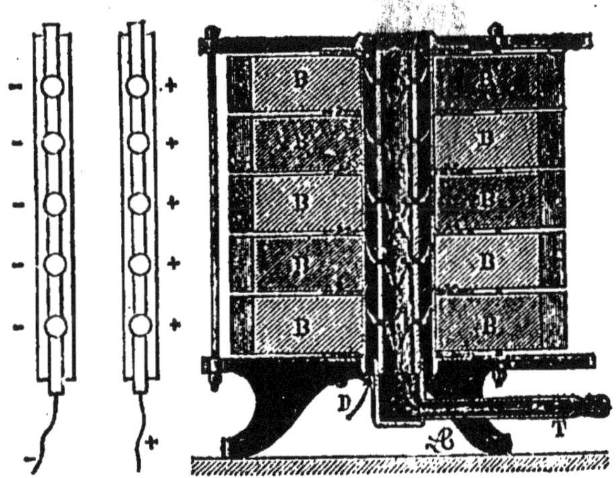

Fig. 95.

Le modèle courant comporte 20 éléments en série. Sa

force électromotrice totale est 1.25 volt ; sa résistance intérieure 0.5 ohm.

L'élément est constitué par un alliage zinc-antimoine
soudé à une lame de fer.

Pile CLAMOND. — Dans le modèle usuel, dix de ces éléments accouplés en tension sont disposés en couronne, et

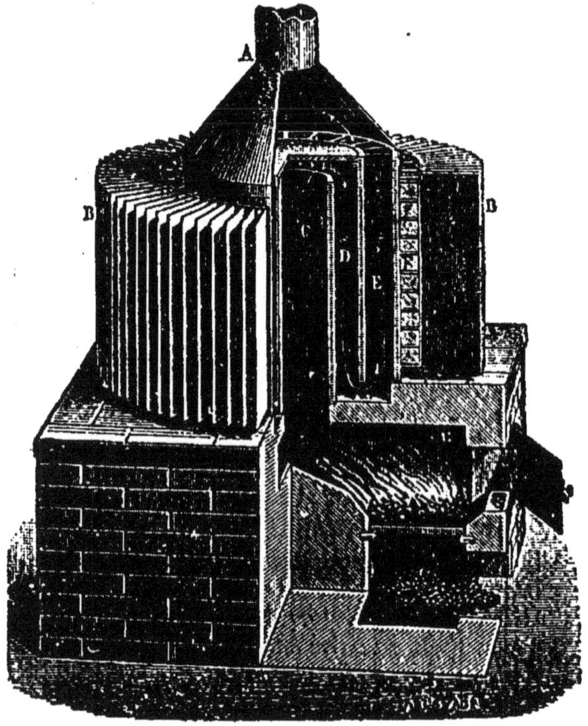

Fig. 96.

chaque pile se compose de cinq couronnes superposées,
isolées les unes des autres par des rondelles d'amiante.

Le tout forme un cylindre luté à l'amiante et chauffé au
gaz à l'aide d'un tuyau réfractaire, percé de trous. Un
mélange d'air et de gaz sort de chacun de ces trous et brûle
dans l'espace annulaire compris entre le tuyau et les soudures chaudes. Les extrémités polaires de chaque couronne
aboutissent à des bornes en cuivre fixées sur deux plan-

chettes, ce qui permet l'accouplement des couronnes en série ou en dérivation.

Par un chauffage normal, la force électromotrice de chaque élément est de $\frac{1}{25}$ volt et sa résistance de 0.01 ohm environ. La pile de 50 éléments a donc une résistance de 0.50 ohm et une force électromotrice de 2 volts. Pour produire ce résultat, elle brûle 170 litres de gaz à l'heure.

Une pile assez puissante, chauffée au coke, a été construite par Clamond (fig. 96). Elle se composait de 3000 éléments ; sa force électromotrice totale, d'après les expériences de G. Cabanellas, était de 109 volts pour une température de 360° aux soudures chaudes et de 80° aux soudures froides. Sa résistance intérieure était de 15,5 ohms.

L'appareil s'est détérioré. Il était difficile de modérer le feu ; les alliages fondaient.

177. Rendement des piles thermo-électriques. — Ce rendement est très faible, une minime partie de la chaleur que l'on dépense au foyer étant transformée en énergie électrique.

Évaluons le coût du cheval électrique disponible, obtenu par l'intermédiaire de la pile Clamond, par exemple. Les éléments thermo-électriques ayant une force électromotrice très faible, on est presque toujours amené, dans les applications, à les grouper en une seule série. Or, en admettant que la résistance du circuit d'utilisation ne soit pas inférieure, mais seulement égale à celle de la pile elle-même, ce qui est un cas favorable, on ne pourra utiliser que la moitié de l'énergie électrique développée. Celle-ci, dans les conditions que nous avons supposées, étant égale à 2 ampères par seconde, la puissance disponible ne dépasse pas 1 watt ou $\frac{1}{736}$ de cheval électrique. La consommation est de 0.170 mètre cube de gaz à l'heure. En évaluant le prix du mètre cube à 15 centimes, le coût du cheval électrique s'élèvera à

$$18.75 \text{ fr. par heure.}$$

TROISIÈME PARTIE.

L'ÉLECTRICITÉ

COMME

AGENT MOTEUR

ET COMME

MOYEN D'ÉCLAIRAGE.

CHAPITRE SEIZIÈME.

TRANSPORT DE LA FORCE. — MOTEURS ÉLECTRIQUES.

178. Réversibilité des machines dynamo. — Les machines dynamos que, jusqu'à présent, nous n'avons considérées que comme génératrices d'électricité, *sont réversibles.*

Elles engendrent l'énergie électrique lorsqu'on dépense du travail mécanique pour entraîner leur armature à travers le champ qui réagit sur elle, et, réciproquement, lorsqu'on lance un courant dans une dynamo, l'armature se met à tourner sous l'action du champ ; elle peut alors, par l'intermédiaire d'une courroie ou de tout autre organe de transmission, ou même directement, actionner un outil, mettre en mouvement des masses inertes, vaincre, en un mot, des résistances mécaniques de tout genre.

179. — Soit, par exemple (fig. 97), une machine en série, à tambour ; et supposons qu'un courant circule dans les spires inductrices aussi bien que dans celles de l'armature. Le champ exerce, en A, sur un élément de spire *ds* une force *f* dirigée suivant la flèche A*f*, normalement au plan qui passe par l'élément et par la direction des lignes de force (**97**) et tendant à faire tourner l'axe du tambour.

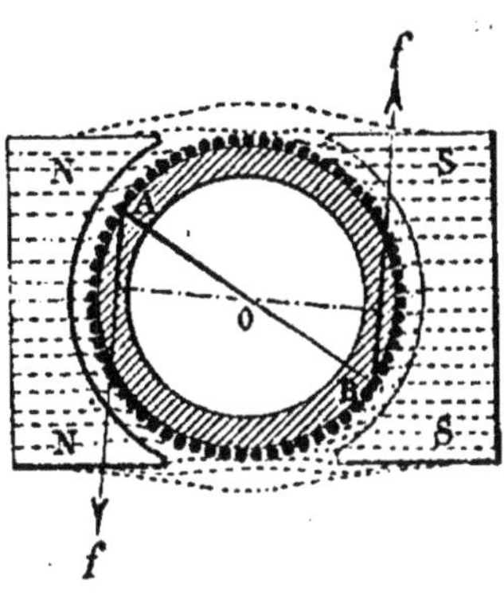

Fig. 97.

Quand la machine est employée comme génératrice d'énergie électrique, c'est par l'entraînement du tambour en sens inverse que le courant est engendré. Nous en concluons d'abord que, lorsqu'une dynamo, antérieurement disposée comme génératrice de courant, est à utiliser comme moteur, il faut, au préalable, en retourner les balais; car, dès qu'un courant lui sera envoyé, elle tournera à l'envers du mouvement qu'on lui imprime d'ordinaire.

On peut, au lieu de retourner les balais, permuter les liaisons entre le circuit de l'armature et celui des inducteurs, de façon à renverser le courant dans l'un des deux circuits, mais pas dans l'autre. Alors la machine, sous l'action d'un courant du dehors, tournera dans le sens de son mouvement ordinaire.

La somme des produits de toutes les forces telles que A*f* et B*f* qui se développent dans toute l'étendue des spires, multipliées respectivement par la longueur des perpendiculaires abaissées de l'axe O sur leur direction, constitue le moment du *couple moteur* de la dynamo. Ce moment doit être supérieur à celui de la résistance mécanique à vaincre, pour que le moteur électrique puisse se mettre en mouvement.

180. Force contre-électromotrice. — Soit (fig. 98) un système de deux dynamos reliées par des conducteurs métalliques. L'une, A, est destinée à produire le courant ; c'est la *génératrice* ; l'autre, B, doit transformer en travail mécanique l'énergie électrique qui lui est envoyée ; c'est la *réceptrice*. Pour fixer les idées, nous supposerons que la ·

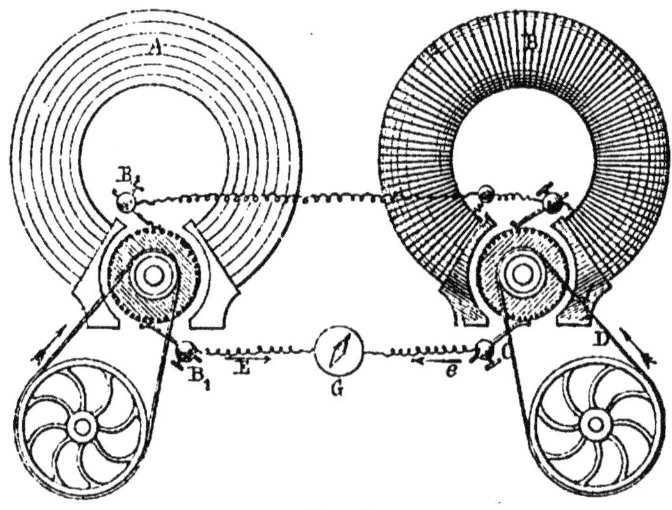

Fig. 98.

génératrice soit à excitation indépendante, et que l'on attende de la réceptrice qu'elle mette en mouvement une machine-outil, la transmission ayant lieu par la courroie CD. Nous interposons dans le circuit un galvanomètre G afin de pouvoir observer les fluctuations qui pourraient se produire dans l'intensité du courant.

· Cette disposition prise, calons l'axe de la réceptrice pour qu'elle ne puisse tourner ; puis, mettons la génératrice A en mouvement, à son allure normale. Le galvanomètre dévie aussitôt.

Soit i l'intensité du courant dans ces conditions, E la force électromotrice de l'armature de A. Toute l'énergie électrique développée et qui a pour expression, par seconde,

$$E i = i^2 r,$$

se transforme en chaleur dans le circuit.

Mais décalons l'axe de B; à l'instant, la réceptrice part, d'un mouvement accéléré, *tandis que le galvanomètre révèle, dans le courant, une diminution graduelle*; jusqu'à ce que, la vitesse de la réceptrice étant devenue uniforme, l'aiguille galvanométrique se fixe en une position déterminée, indiquant, dès lors, la constance du courant de régime; ceci bien entendu, si les résistances mécaniques à vaincre restent constantes.

Or, comme la résistance électrique du système n'a pas varié depuis le commencement de l'expérience, comme la force E de la génératrice n'a pas varié non plus, et que, néanmoins, l'intensité du courant a diminué dans le circuit, nous devons bien admettre qu'il s'est développé dans celui-ci, une force contre-électromotrice, dont le siège ne peut être que l'armature de la réceptrice. En effet, cette armature tourne dans un champ magnétique; tout en agissant donc comme moteur, elle engendre un courant induit dirigé en sens inverse du courant envoyé par A.

Tout cela découle naturellement du principe de la conservation de l'énergie. Si l'intensité du courant n'avait pas diminué par la mise en marche de la réceptrice, la chaleur dégagée dans le circuit serait restée la même, et on aurait obtenu du travail mécanique sans dépense équivalente.

La quantité de chaleur dégagée en moins doit être équivalente au travail mécanique en plus.

181. Rendement et puissance des moteurs électriques.
— Soit i_1 l'intensité du courant lorsque le régime de marche
s'est établi :

e la force contre-électromotrice de B ;

E la force électromotrice de A.

La chaleur engendrée dans le circuit en l'unité de temps
n'est plus que

$$(E - e)i_1,$$

tandis que la puissance développée par la génératrice est

$$w = Ei_1. \qquad \ldots \ldots \ldots \quad (1)$$

La différence

$$Ei_1 - (E - e)i_1 = ei$$

est l'équivalent du travail produit en l'unité de temps, par
la réceptrice. Soit w_1 ce travail, on a

$$w_1 = ei_1. \qquad \ldots \ldots \ldots \quad (2)$$

Le rapport entre ce travail électrique recueilli (2), et le
travail électrique dépensé (1), en temps égaux, est le rendement théorique μ de la transformation.

On a donc

$$\mu = \frac{e}{E}. \qquad \ldots \ldots \ldots \quad (3)$$

La différence

$$w - w_1 = Ei_1 - ei_1 = i_1(E - e),$$

se retrouve en chaleur dans le circuit ; mais elle est perdue
au point de vue industriel.

La *puissance* du système, considéré uniquement comme
source de travail mécanique, est

$$p = w_1 = ei_1 = \frac{e(E - e)}{R}, \qquad \ldots \ldots \quad (4)$$

R étant la résistance totale du circuit.

Théoriquement, le rendement peut se rapprocher indéfiniment de l'unité. En effet, toutes autres choses étant égales, la force contre-électromotrice croît indéfiniment avec la vitesse de rotation de la réceptrice et, théoriquement, on peut augmenter celle-ci à volonté puisqu'il suffit de diminuer, par exemple, la poulie de la réceptrice, et d'augmenter celle qui commande l'outil résistant, pour que e se rapproche de E d'autant que l'on veut.

Mais la puissance mécanique du système diminue à mesure que e *augmente*; la relation (4) indique cela clairement. A la limite, quand $e = E$, le rendement μ deviendrait égal à l'unité, mais la puissance serait devenue nulle.

La puissance est maxima pour

$$e = \frac{E}{2}.$$

En effet, l'expression (4) comprend, au numérateur, un produit dont la somme des facteurs est égale à une constante E; le produit est maximum quand ces facteurs sont égaux, d'où, lors du maximum,

$$c = \frac{E}{2}.$$

Le rendement théorique est alors égal à 50 %; et la puissance

$$w_t = \frac{E}{4} \cdot \frac{1}{R}. \quad \ldots \ldots \ldots \quad (5)$$

Ce sont, en général, les meilleures conditions pratiques.

Remarquons cependant que, d'après l'équation (5) et toutes autres choses étant égales, la puissance est en raison inverse de la résistance du circuit.

S'il s'agit donc, non seulement de transporter l'énergie avec un rendement qui ne soit pas inférieur à 50 %, mais encore de transporter *une quantité donnée* d'énergie à des distances de plus en plus grandes; il faudra, dans les différents cas, ou bien maintenir R constant, ce qui conduit à adopter, pour la liaison des deux machines entre elles, des conducteurs de plus en plus gros; ou bien, si l'on recule devant les frais d'installation de pareils conducteurs, il faudra faire croître la force électromotrice E de la génératrice dans le rapport où R augmente.

En d'autres termes, pour satisfaire aux conditions posées, il faut que le rapport

$$\frac{E}{R}$$

reste constant.

Telles sont les lois qui régissent le transport de l'énergie par l'intermédiaire de l'électricité.

C'est parce que E doit augmenter à mesure que R augmente, que Marcel Deprez, ayant entrepris de transporter, de Creil à Paris, une puissance de 100 chevaux-vapeur, avec un rendement industriel de 50 %, a été amené à donner à la génératrice une force électromotrice de plus de 6 000 volts; potentiel évidemment élevé et offrant des inconvénients sous plusieurs rapports.

H. Fontaine, ayant réalisé une expérience analogue, a été conduit à accoupler plusieurs génératrices en série jusqu'à concurrence de 8 000 volts pour l'ensemble des armatures!

182. Rendement industriel. — Le rendement μ dont il a été question au paragraphe précédent n'est pas un rendement industriel. C'est ce que nous appellerons le *rendement électrique* du transport.

Dans l'expression de ce coefficient

$$\mu = \frac{e i_1}{E i_1},$$

$E i_1$ est la puissance électrique de la génératrice.

Or, soit $\mathfrak{E}$ le travail *indiqué,* par seconde, de la vapeur
sur le piston de la machine qui entretient le mouvement de
la génératrice; nous savons (§ 156) que sur cette quantité
il ne reste de disponible, pour la transformation en énergie
électrique, que la valeur

$$\mathfrak{E} \times 0.85 \times 0.90.$$

Nous supposons celle-ci transportée à la réceptrice avec
un rendement électrique de 50 % conformément aux indications du paragraphe précédent, il reste

$$\mathfrak{E} \times 0.85 \times 0.90 \times 0.50.$$

Mais cette énergie électrique ne se transforme pas intégralement en travail mécanique disponible sur l'axe de la
dynamo, il y a de nouvelles dépréciations dont on peut
évaluer le coefficient à 0.90.

Reste, pour le rendement industriel

$$0.85 \times 0.90 \times 0.50 \times 0.90 = 34 \%.$$

Ce n'est pas très favorable.

CHAPITRE DIX-SEPTIÈME.

ÉCLAIRAGE ÉLECTRIQUE.

183. — Après la télégraphie qui fera, de notre part, l'objet d'un traité spécial, la principale application de l'électricité est, sans contredit, l'éclairage électrique.

Le principe de cette application est simple. Lorsqu'un conducteur est parcouru par un courant, il s'échauffe, conformément à la loi de Joule (§ **72**) ; la quantité de chaleur produite, en l'unité de temps, dans le conducteur ayant pour expression

$$w = i^2 r.$$

Si l'intensité i du courant est exprimée en *ampères* et si la résistance r du conducteur considéré est évaluée en *ohms*, la quantité de chaleur w sera fournie en *watts*.

Le watt équivaut à 240×10^{-6} calories par seconde.

Dans les conditions indiquées ci-dessus, la température d'un conducteur monte, jusqu'à ce que le calorique perdu, à chaque instant, par rayonnement, soit égal à la chaleur fournie par le courant électrique. Cette température de régime dépend nécessairement des dimensions et de la nature du conducteur. S'il est résistant et mince, il pourra, pour une intensité convenable du courant, s'échauffer jusqu'à l'incandescence et répandre cette lumière vive : la lumière électrique.

Tel est le principe de cette application de l'électricité qui, de nos jours, prend une extension considérable.

184. Lampes à incandescence. — La plus simple des

lampes électriques est la lampe dite *incandescente* ou la lampe d'Edison (*) (fig. 99).

Elle consiste en un filament carbonisé, conducteur, renfermé dans une ampoule de verre dans laquelle on fait le vide ou qu'on remplit de gaz impropres à la combustion,

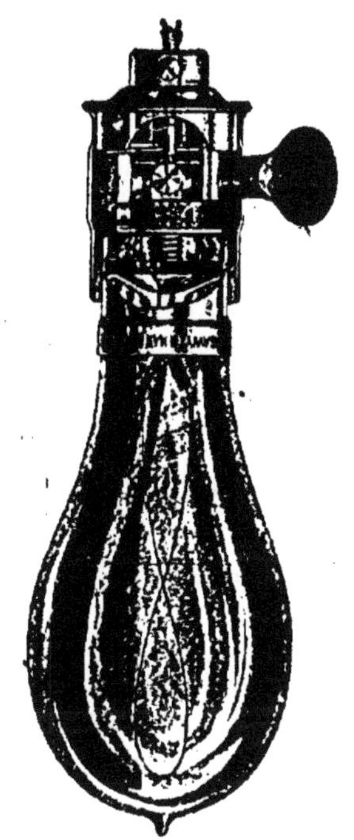

Fig. 99.

tels que l'azote ou l'acide carbonique. De cette façon, le filament de carbone ne saurait brûler : il s'échauffe jusqu'au blanc et ne se désagrège que si l'intensité du courant devient trop grande.

L'intensité du courant requise pour obténir l'incandescence dépend nécessairement de la section du filament, et,

(*) L'idée première de la lampe incandescente n'est pas d'Edison, mais cet inventeur a le mérite incontestable d'avoir, le premier, réalisé une lampe industrielle, d'application possible, et de l'avoir introduite dans la pratique.

pour produire ce courant à travers une section donnée, la différence de potentiel exigée, entre les bornes de la lampe, est proportionnelle à la longueur du conducteur incandescent ; il est vrai que la quantité de lumière émise varie, elle aussi, en raison directe de cette longueur.

185. Unités d'intensité lumineuse. — L'unité de lumière blanche adoptée par le Congrès des électriciens, à Paris, en 1881, est la lumière émise par un centimètre carré de platine, à la température de solidification, et mesurée dans une direction perpendiculaire à la surface incandescente. Cet étalon sert uniquement à déterminer la valeur relative des étalons usuels, assez nombreux.

L'unité pratique le plus souvent employée est la quantité de lumière émise par une lampe Carcel consumant, par heure, 42 grammes d'huile de colza épurée, l'intensité étant mesurée dans un plan horizontal passant par le centre de la flamme.

Un bec de gaz consommant 140 litres de gaz à l'heure équivaut à un carcel.

Le *carcel* vaut encore 7.4 bougies anglaises *(candles)* et 7.6 bougies allemandes *(vereinkerzen)*.

Afin d'arrondir les chiffres, disons qu'un carcel vaut 8 bougies. Trop de rigueur dans ces évaluations pratiques n'est pas de mise, l'incertitude dans les mesures, par suite des variations des étalons, étant trop grande.

186. — On construit des lampes électriques, incandescentes, ayant des intensités lumineuses depuis 1 jusque 500 bougies et même au delà.

La lampe usuelle est de 16 bougies ou 2 carcels, acquérant l'incandescence normale lorsque la différence de potentiel, entre ses deux bornes, atteint : soit 50 volts, ce qui constitue une première catégorie de lampes ; soit 100 volts, deuxième catégorie. Ces données dépendent évidemment, comme nous l'avons déjà dit, de la section et de la longueur du filament carbonisé.

Les lampes de 16 bougies, à 100 volts, consomment, en moyenne, un courant de 0.6 ampère, soit, par seconde, une énergie de 60 watts.

Les lampes de 16 bougies, à 50 volts, exigent nécessairement un courant d'intensité double, soit 1.2 ampère. L'énergie consommée est sensiblement la même, c'est-à-dire :
$1.2 \times 50 = 60$ watts.

1 cheval électrique effectif, ou 736 watts, suffit donc à l'éclairage de 12 lampes de 16 bougies, en admettant que la résistance des conducteurs qui mettent les lampes en communication avec la dynamo génératrice du courant soit à peu près négligeable.

Et comme 1 cheval électrique effectif peut s'obtenir, théoriquement, par une dépense, en combustible, de 2 centimes par heure, le prix théorique de l'éclairage électrique, par lampe à incandescence de 16 bougies, abstraction faite du capital engagé, de l'entretien etc., peut s'évaluer à 0.08 centime par carcel et par heure, pour le combustible.

Nous tenons à ajouter que cette donnée est purement théorique, précisément à cause des restrictions qu'elle comporte.

La durée des lampes incandescentes, en service normal, peut être évaluée, en moyenne, à 1000 heures d'éclairage ; au bout de ce temps, le filament de charbon se désagrège et l'ampoule de verre s'est noircie par un dépôt lent de carbone amorphe.

De la relation

$$e = ir,$$

on déduit que la résistance d'une lampe de 16 bougies et 100 volts, exigeant un courant de 0.6 ampères est, à chaud,

$$r = \frac{100}{0.6} = 167 \; ohms.$$

Pour la lampe de 16 bougies à 5o volts, exigeant 1.2 ampère, on conclut de même,

$$r = \frac{5o}{1.2} = 42 \; ohms.$$

187. Lampes à arc. — Lorsqu'après avoir rapproché, jusqu'au contact, deux baguettes de charbon de cornue, on les met respectivement en communication avec les pôles d'une source électromotrice d'environ 5o volts, on voit leurs bouts rougir sous le travail du courant ; si on les écarte ensuite d'environ 3 millimètres, une vive lumière jaillit, et le courant n'est pas interrompu : c'est là le phénomène appelé *arc voltaïque*. Le courant se propage donc, entre les pointes des deux conducteurs solides, à travers l'air atmosphérique. Celui-ci est porté, en cet endroit, à une température excessivement élevée, la plus élevée que nous puissions produire, et capable de volatiliser les corps les plus réfractaires. Nous croyons qu'à cette haute température les gaz deviennent conducteurs, et que l'*arc voltaïque* est constitué, non seulement par les particules charbonneuses arrachées par le courant au charbon positif, et qui brûlent dans l'arc, mais encore, et surtout, par les gaz chauds eux-mêmes.

Quoi qu'il en soit, la lumière, émise par une lampe à arc, est très intense, et parait maxima pour une distance, entre les électrodes, d'environ 3 millimètres.

Pour maintenir cette distance entre les extrémités des charbons, malgré l'usure lente que ceux-ci subissent tous les deux, on a imaginé un grand nombre de systèmes qu'il est superflu de décrire ici. Nous nous contenterons de dire que le problème a été pratiquement résolu et que la stabilité des lampes à arc, la fixité de leur lumière, est actuellement très suffisante.

L'intensité lumineuse de l'arc voltaïque, comme celle du

17

courant qui lui donne naissance, varie avec la section des charbons électrodes et la distance qui les sépare.

Mais quelle que soit la section, la différence de potentiel entre les bornes de la lampe, en fonctionnement normal, est d'environ 46 volts. Avec des baguettes de 10 millimètres de diamètre, le courant est égal à 8 ampères, et l'intensité lumineuse moyenne égale à 60 carcels. Ce résultat est donc obtenu moyennant une dépense de $46 \times 8 = 368$ watts $= \frac{1}{2}$ cheval, à peu de chose près.

Les lampes à arc se construisent couramment pour des intensités de courant de 4, 6, 8, 10, 16 et 20 ampères.

On peut évaluer approximativement, comme suit, les intensités lumineuses correspondantes, ainsi que la puissance électrique par carcel :

Différence de potentiel entre les charbons, en volts.	Diamètre des charbons, en millimètres.	Intensité du courant, en ampères.	Intensité lumineuse, en carcels.	Nombre de carcels par cheval électrique effectif.
46	8	4	20	80
46	10	6	30	88
46	12	8	60	120
46	14	16	160	160
46	14	20	200	160

On voit que le rendement lumineux augmente avec l'intensité du courant.

Prenons la lampe de 8 ampères comme type moyen. Elle produit 120 carcels par cheval électrique effectif dont le coût (en combustible) a été évalué à 2 centimes par heure (§ 158).

Le carcel électrique, par les lampes à arc, ne coûte donc de ce chef, et par heure, que 0.016 centime. L'usure des charbons est d'environ 3 millimètres par heure pour l'ensemble des deux électrodes. En évaluant le prix de cette usure à 3 centimes par heure, et en le répartissant sur les 60 carcels que produit le type moyen adopté, nous obtenons finalement o.o56 centime par carcel pour le coût théorique d'une heure d'éclairage au moyen des lampes à arc de type moyen, y compris l'usure des charbons.

188. Économie relative des divers modes d'éclairage. — Un bec de gaz, équivalent à 1 carcel, consomme 140 litres de gaz par heure. Le prix de vente du gaz varie énormément suivant les localités, depuis 10 jusqu'à 35 centimes le mètre cube.

Nous croyons savoir que dans les localités où le charbon peut s'obtenir à 12 francs la tonne (prix que nous avons adopté pour l'évaluation du coût de la production de l'énergie électrique), le prix réel, y compris l'amortissement du capital engagé dans les installations, ne s'élève qu'à 8 centimes le mètre cube, — et que, sans compter l'amortissement, ce prix ne dépasse pas 4 centimes le mètre cube.

En adoptant ce dernier chiffre, nous serons, par l'évaluation du coût *théorique* du carcel par le gaz, dans les mêmes conditions que pour l'estimation du prix théorique de l'éclairage par l'électricité. Et nous obtenons ainsi :

Centime.

Prix théorique du carcel-heure par le gaz. . . 0.56o

Prix théorique du carcel-heure par lampe incandescente de 2 carcels 0.08o

Prix théorique du carcel-heure par lampe à arc de 60 carcels. 0.o56

Nous examinerons, au chapitre de la *Distribution de l'énergie électrique,* dans quelle mesure l'amortissement du capital engagé, ainsi que les frais de personnel, affectent les résultats théoriques obtenus jusqu'à présent.

QUATRIÈME PARTIE

DISTRIBUTION

DE

L'ÉNERGIE.

CHAPITRE DIX-HUITIÈME.

CONSIDÉRATIONS GÉNÉRALES.

189. — Cette dernière partie de notre travail sera consacrée plus spécialement à l'étude de la question suivante :

« *Quels sont les avantages économiques qui pourront* » *résulter de l'emploi de l'électricité?* »

Comme moyen d'éclairage, l'électricité possède, théoriquement, une supériorité incontestable; cela résulte clairement des résultats obtenus au chapitre précédent.

Ainsi, pour l'éclairage des rues, des places publiques, des vastes locaux tels que les gares de chemin de fer, les entrepôts, etc., la lumière de l'arc convient admirablement, et son prix théorique ne s'élève qu'au dixième du prix théorique de l'éclairage au gaz.

Pour l'intérieur des habitations, les magasins, les théâtres et autres salles de réunion, la lumière des lampes incandescentes, tout en ayant, sous le rapport du prix théorique, une supériorité moindre, possède, au point de vue de l'hygiène, des avantages tels, que son adoption générale ne serait pas sans influence sur le développement physique de la race humaine.

Comme moyen de chauffage, l'électricité a été négligée

jusqu'à présent, quoique dans cette application, elle puisse donner un rendement de 100 °/₀.

Par exemple, qu'une vaste salle de fête soit à chauffer et à éclairer en même temps. On pourrait adopter, pour l'éclairage, des lampes incandescentes en grand nombre : elles chauffent, tout en éclairant, et sans corrompre l'atmosphère. Que si, ayant limité le nombre de ces lampes d'après une intensité d'éclairage que l'on ne veut pas dépasser, la chaleur dégagée en même temps par elles n'était pas suffisante pour le degré de chauffage que l'on veut obtenir, on pourrait disposer des conducteurs à grande surface, analogues aux tubes calorifiques des systèmes de chauffage à l'eau ou à la vapeur; et toute l'énergie électrique envoyée dans la salle se retrouverait à l'état de chaleur, conformément à la loi de Joule, avec un rendement de 100 °/₀, la lumière étant obtenue par surcroît, gratuitement pour ainsi dire.

J'ai voulu, de concert avec M. Léon Gerard, vérifier par l'expérience ce résultat indiqué par la théorie. Notre étude n'est pas terminée; nous continuons nos expériences au point de vue scientifique, pour arriver à des résultats absolument rigoureux; mais nous pouvons communiquer dès à présent des nombres d'une approximation suffisante pour les applications industrielles.

Nous avons, dans un même calorimètre transparent, enfermé successivement une lampe incandescente et une hélice métallique ne dégageant, sous l'action du courant, que de la chaleur obscure.

Dans le dernier cas nous avons trouvé, pour l'équivalent mécanique de la chaleur déterminé par l'intermédiaire de l'électricité des nombres variant de 424 à 431 qui correspondent à un rendement calorifique sensiblement égal à l'unité.

Dans le cas de la lampe incandescente la chaleur absorbée

par le calorimètre ne s'élève plus qu'à 80 °/₀. Mais la chaleur rayonnée à travers le calorimètre peut être évaluée approximativement à 11 °/₀, d'après les expériences de Melloni; ce qui donne, pour le rendement calorifique du travail de l'électricité, 89 °/₀.

Enfin, le moteur électrique, tout en ne possédant pas un rendement très favorable (§ 182), est néanmoins d'un usage si commode, n'exigeant ni surveillance ni grands frais d'installation, et toujours prêt à entrer immédiatement en action, qu'il convient admirablement pour les besoins de force motrice que l'on rencontre dans les grandes agglomérations.

La ventilation des lieux de réunion, des hôtels, des habitations particulières, s'obtient encore, avec élégance et simplicité, à l'aide de petits ventilateurs mus par le courant électrique. C'est ainsi que, dès à présent, dans les grandes villes de l'Amérique du Nord, les principaux restaurants sont tous ventilés de cette façon.

En résumé, de tous les besoins que l'hygiène, la civilisation et les progrès de l'industrie ont créés dans les grandes agglomérations modernes, il n'y a guère que le besoin d'eau que l'électricité ne puisse satisfaire.

L'électricité est un merveilleux agent de transformation; l'énergie électrique, d'une distribution si facile, par des fils métalliques se laissant conduire partout avec discrétion et souplesse, devient à volonté force motrice, lumière, chaleur, ventilation, etc.

Pourquoi, dès lors, ne pas créer dans chaque grande ville, et même dans chaque bourgade, une usine centrale d'électricité et une canalisation électrique, dont les ramifications pénètrent dans chaque hôtel, dans chaque maison, dans chaque atelier ?

C'est là une question économique, à laquelle on ne peut répondre qu'après avoir fait l'étude comparative des différents systèmes possibles.

Car, remarquons-le bien, l'électricité n'est pas le seul mode d'énergie qui se prête à une distribution sur une vaste échelle.

L'eau sous pression, par exemple, se distribue économiquement et avec facilité, et l'eau est un des besoins essentiels de nos villes. De plus, l'eau sous pression peut actionner des moteurs simples, à mouvement de rotation rapide, n'exigeant ni surveillance, ni grands frais d'installation et toujours prêts, aussi bien que les moteurs électriques, à entrer en jeu à la première réquisition.

L'eau sous pression, c'est donc : de l'eau d'abord, de la force motrice ensuite, et c'est aussi de l'électricité.

Car ces moteurs hydrauliques, ces turbines, conviendraient admirablement pour la mise en marche de dynamos génératrices, créant sur place, à l'endroit même de la consommation, l'énergie électrique requise pour l'éclairage, le chauffage et la ventilation des locaux.

Voilà donc une deuxième solution.

Il est vrai que les turbines à haute pression, construites jusqu'à ce jour, présentent des inconvénients pratiques réels.

Mais si, sous tous autres rapports, une distribution d'eau comprimée présentait des avantages économiques sérieux, ce serait aux chercheurs à trouver une turbine pratique.

Nous voulons faire ici une étude comparative, non seulement de ce qui est, mais de ce qui pourrait exister. Nous voulons rechercher la voie des progrès futurs.

Air comprimé. — Jugeant l'atmosphère des centres de population dense absolument trop corrompue, on a parlé de distribuer l'air exclusivement pour la respiration.

Qui oserait dire que ce soit là une pure utopie ?

Mais l'air comprimé pourrait servir de force motrice, pourrait actionner des dynamos ; ce serait de la ventilation par surcroît et, de plus, en été, le froid dû à la détente pourrait rendre de grands services au point de vue des commodités de l'existence, la conservation des denrées alimentaires, etc.

Gaz d'éclairage. — Le gaz d'éclairage procure de la lumière d'abord. C'est malsain à l'intérieur des habitations, nous le voulons bien, mais c'est de la lumière, et c'est de la chaleur.

C'est aussi de la force motrice; donc de l'électricité par transformation.

Un mètre cube de gaz (prix de vente 10 ou 15 centimes) contient 6 000 calories. Une consommation horaire de pareille quantité correspond à une puissance théorique de 10 chevaux en chiffres ronds.

Il est vrai que les meilleurs moteurs à gaz, construits jusqu'à ce jour, ne rendent que le dixième de cette puissance théorique, que leur usage suppose la surveillance d'un employé, et nécessite, en général, pour le refroidissement de la machine, une consommation d'eau assez importante.

Mais ici, comme pour les turbines hydrauliques, nous dirons : si, sous tous autres rapports, la distribution de gaz offre des avantages économiques considérables, c'est aux chercheurs à perfectionner le moteur à gaz. Que tous les efforts, toutes les intelligences s'appliquent dans cette direction, et la solution ne se fera pas attendre.

Posons donc la question générale suivante :

Quel est le mode d'énergie, économiquement le plus favorable, pour une distribution sur une vaste échelle ?

* * *

Pour traiter le problème de la distribution de l'énergie dans toute sa généralité, il faudrait, après avoir énuméré tous les systèmes possibles, rechercher pour chacun d'eux les conditions les plus avantageuses.

Ainsi, pour l'eau, il faudrait examiner quelle est la pression donnant les meilleurs résultats.

Pour le gaz : il ne faudrait pas se borner à étudier le gaz d'éclairage usuel, mais comparer le coût de l'unité d'énergie produite et distribuée, par celui-ci, avec le coût de cette même unité dans le cas de l'emploi de l'hydrogène peu ou point carburé, ou du gaz de houille non épuré, ou de l'emploi de deux gaz susceptibles de se combiner.

Il faudrait, en outre, examiner les combinaisons de ces divers systèmes entre eux.

On arriverait ainsi à comparer un nombre à peu près illimité de solutions; et on conçoit combien serait laborieuse, difficile et sujette à erreur une étude portée sur un terrain aussi vaste.

Quelque laborieux qu'il soit, supposons que l'on ait fait ce premier examen comparatif, au point de vue exclusif de la *production* et de la *distribution* de l'énergie. Il faudrait le recommencer en tenant compte, cette fois, de la manière dont l'énergie produite et distribuée peut et doit être *utilisée*. Et quand on considère les choses sous ce nouvel aspect, la complication devient extrême.

Demander : « A quel prix peut-on fournir une quantité donnée d'énergie? » c'est faire de l'abstraction pure; la réalité c'est qu'il s'agit de satisfaire à des besoins variés, et que le prix d'une unité d'énergie *utilisée* dépend beaucoup de la nature des besoins, et de la manière dont il est possible d'y affecter la puissance distribuée.

On conçoit tout d'abord que si, par exemple, il n'y a de consommateurs d'énergie que pour l'éclairage, il peut être avantageux de distribuer du gaz, puisque celui-ci peut être affecté directement à cet usage.

S'il n'y a de consommation que pour des efforts mécaniques : l'air, l'eau sous pression semblent plutôt pouvoir répondre directement au but. Pourtant, il s'agirait encore de savoir de quelle nature est le travail requis, s'il comporte, par exemple, un mouvement de rotation continu ou un mouvement rectiligne alternatif, s'il est constant ou intermittent, etc.

Ainsi, par exemple, on sait qu'il est relativement facile d'utiliser le gaz, par explosion, pour un mouvement rectiligne ; avec un peu plus de difficulté et de perte, pour un mouvement de rotation. On sait que l'eau sous pression est dans le même cas, et qu'elle peut très avantageusement produire des mouvements comme ceux des ascenseurs.

On sait, d'autre part, que l'eau sous pression se prête mal à un travail variable, vu sa faible détente qui fait qu'un ascenseur consomme autant d'eau, quand il monte à vide, que lorsqu'il est chargé au maximum.

Dès lors, il parait de spéculation pure de rechercher, en termes vagues, le mode de distribution d'énergie le plus économique, si l'on ne sait d'avance à quoi servira cette distribution et si l'on ne connaît exactement la *proportion* des divers besoins à satisfaire : consommation directe, travail continu, travail intermittent, travail par rotation, travail par mouvements rectilignes, etc.

Il est inutile d'insister sur cette vérité qui saute aux yeux, à savoir que la nature des besoins et le moyen de les satisfaire ont, en pratique, une bien plus grande importance que le coût d'une unité d'énergie rendue à domicile.

Un exemple le fera comprendre aisément : supposons qu'un consommateur ait besoin de douze foyers lumineux représentant une consommation de force de six unités d'énergie. Si une unité disponible, fournie sous forme de gaz d'éclairage, coûte 2 centimes, la dépense par heure sera de 12 centimes dans le cas où l'on se borne à consommer le gaz en l'allumant.

Mais si l'énergie est fournie sous une autre forme coûtant moitié moins, il n'y a pas économie pour le consommateur dès qu'il est astreint à en perdre la moitié par suite des transformations qu'elle doit subir pour arriver à se manifester sous forme de lumière.

Ce qui est bien plus important encore, c'est que, si cette transformation exigeait, par exemple, des organes mobiles plus ou moins coûteux à établir, elle pourrait en exiger de tellement compliqués que l'intervention d'un nouveau facteur, un agent intelligent et adroit, pourrait devenir nécessaire. Ce seul fait dominerait alors tous les autres éléments, en introduisant, dans le prix de revient, le salaire de cet agent.

Supposons, en effet, que notre consommateur utilise sa lumière pendant 1,800 heures par an. La consommation brute du gaz lui coûterait 72 francs par an.

Si on lui fournit l'énergie sous une autre forme (l'eau par exemple) ne coûtant que $\frac{1}{2}$ centime par cheval, et si les transformations lui en font perdre la moitié, il ne devra néanmoins payer que 36 francs l'an ; mais si les appareils, par leur complication, exigent un agent spécial, dont le salaire est de 1 200 francs, par exemple, il devra dépenser 1 236 francs, soit 20 fois plus que précédemment, malgré la réduction, dans le rapport de 4 : 1, du prix de l'unité de travail qui lui est fournie.

Il est clair que l'inverse se présenterait pour celui qui aurait besoin, par exemple, d'un ascenseur, et qui pourrait choisir entre l'eau sous pression et le gaz. Celui-là peut utiliser cette eau directement, et mettre la force en jeu par le simple mouvement d'un robinet, tandis que, pour lui, c'est le gaz qui exigera des appareils, voire même un personnel spécial.

Il est donc apparent qu'il faudrait pouvoir tenir compte — étant donnée la nature des besoins à satisfaire — du nombre d'agents spéciaux qu'il faudrait, en tout, dans le centre à desservir; voire même des aptitudes plus ou moins grandes que ces agents doivent posséder, et, par suite, des salaires plus ou moins élevés qu'ils pourraient exiger.

Pour être tout à fait complet il faudrait encore tenir compte des éventualités d'interruptions possibles dans le service, et des conséquences plus ou moins graves auxquelles ces interruptions pourraient entraîner.

Faut-il conclure des difficultés signalées plus haut que la question posée dans toute sa généralité rentre dans le domaine de la spéculation pure et que, vu sa complication, il faut même renoncer à l'aborder? Évidemment, non. Il est très utile d'entamer le problème par quelques-uns de ses côtés; et intéressant de pouvoir juger, par aperçu, où conduisent, *en ce moment*, les solutions partiellement adoptées, et qui ont reçu les améliorations indiquées par l'expérience.

*
* *

Nous allons donc restreindre le champ de notre étude; et nous borner à comparer la production et la distribution de l'énergie sous les formes suivantes :

Électricité,

Gaz combustible,

Eau sous pression,

Air comprimé.

Ce sont des modes connus et actuellement usités.

Même ainsi restreint, le problème est encore trop vaste, car pour le résoudre complètement il faudrait tout au moins dresser des tableaux comparatifs du coût de la production et de la distribution (jusqu'à la porte du consommateur); suivant qu'on porte l'eau ou l'air à telle ou telle pression.

Il est certain qu'il y en a une — indépendamment, bien entendu, de ce qui a été dit plus haut au point de vue de la *consommation,* — qui répond à la *fourniture* la moins coûteuse.

Le coût des machines, leur effet utile, le coût des canalisations, etc., dépendent de la pression admise. Au point de vue du travail fourni au consommateur, il est indifférent, pour celui qui distribue, d'amener chez son client 1 mètre cube d'eau à 50 atmosphères de pression, ou 2 mètres cubes à 25 atmosphères. Mais il est certain qu'il y aura différence de prix entre les deux fournitures ainsi faites.

De même, pour le gaz, il est évident que pour un même nombre de calories livrées au client, le coût variera suivant qu'on les lui fournisse au moyen du gaz d'éclairage vulgairement utilisé, ou au moyen d'un gaz moins riche en carbone, plus économiquement produit; et, à ce compte, il faudrait étudier tout au moins les modifications qui auraient pour but d'augmenter la puissance mécanique contenue dans un volume donné de gaz, tout en réduisant le coût.

Il existe un mode de fabrication qui réalise, là encore, la plus grande somme d'utilité théorique avec la moindre dépense.

Dans ces conditions, l'étude à faire serait encore trop compliquée.

Il nous suffira de comparer les types usuels perfectionnés, admettant ainsi, à priori, que, par une espèce de sélection, les pressions généralement usitées, les fabrications courantes, se rapprochent du type théoriquement le plus parfait.

Cette hypothèse paraît avoir un certain degré de probabilité, tout au moins en tenant compte implicitement (ce que nous ne devrions en stricte rigueur pas faire) des modes les plus usuels d'utilisation de l'énergie distribuée.

Ainsi réduite, la solution recherchée gagnera en précision ce qu'elle perd au point de vue de la généralité.

Nous examinerons donc les types de distribution suivants :

1° L'électricité distribuée à 100 volts, environ ;

2° L'eau comprimée à 50 atmosphères, environ ;

3° L'air comprimé à environ 4 atmosphères de tension ;

4° Le gaz d'éclairage usuel.

Nous commencerons par bien fixer ce que nous comptons fournir au consommateur.

Pour ne pas avoir à opérer sur des chiffres trop petits, nous prendrons, pour unité, le travail d'un cheval, soit 75 kilogrammètres par seconde — fourni pendant une heure, soit en d'autres termes

$$75 \times 60 \times 60 \text{ kilogrammètres.}$$

Nous considérons les quantités d'électricité, de gaz, d'eau ou d'air comprimé *théoriquement* nécessaires pour produire ce travail.

Ces quantités sont :

$$0.580^{m3} \text{ d'eau à la pression de 45 atmosphères.}$$

Ou bien

$$4.464^{m3} \text{ d'air comprimé à la tension de } 4.125 \text{ atmosphères}$$

(manomètre marquant 3.125 atmosphères de pression).

Ou bien

$$0.107140^{m3} \text{ de gaz d'éclairage usuel.}$$

Enfin, pour l'électricité,

$$736 \text{ watts par seconde}$$

ce qui, à 100 volts, correspond à une intensité de 7.36 ampères.

Nous rechercherons le coût, par heure, de ces diverses fournitures, dans l'hypothèse d'une consommation moyenne de 1200 chevaux pendant 6 heures par jour, soit pendant 2 200 heures par an.

Nous examinerons, pour la production de chacun des modes d'énergie, deux cas distincts.

1° Établissement de l'usine au cœur même de la ville, vers le centre de consommation maxima. Le prix de l'emplacement des locaux de production y sera nécessairement élevé, mais la canalisation aura un développement minimum;

2° Établissement de l'usine à 1.500 mètres de distance du point central, sur des terrains industriels relativement peu coûteux.

Dans les deux cas, la distribution ne s'étendra pas au delà d'une circonférence tracée, du point central, avec un rayon de 500 mètres.

L'intérêt et l'amortissement des capitaux engagés sera fixé à 10 °/₀ l'an.

CHAPITRE DIX-NEUVIÈME.

190. Section à donner aux conducteurs. — *Quelle doit être la section d'un conducteur destiné à conduire une quantité donnée d'électrité en l'unité de temps ?* Telle est la première question qui se pose dans tous les cas de distribution d'énergie électrique.

Il faut tout d'abord que le conducteur ne s'échauffe pas au delà d'une température qui pourrait compromettre la bonne conservation des matières isolantes dont il est généralement entouré.

L'expérience seule peut renseigner à cet égard. On admet généralement que, dans un conducteur, la densité du courant ne doit pas dépasser

$$160 \text{ ampères par centimètre carré.}$$

C'est une donnée empirique, évidemment, et qui n'a rien d'absolu ; l'échauffement d'un conducteur, par le passage du courant, dépendant évidemment de sa forme et des conditions spéciales dans lesquelles il se trouve.

Ainsi il est clair que, pour une même densité de courant, les gros conducteurs s'échauffent plus que les fils minces, le rayonnement, dans ceux-ci étant plus puissant.

191. Loi de Thomson. — A côté de la condition primordiale de conservation, il s'en présente une seconde, celle-ci d'ordre purement économique.

L'échauffement des conducteurs d'une canalisation électrique est une perte, une dissipation d'énergie qu'on doit chercher à rendre minime en employant des métaux de haute conductibilité, tels que le cuivre, et il est évident que la perte, dans un conducteur, est en raison inverse de la section de celui-ci. Mais, à mesure qu'on augmente cette section, les frais d'amortissement du capital engagé dans une canalisation s'élèvent dans la même proportion.

Économiquement, on se trouvera dans les conditions les plus favorables, lorsque l'intérêt et l'amortissement annuel du capital engagé dans les conducteurs sont équivalents au prix de revient de l'énergie qu'ils absorbent annuellement.

Cette règle, dont l'exactitude est évidente, a été énoncée par M. W. Thomson. Elle est générale, et s'applique à tous les cas de transport d'énergie.

Elle peut, en ce qui concerne l'électricité, se formuler comme suit :

Soit :

x la section du conducteur en millimètres carrés;

l sa longueur en mètres;

i l'intensité du courant en ampères;

ρ la résistance, en ohms, d'un fil de 1 mètre de longueur et de 1 millimètre carré de section, du métal adopté pour le conducteur;

P le prix, en centimes, de ce mètre de fil;

p le prix, en centimes, de la production du watt, par heure;

N le nombre d'heures de fonctionnement annuel;

a le taux de l'amortissement et de l'intérêt.

On aura :

$$x = i \sqrt{\frac{p}{a\mathrm{P}}\, \rho \mathrm{N}.} \qquad \dots \qquad (1)$$

Pour le cuivre, dont nous évaluons le prix à 2.50 fr. le kilogramme, on a

$$\rho = 0.017$$
$$\mathrm{P} = 2.25$$
$$p = 0.02$$
$$\mathrm{N} = 2190$$
$$a = 10$$

d'où

$$x = i \sqrt{p\,\dfrac{0.017 \times 2100}{10 \times 2.52}} \quad \ldots \ldots \ldots \quad (2)$$

Nous verrons plus loin que, pour une production d'électricité sur une vaste échelle, et le charbon étant évalué à 12 francs la tonne, le prix du watt peut être estimé à 0.02 centime par heure.

Mettant cette valeur dans l'équation (2), on trouve

$$x = 0.19\,i \text{ millimètres carrés.}$$

Pour

$$i = 1,$$

on a

$$x = 0.19.$$

C'est-à-dire que la loi économique de Thomson indique, dans le cas que nous avons supposé, une densité de courant de

$$\frac{100}{0.19} = 526 \text{ ampères par centimètre carré.}$$

On voit que la première condition, exposée au paragraphe précédent, prime celle que nous venons d'examiner.

192. Distribution à haute différence de potentiel. — Théoriquement, le coefficient de perte peut devenir aussi minime que l'on veut : il suffit d'augmenter indéfiniment la force électromotrice, je dirai, par analogie, « la pression électrique », dans les conducteurs. Nous avons déjà dit quelques mots sur ce sujet, au chapitre du transport de la force.

Reprenons la question.

Soit r la résistance des conducteurs qui amènent le courant chez les consommateurs, et

$$w = (v_1 - v_0)i$$

l'énergie à fournir par seconde; nous supposerons pour un instant que ces éléments soient donnés et maintenus.

Enfin, supposons que, pour une différence de potentiel $v_1 - v_0$ entre les bornes de la génératrice, l'intensité du courant soit i; la perte dans la grosse canalisation sera

$$w_1 = i^2 r.$$

Si nous augmentons maintenant la différence de potentiel $v_1 - v_0$ dans le rapport de $1 : n$; la différence de potentiel, entre les bornes du consommateur, augmentera dans la même proportion et, comme l'énergie à fournir doit rester constante, l'intensité du courant pourra être réduite dans le même rapport, d'où résulte que la perte dans la canalisation descend à

$$w_2 = \left(\frac{i}{n}\right)^2 r,$$

d'où

$$\frac{w_1}{w_2} = \frac{n^2}{1}.$$

C'est-à-dire que, *pour une fourniture constante, par un conducteur donné, les pertes d'énergie sont en raison inverse des carrés des différences de potentiel aux bornes.*

Par contre, les machines, dites à haute tension, sont relativement coûteuses; leur maniement, moins facile, n'est pas sans inconvénients et, de même que, pour les machines à vapeur, la pratique a démontré qu'il ne convient pas de dépasser une pression d'une dizaine d'atmosphères, — quoique théoriquement, il y aurait tout avantage à aller bien au delà —, de même, pour l'électricité, l'expérience semble désigner 2000 volts comme limite maxima de différence de potentiel, et il n'est certes pas prudent d'aller au delà de 4000 volts.

Seulement, comme les besoins de l'éclairage exigent qu'en tous cas la fourniture se fasse à 100 volts, il faut, si l'on transporte à potentiel élevé, recourir à des transformateurs, soit des accumulateurs, soit des transformateurs à induction.

De là, nouvelles pertes, et nouvelles dépenses pour machines, locaux et personnel.

Il est difficile d'obtenir des renseignements précis sur le coût industriel de ces transformations.

En thèse générale, on peut dire que celles-ci absorbent une fraction notable de l'économie résultant du transport à haute tension.

Des devis que nous avons établis un jour, contradictoirement avec d'autres ingénieurs, pour une distribution d'énergie électrique dans des conditions assez semblables à celles que nous avons supposées dans la présente étude, ont donné, pour les rapports des prix de revient du cheval électrique fourni par les différents systèmes, les résultats suivants :

Distribution directe à 115 volts. 1.00
Transport à 1800 volts ramené à 115 volts par accumulateurs 0.91
Transport à 1800 volts ramené à 115 volts par transformateurs. 0.78

Nous allons étudier, dans les paragraphes suivants, les conditions économiques d'une distribution à 100 volts (chez le consommateur). Les rapports ci-dessus permettront de se rendre compte, du moins approximativement, des résultats que l'on obtiendrait dans l'hypothèse d'une distribution à potentiels élevés.

193. Prix de revient de l'énergie électrique. — Calculons d'abord ce qu'il en coûte de produire et de distribuer, au centre d'une grande ville, l'énergie électrique sur une vaste échelle. Il s'agit de distribuer 1 200 chevaux électriques effectifs, dans un rayon de 500 mètres.

L'énergie électrique devant être distribuée à 100 volts, chez le consommateur, nous la produirons à 115 volts « aux bornes » des génératrices, prévoyant ainsi une perte de charge de 15 volts dans la canalisation.

Or, 1 200 chevaux effectifs $= 736 \times 1\,200 = 883\,200$ watts.

L'intensité du courant sera donc

$$8\,832 \text{ ampères}$$

qu'il faut produire à

$$115 \text{ volts « aux bornes »}$$

ce qui donne, pour la puissance électrique effective requise,

$$1\,380 \text{ chevaux électriques}$$

et, pour la puissance *indiquée* des moteurs,

$$2\,123 \text{ chevaux.}$$

DEVIS ESTIMATIF.

I. — *Frais de premier établissement.*

Terrain, 6 000 mètres carrés à
200 francs . . . . 1 200 000 francs.
Bâtiments, 4 000 mètres carrés
à 30 francs. . . . . 120 000 —
Puits artésien. . . . . . . 25 000 —
TOTAL, bâtiments et terrains. . . 1 345 000 francs.
Chaudières et machines motrices, dont une de
réserve . . . . 750 000 —
Dynamos . . . . 250 000 —
Instruments de mesure, Rhéostats, etc. . . . 25 000 —
Pour le service de jour :
100 chevaux moteurs . . . 10 000 francs.
Dynamos . . . . 10 000 —
Accumulateurs . . . . . . 25 000 —
———————— 45 000 —
TOTAL . . . . . 2 415 000 francs.

II. — *Frais d'exploitation.*

Journellement :

Charbons pour 13 000 chevaux-heures = 13 tonnes à 12 francs .	156 francs.
Allumage	20 —
Huiles et graisses (¹/₂ centime par cheval-heure)	65 —
Balais pour les dynamos . .	35 —
Éclairage des ateliers . . .	60 —

Personnel ouvrier :

20 chauffeurs et mécaniciens à 5 francs	100 —
4 hommes de jour à 4 francs .	16 —
16 conducteurs à 7 francs . .	112 —
JOURNELLEMENT . .	564 francs.
PAR AN	205 860 francs.

Intérêt et amortissement sur 2 415 000 francs à 10 p. °/₀	241 500 —
Assurances sur 1 215 000 francs à 1.25 p. °/₀ .	1 520 —
Contributions	3 500 —
Frais de bureau	6 000 —
4 ingénieurs	16 000 —
6 commis et comptables	12 000 —
2 magasiniers	3 200 —
Entretien des machines à 2 p. °/₀ sur 1 000 000 de francs	20 000 —
TOTAL ANNUEL . .	509 580 francs.

Soit, en chiffres ronds : 510 000 francs pour la fourniture de 883 200 watts ou 1 200 chevaux effectifs, rendus chez le consommateur, pendant 2200 heures.

Cela porte le prix du watt effectif *fourni* à

0,026 centime par heure,

et celui du cheval électrique *fourni* à

19 centimes par heure.

La dépense annuelle de 510 000 francs devrait être augmentée de l'amortissement du coût de la canalisation ; mais il est impossible d'évaluer celle-ci lorsque la localité n'est pas spécifiée.

Quant au prix du watt effectif *produit* à l'usine, puisque nous avons admis dans la canalisation une perte de 15 volts, il sera au prix du watt *fourni* dans le rapport de 100 : 115. Son prix est donc

0.023 centime par heure.

194. Deuxième hypothèse. — *Établissement de l'usine à 1 500 mètres du point central.*

Nous supposons que le terrain puisse s'y obtenir à 8 francs le mètre carré (au lieu de 200 francs comme dans l'hypothèse précédente.)

Il en résulterait, dans la dépense annuelle, une diminution de 115 200 francs, et le prix du watt *produit* descendrait ainsi à

0.020 centime par heure.

Mais il faudra amener l'énergie électrique au point central par deux gros conducteurs, puis rayonner du point central comme dans le premier cas.

La question, que nous voulons examiner, est celle de savoir si la réduction dans le prix de revient du watt *produit* ne sera pas détruite par la perte d'énergie dans les conducteurs qui la transportent, de l'usine, au point central, et par l'amortissement du capital engagé dans ceux-ci.

Quelle section adopter pour ces conducteurs ?

Les exigences de la sécurité publique ne comportant pas l'établissement de fils aériens, il faut prévoir celle d'un câble souterrain. Or, pour éviter que celui-ci ne s'échauffe outre mesure, par le passage du courant, il est prudent de ne pas dépasser 100 ampères par centimètre carré de section.

Il nous faut donc prévoir un câble d'au moins 88.32 centimètres carrés.

Le mètre de pareil câble pèse 80 kilogrammes.

Soit, pour le cuivre des deux conducteurs, 240 000 kilogrammes à fr. 2.50 . . 600 000 francs.

Pour l'isolement et la protection de ces câbles . : . . . . 100 000   —

Tranchées, pavages, etc. . . . . . . 10 000   —

TOTAL. . . . 710 000 francs.

La résistance de ce conducteur sera, pour 100 mètres,

$$\frac{1.7}{88.3}\ ohm,$$

et pour toute la longueur du câble

$$\frac{1.7 \times 30}{8832} = 0.0058\ ohm.$$

La perte de charge sera $8\ 832 \times 0.0058 = 51$ volts.

Il faudra donc produire 8 832 ampères à 166 volts, ou 1 466 112 watts.

Ce qui, à raison de 0.02 centime par watt et par heure, donne pour le prix de revient de la production annuelle 1 466 112 × 2 190 × 0.02 centimes, ou . 642 157 francs.

Il faut y ajouter l'amortissement du câble . . . . 71 000   —

TOTAL   713 157 francs.

C'est le coût des $8\ 832 \times 100 \times 2\ 190$ watts fournis annuellement.

Le prix du watt *fourni* revient ainsi à

0.036 centime par heure,

et celui du cheval électrique *fourni* à

26.5 centimes par heure.

* * *

Ainsi donc, malgré l'énorme différence que nous avons supposée entre le prix des terrains occupés par l'usine, suivant qu'on établisse celle-ci soit au centre de la ville, soit à quelque distance de là, nous n'avons aucun intérêt à nous écarter du point central, bien au contraire. Par un simple transport à 1 500 mètres, le prix du cheval effectif *fourni* monte de 19 à 26.5 centimes, soit une augmentation de 50 $\%$ à bien peu de chose près.

La conclusion c'est que l'électricité ne se prête pas à un transport économique, du moins quand elle est à fournir, comme nous l'avons admis, au potentiel de 100 volts.

Et les rapports fournis au § **188** montrent qu'il n'y aurait pas grand avantage, même au seul point de vue économique, à recourir à des potentiels plus élevés.

Examinons si, pour le transport, les autres modes d'énergie sont plus favorables.

CHAPITRE VINGTIÈME.

195. — Une installation de ce genre comporte d'abord des chaudières et des pompes à vapeur destinées à fouler l'eau dans la canalisation.

Le type de machine le plus employé est à action directe, la vapeur po· ssant un piston dont la tige prolongée constitue la tige de la pompe. La course est donc la même pour le piston moteur et le piston de refoulement. Habituellement, la pression de l'eau est voisine de 5o atmosphères et celle de la vapeur de 5 atmosphères.

Le plus souvent le piston est différentiel, c'est-à-dire que c'est un piston plongeur, terminé par un disque dont la section est double de celle de la tige. Le refoulement se fait ainsi en deux fois : quand le piston s'enfonce dans le corps de pompe, au lieu que le volume entier refoulé par le disque entre dans la canalisation, une moitié de ce volume est admise dans l'espace annulaire qui entoure la tige, d'où résulte qu'une moitié seulement passe dans la canalisation. Dans le mouvement de retour de la tige, le volume qui occupait l'espace annulaire passe dans la canalisation. Le corps de pompe se remplit de l'eau venant de la source, et ce volume de remplissage est ainsi destiné à passer dans la canalisation — moitié quand la tige rentrera dans le corps de pompe — moitié quand elle en sortira.

Le volant de ces machines est rejeté en dehors et sert à assurer la régularité des efforts, qui seraient rendus irréguliers par les divers degrés de détente de la vapeur.

L'alimentation du corps de pompe ne se fait pas par aspiration, car on serait ainsi exposé à fouler de l'air dans les conduites. Une pompe spéciale, adaptée à la machine, au cas où la source est en contre-bas, transporte cette eau à 2 ou 3 mètres en contre-haut de la pompe de pression.

Entre la pompe de refoulement et la canalisation, est interposé un *accumulateur*. Cet accumulateur consiste en un tube vertical dans lequel s'introduit, par le haut, un piston plongeur qui peut le remplir à peu près entièrement. Ce piston est chargé d'un poids.

Le but de l'interposition de l'accumulateur est de régulariser la pression et le débit. Lorsque la pompe foule plus d'eau que la canalisation n'en écoule, l'accumulateur se remplit en refoulant son piston vers le haut. Lorsque la pompe foule moins d'eau que la canalisation n'en prend, une partie de ce déficit est fournie par l'accumulateur par suite de la rentrée du piston plongeur dans le tube.

On dispose du reste les choses de façon que l'accumulateur règle la marche de la machine, en agissant sur la prise de vapeur : quand le piston monte, la marche de la machine se ralentit, quand il descend, cette marche s'accélère.

Lorsqu'on emploie de longues canalisations, il convient d'interposer des accumulateurs en certains points intermédiaires, afin de maintenir en tous les points, malgré certaines inégalités de débit, une pression constante.

On emploie aussi, parfois, des accumulateurs disposés horizontalement, le poids qui charge le piston plongeur étant alors remplacé par une pression de vapeur agissant sur un disque placé sur ce piston.

On utilise le plus souvent des machines à vapeur du type dit « compound ». Elles font généralement soixante tours à la minute.

Il va de soi qu'on peut aussi utiliser des machines à gaz, surtout pour les petites installations et pour celles dont le fonctionnement est intermittent.

La canalisation est en général composée de tuyaux de fonte assemblés à collets, avec interposition d'un tore en caoutchouc. Deux boulons réunissent les collets, et, en serrant les écrous, on écrase le tore en caoutchouc.

Le diamètre intérieur des plus gros tuyaux ne dépasse guère 5 pouces anglais.

Nous pouvons rechercher immédiatement si, pour une installation de ce genre, il serait plus avantageux de se placer au centre de l'agglomération à desservir qu'en un point éloigné de 1500 mètres

Supposons que l'on fournisse l'eau au consommateur à une pression de 45 atmosphères, et que la canalisation intérieure de la ville soit établie de façon à atteindre ce résultat, lorsque l'usine centrale donne une pression de 50 atmosphères.

Quelle serait la perte de charge depuis un point situé à 1500 mètres; en d'autres termes, à quelle pression faudrait-il élever l'eau, à cette usine éloignée, pour avoir 50 atmosphères au point central de la ville?

Si l'eau est fournie au consommateur à 45 atmosphères, 1 mètre cube représentera un travail disponible de 463 500 kilogrammètres, donc la fourniture de 1 mètre cube, par seconde, donnerait 6180 chevaux, et pour un cheval-vapeur fourni, pendant 1 seconde, il faudrait $\frac{1}{6180}$ de mètre cube, soit pour une heure $\frac{3600}{6180}$ de mètre cube ou 580 litres.

Comme il faut fournir, d'après les données admises, 1200 chevaux, il faut débiter par seconde $\frac{1200}{6180}$ de mètre cube soit 194 litres.

Admettons un tuyau de 1500 mètres de longueur et de 0.13 mètre de diamètre. La perte de charge sera

$$i = \frac{4}{\omega} b_1 u^2 L$$

$$i = \frac{4}{0.13} 0.0005 \times 12.8^2 \times 1500 = 380 \text{ mètres,}$$

car

$$u = \frac{194\,lit.}{sect.\ 0.13} = 12.8 \text{ mètres.}$$

Ce serait trop.

Il faudrait mettre deux conduites, ce qui est d'ailleurs plus sûr. En ce cas, la perte de charge devient quatre fois moindre, la vitesse dans chaque conduite étant moitié moindre.

La perte de charge sera donc de 95 mètres, soit environ 10 atmosphères.

L'expérience a fait reconnaître qu'une consommation de charbon, huile et graisse d'une valeur de 8 centimes environ, permet d'élever 1 mètre cube d'eau à la pression de 50 atmosphères.

Pour la monter à 60 atmosphères, nous supposerons que la consommation soit majorée proportionnellement. Cette hypothèse est défavorable, mais nous l'admettrons, tenant ainsi implicitement compte de quelques majorations éventuelles des frais de construction si la machine doit fouler à une pression supérieure. (Chaudières un peu plus solides et cylindres moteurs un peu plus forts en vue de majorer la pression de marche en laissant subsister les autres éléments de la construction.)

Il en résulterait que l'eau foulée à l'usine éloignée coûterait, par mètre cube

$$\frac{60 \times 8}{50} = 9.6 \text{ centimes,}$$

soit 1.6 centime de plus.

La fourniture annuelle étant de 688 000 mètres cubes et les autres éléments de l'exploitation restant les mêmes, il s'ensuit que l'éloignement de l'usine causerait une dépense supplémentaire :

1° En capital, pour le placement de deux tuyaux de 13 centimètres de diamètre et de 1 500 mètres de longueur, à 25 francs le mètre :

$$75\ 000 \text{ francs;}$$

2° Une annuité de

$$638\ 000 \times 0.016 = 10\ 260 \text{ francs.}$$

L'usine centrale coûterait en plus que l'autre, comme

terrain, 768 000 francs; soit, annuellement, un excédent de 76 800 francs pour les frais d'amortissement.

Il n'y a donc pas à hésiter, et la seule chose qu'on pourrait se demander, c'est s'il ne serait pas utile de poser un troisième tuyau de 13 centimètres, ou deux tuyaux de 15 centimètres au lieu de deux de 13 centimètres, en vue de réduire encore la perte de charge.

Ainsi un troisième tuyau réduirait la perte de charge à $\frac{1}{9}$ de 380 mètres, soit à 42 mètres environ, et coûterait 37 500 francs.

Par suite, d'après les hypothèses admises, le surcroît de dépenses se réduirait à 5 000 francs. Le tuyau en question produirait donc 12 % d'intérêt, sans compter qu'il fournirait une sécurité plus grande.

Il est donc bien certain que l'usine éloignée du centre est préférable, pour des raisons d'économie d'acquisition et, en outre, pour l'économie de l'exploitation, la facilité de se fournir d'eau et de combustible, etc., et l'absence d'inconvénients qui seraient causés aux voisins dans une agglomération compacte.

Examinons donc dans cette hypothèse le coût de l'eau fournie au centre de l'agglomération, dans des conditions analogues à celles admises pour l'électricité.

DEVIS ESTIMATIF.

Coût de l'installation.

Terrain, 4 000 mètres carrés à 8 francs. . . . . 32 000 francs.

Bâtiments, 2 500 mètres carrés à 30 francs . . . . 75 000 —

Puits artésien ou prise d'eau . 25 000 —

             TOTAL. . . . . . . 132 000 francs.

12 machines motrices compound avec pompe de pression foulant 20 litres environ par tour et marchant à 60 tours avec accumulateurs, à 90 000 francs l'une . . . . 1 080 000 —

REPORT. . . . . 1 212 000 francs.

25 chaudières multitubulaires, à 13.000 francs l'une. 325 000 —

Canalisations intérieures, valves et robinets . 75 000 —

Divers et imprévus . . . . 20 000 —

TOTAL. . . . . . . 1 632 000 francs.

Canalisation double, de l'usine jusqu'en ville . 68 000 —

TOTAL GÉNÉRAL. . . 1 700 000 francs.

Frais d'exploitation.

(Six heures de marche par jour à 864 mètres cubes par heure de marche.)

Charbon, 5 kilogrammes par mètre cube (pression : 60 atmosphères). — 25 900 kilogrammes à 12 francs la tonne . . . . . . fr. 310 80

Allumage . . . . 20 »

Huile et graisse . . . . . . 72 »

Éclairage de l'usine. . . . . 10 »

Personnel ouvrier :

18 chauffeurs à 4 francs . . . 72 »

10 mécaniciens à 6 francs. . . 60 »

JOURNELLEMENT . fr. 541 80

PAR AN . . . . . . 198 852 francs.

Amortissement et intérêt sur 1 700 000 francs à 10 p. %. . . . . 170 000 —

Assurance . . . . 2 000 —

Contributions . . . . 3 500 —

Frais de bureau . . . . 5 000 —

1 ingénieur. . . . . 5 000 —

Commis et comptables . . . . 10 000 —

2 magasiniers . . . . 3 200 —

Entretien des machines à 2 p. % sur 1 400 000 francs . . . . 28 000 —

TOTAL. . . . . 425 552 francs.

Imprévus . . . . 2 448 —

Pour une production de 1 800 000 mètres cubes d'eau. 428 000 francs.

Soit environ 24 centimes le mètre cube.

Un mètre cube fourni au point central est encore à
50 atmosphères de pression. Le prix du cheval-heure est de
13 centimes en cet endroit.

Cette eau coûte, comme il est dit plus haut,

24 centimes le mètre cube

à la pression de 50 atmosphères et *au centre de la ville.*

A ce coût viendrait s'ajouter celui de l'intérêt de la canalisation des rues, de l'entretien de cette canalisation, peut-
être de quelques accumulateurs isolés destinés à régulariser
la pression; enfin il doit être majoré dans le rapport
de $\frac{50}{45}$ en admettant que la canalisation des rues soit établie
de façon à réduire en moyenne de 5 atmosphères la pression
initiale de l'eau motrice.

Nous ne tiendrons compte que de la majoration de $\frac{50}{45}$ due
à la perte de charge, négligeant ainsi l'amortissement de la
canalisation secondaire comme nous l'avons fait pour l'électricité.

Nous obtenons ainsi finalement, pour le cheval-heure
fourni, le prix de

19 centimes.

CHAPITRE VINGT ET UNIÈME.

AIR COMPRIMÉ.

196. — Nous allons suivre ici la même marche que pour l'eau.

Une installation pour l'air comprimé comporte les chaudières nécessaires à la production de la vapeur et les appareils de compression qui pourraient être, par exemple, des moteurs à vapeur compound actionnant des compresseurs Dubois et François. Ces machines auraient, dans le cas qui nous occupe, 565 millimètres de diamètre et 1.20 mètre de course et feraient 28 tours. Une de ces machines produirait par minute 5 904 litres d'air comprimé à une tension de 4.5 atmosphères, soit à une pression de 3.5 au delà de la pression atmosphérique.

Il y aurait lieu d'installer des réfrigérants et, à cet effet, de disposer d'un notable volume d'eau froide. Si on ne possède pas d'eau en abondance, on peut la refroidir en la laissant couler sur des empilages de fascines ou employer d'autres dispositifs de ce genre (soit dit en passant cette opération qui dégage de la vapeur d'eau en plein air est de nature à rendre incommode l'installation dans un centre habité).

En posant le problème comme dans les cas précédents, nous devons nous demander quelle serait la quantité d'air à produire pour fournir aux consommateurs 1 200 chevaux disponibles.

A cet effet, nous nous imposerons la condition de fournir l'air comprimé au consommateur à une tension de 4.125 atmosphères, soit à une pression (manométrique) de 3.125 atmosphères.

Pour cela, il faudra ne perdre, entre l'usine de production

et le point de consommation, que 0.375 atmosphère. Il est aisé de disposer la canalisation des rues de façon à ne perdre que 0.125 atmosphère et, comme nous le verrons, d'établir éventuellement la grande canalisation de 1 500 mètres entre l'usine et le point central de façon à ne perdre que 0.250 atmosphère.

L'air étant fourni au consommateur à 4.125 atmosphères de tension, ce gaz sera susceptible de développer par mètre cube (d'après la loi de Mariotte), un travail de

$$p_0 \log. \text{ nép. } \frac{v_1}{v_0},$$

p_0 étant la pression, v_0 le volume avant la détente, v_1 le volume après la détente.

$\frac{v_1}{v_0}$ est en raison inverse des tensions, donc

$$\frac{v_1}{v_0} = 4.125,$$

$$p_0 = 4.125 \times 10.333.$$

Donc le travail, dont 1^{m3} est capable, vaut

$$4.125 \times 10.333 \times 1.4191 = 60.487 \text{ } kilogrammètres.$$

Pour produire 1 200 chevaux qui font 90 000 kilogrammètres il faudra donc un volume de 1.488^{m3}.

Si l'usine est centrale, les machines devront y produire, par seconde, un volume d'air de

$$\frac{1.488 \times 4.125}{4.250} = 1.450^{m3},$$

à la tension de 4.25 atmosphères.

Si l'usine est à distance, elle devra produire, par seconde, un volume d'air de

$$\frac{1.488 \times 4.125}{4.500} \text{ mètres cubes,}$$

comprimé à la tension de 4.5 atmosphères, soit 1.370^{m3}.

Dans un cas comme dans l'autre il faudra 15 machines comme celle décrite plus haut, à moins qu'on ne parvienne à établir, ce qui ne paraît pas douteux, un type de machine plus fort et par suite plus économique.

La première question à résoudre, c'est de savoir s'il est plus avantageux de se placer au centre de l'agglomération ou bien en un point distant de 1 500 mètres.

Comme nous l'avons vu dans le cas précédent, l'économie à réaliser sur l'achat du terrain est de 768 000 francs.

La dépense de combustible est sensiblement proportionnelle à la pression initiale.

Pour 4.5 atmosphères de tension les machines prévues consommeront, par mètre cube d'air fourni, 0.57^k de charbon. Elles consommeraient par conséquent en moins 0.01^k pour fournir l'air à 4.25 atmosphères de tension.

Or, il faudrait fournir $1.488^{m3} \times 60 \times 60 \times 2\ 200$, soit $11\ 784\ 960^{m3}$; il faudrait donc brûler en plus $117\ 849^k$ de charbon, soit 118 tonnes à 12 fr. la tonne, soit 1 416 fr.

Quant à la canalisation, elle devrait avoir, comme nous le verrons, environ 43 centimètres de diamètre et pourrait, dans ces conditions, coûter 75 000 francs.

Il n'y a donc pas à hésiter quant au choix de l'emplacement et, de même que pour l'eau, nous n'étudierons que l'établissement de l'usine centrale à 1 500 mètres du point central de la consommation.

Il reste à établir que le tuyau d'amenée n'aura pas pour conséquence de réduire la pression plus qu'il n'est supposé dans les calculs indiqués ci-dessus.

Or cela résulte des formules qui donnent cette perte de pression. Désignons par p la colonne liquide ayant pour densité celle du fluide qui circule dans le tuyau d'amenée. Dans l'espèce, cette densité est 0.006 14, celle de l'eau étant 1.

Soit v la vitesse de l'air dans le conduit d'amenée, d le diamètre de ce conduit et l sa longueur.

Nous aurons

$$v = 29 \sqrt{\frac{p \times d}{l + .42d}}.$$

Le débit de la conduite étant, comme nous l'avons vu, 1.45^{m3} environ, par seconde, et la section, en supposant $d = 0.43^m$, étant de 1 452 centimètres carrés, la vitesse sera de 10^m et nous aurons

$$p = \frac{10^2 \times 1518}{10^2 \times 0.43} = .419.50^m;$$

à raison de 6.14^k par mètre cube, cela fait, sur un mètre carré, $2\,572.75^k$ et, en atmosphères, 0.249.

Il nous reste à évaluer, comme précédemment, le coût de l'installation et de l'exploitation.

DEVIS ESTIMATIF.

Coût de l'installation.

Terrain, 4 000 mètres carrés à
8 francs. . . . . 32 000 francs.
   Bâtiments, 2 500 mètres carrés
à 30 francs. . . . . 75 000   —
   Puits artésien ou prise d'eau . 25 000   —

                TOTAL. . . . . . 132 000 francs.

   15 machines motrices, avec compresseurs capables de fouler chacun 5 900 litres par minute, prix : 4.500 francs . . . . 675 000   —
30 chaudières multitubulaires à 13 000 francs . 390 000   —
Canalisation intérieure, robinetterie, etc. . . 75 000   —
Appareils à refroidir l'eau. . . . . 150 000   —
Divers et imprévus . . . . 53 000   —

              TOTAL. . . . . . 1 475 000 francs.
Canalisation vers la ville, 1 500 mètres . . . 75 000   —

             TOTAL GÉNÉRAL. . . 1 550 000 francs.

Frais d'exploitation.

(Six heures de marche par jour, à 5 356.80 mètres cubes par jour.)
Charbons, 0.57^k par mètre cube.

18 000 tonnes à 12 francs. . . .	216 francs.
Allumage	20 —
Huile et graisse	80 —
Éclairage de l'usine.	10 —
Personnel ouvrier :	
24 chauffeurs à 4 francs . . .	96 —
12 mécaniciens à 6 francs. . .	72 —
JOURNELLEMENT . .	494 francs.

PAR AN	180 310 francs.
Amortissement et intérêt sur 1 550 000 francs .	155 000 —
Assurance	2 000 —
Contributions	3 500 —
Frais de bureau	5 000 —
1 ingénieur.	5 000 —
Commis et comptables.	10 000 —
2 magasiniers	3 200 —
Entretien des machines à 2 p. %. sur 1 065 000 francs	21 300 —
TOTAL.	385 310 francs.
Imprévus	2 690 —
TOTAL GÉNERAL. . .	388 000 francs.

Pour 5 356^{m3} fournis au centre de la ville pendant 2 200 heures, soit par mètre cube : 3.45 centimes.

Ce coût se majorerait, pour correspondre à la fourniture au consommateur, de l'intérêt annuel et de l'entretien de la canalisation des rues, et devrait en outre se majorer dans la proportion de $\frac{34}{33}$ pour tenir compte de la perte de pression dans cette canalisation.

Le coût du cheval-heure, au point central, est de 16.4 centimes, à majorer dans la proportion ci-dessus indiquée pour avoir le prix de la fourniture à domicile.

On obtient ainsi, en négligeant l'amortissement de la canalisation secondaire, le prix de

17.2 centimes

par cheval fourni et par heure.

CHAPITRE VINGT-DEUXIÈME.

197. Gaz d'éclairage. — Théoriquement, un mètre cube
de gaz d'éclairage contient 6000 calories, soit une puissance de 9.3 chevaux pendant une heure. En réalité, il faut,
horairement, un peu plus de 1 mètre cube de gaz pour
produire un seul cheval-moteur.

Il semblerait au premier abord que, dans une étude comparative, nous ne devrions pas tenir compte de cette imper-
fection du rendement des moteurs à gaz actuels, puisque
nous cherchons à comparer les prix de revient d'une unité
d'énergie théoriquement disponible.

Nous ferons observer que tous les modes d'énergie dont
nous disposons, l'électricité aussi bien que l'eau ou l'air
comprimé, prennent leur source dans la chaleur de
combustion du charbon. Les machines à vapeur sont les
premiers organes de nos transformations. Or, théoriquement, un kilogramme de houille contient 8 000 calories,
et devrait fournir une puissance de 12.7 chevaux pendant
une heure. Pratiquement, dans les meilleures installations,
il n'en fournit qu'un seul ; son rendement ne dépasse
pas 8 %.

Or, en calculant le coût d'une unité d'énergie électrique
fournie, nous avons admis ce rendement défavorable des
machines à vapeur, parce qu'il est fatal, inévitable ; on
perdra toujours dans les chaudières le calorique latent de
vaporisation.

Mais que demain l'on réussisse à mieux utiliser la chaleur

comme source de force mécanique, ce qui augmenterait le rendement des moteurs à gaz ; à l'instant le coût de l'énergie électrique diminuerait dans la même proportion, puisqu'à la machine à vapeur on substituerait, pour actionner les dynamos, ces nouveaux moteurs perfectionnés. On ferait de même pour la compression de l'eau et de l'air.

Donc, pour que les résultats soient comparables, nous ne pouvons compter la fourniture d'un mètre cube de gaz par heure que comme l'équivalent d'une unité d'énergie disponible. Évaluons pareille fourniture à 10 centimes, en moyenne.

198. Résumé. — L'unité d'énergie disponible, fournie au consommateur, coûte par heure, sous forme de :

Centimes.

1 mètre cube de gaz d'éclairage. 10
4 464 mètres cubes d'air comprimé à 4.125 atmosphères . 17
580 mètres cubes d'eau comprimée à 45 atmosphères . . 19
736 watts, fournis, à 100 volts, par une usine électrique dans un rayon de 500 mètres au cœur de la ville 19
736 watts, fournis, à 100 volts, par une usine électrique éloignée de 1 500 mètres et ne desservant qu'une région centrale de 500 mètres de rayon 26.5

199. — Il nous reste à examiner, comparativement, de quelle façon et à quel prix le consommateur pourrait utiliser ces fournitures

a) pour la force motrice,

b) pour l'éclairage.

Et nous considérons les petits consommateurs, qui forment majorité, puisque là où il faut, soit une grande puissance (au delà de 10 chevaux, par exemple), soit un éclairage considérable ; la production individuelle, sur place, sera toujours plus économique.

Nous considérons donc le consommateur demandant : soit une force motrice d'un seul cheval, effectif, soit un éclairage qui ne dépasse pas 24 carcels.

Nous supposons une durée de consommation annuelle de 2 200 heures (6 heures par jour en moyenne).

Et nous obtenons les résultats suivants :

200. Gaz d'éclairage. — *Pour la lumière au gaz :* le gaz est utilisable directement, il suffit de l'allumer :

Le gaz étant à 10 centimes le mètre cube (prix de revient et non de vente, remarquons-le bien), le gaz-carcel coûtera

$$1.4 \text{ centimes par heure.}$$

Pour la force motrice : les moteurs à gaz actuels sont devenus pratiques, et leur rendement théorique est comparable à celui des bonnes machines à vapeur.

Un moteur de 1 cheval coûte en moyenne, installation comprise, 1 500 francs ; l'intérêt et l'amortissement de cette somme à 10 °/₀, répartie sur 2 200 heures, est égal à

$$6.8 \text{ centimes par heure.}$$

La consommation, en gaz, étant de 1 mètre cube par cheval, le travail du moteur coûte, en somme,

$$16.8 \text{ centimes par heure.}$$

Nous négligeons le prix de l'eau nécessaire au refroidissement de la machine, parce qu'avec des refroidisseurs convenables on peut récupérer de la chaleur et l'utiliser en hiver pour le chauffage des appartements.

Nous négligeons également le salaire du surveillant parce qu'en général cet homme s'occupe en même temps d'autre chose. Mais on doit noter qu'une machine à gaz, si bonne qu'elle soit, ne peut être abandonnée à elle-même.

Pour la lumière électrique. — En complétant l'installation par une machine dynamo et quelques accessoires, le moteur à gaz procurera la lumière électrique aux prix suivants :

	Centimes.
Amortissement des machines électriques	3.8
Coût du travail mécanique	16.8
TOTAL.	20.6

L'installation procurera : par lampes incandescentes, 16 carcels ; par lampes à arc, 60 carcels.

	Centimes.
Le « carcel-incandescent » revient ainsi, par heure, à. . . .	1.3
Le « carcel-arc » — — . . .	0 3

Abstraction faite ici de l'usure des charbons et des lampes, ce que nous ferons aussi dans les cas suivants, pour que les résultats restent comparables.

201. Usine électrique centrale. — En supposant une distribution électrique dans une région centrale de 500 mètres de rayon nous obtenons les résultats suivants :

Pour l'éclairage : la lumière s'obtient directement : elle coûtera au consommateur, au prix de revient, et abstraction faite de l'usure des lampes,

	Centimes.
Le « carcel-incandescent » revient ainsi, par heure, à . .	0.8
Le « carcel-arc » — — . .	0.2

Pour la force motrice. — Nous avons vu (§ **181**) que le rendement d'un même moteur électrique varie suivant la quantité de travail qu'on lui fait exécuter. A la puissance maxima correspond un rendement de 50 %. Supposons, dans un premier cas, que l'on adopte cette allure. Le prix du moteur correspondant peut s'évaluer à 600 francs. Il n'exige pas de surveillance. L'amortissement répartie sur 2 200 heures est 2.7 centimes par heure, et la consommation d'énergie électrique sera, pour un cheval effectif,

38 centimes.

D'où, pour le prix de revient du cheval par heure,

40.7 centimes.

Mais on voit immédiatement que, le coût de l'amortissement étant minime en comparaison de celui de la consommation d'énergie, il vaut mieux adopter un moteur plus puissant, coûtant, par exemple, le double, et qu'on mettrait à l'allure qui correspond à un rendement de 75 %.

L'amortissement coûterait alors 5.4 centimes, et la consommation d'énergie électrique 25.0 centimes ; soit en chiffres ronds

30 centimes

pour le prix de revient du cheval effectif.

C'est une donnée pratique que nous adopterons.

202. Eau comprimée à 50 atmosphères. — *Pour la force motrice.* — Les moteurs hydrauliques ont un rendement qu'on peut évaluer à 75 %. Leur prix est peu élevé, quoique variable suivant le genre de travail qu'ils sont appelés à produire. Dans ces circonstances, il est difficile d'établir, en général, le prix du cheval-heure, obtenu à l'aide de l'eau sous pression. Nous l'évaluons en moyenne à

28 centimes,

y compris l'amortissement du moteur.

Pour l'éclairage électrique. — Il n'existe pas encore de

petits moteurs hydrauliques, marchant convenablement ou économiquement, sous une allure rapide, à des pressions élevées; et qui conviennent pour la production de la lumière électrique.

Mais le problème nous paraît susceptible de solution pratique. Nous nous figurons même que, dans un avenir peu éloigné, on verra de petits moteurs actionnant directement l'armature d'une dynamo, et n'exigeant ni surveillance, ni entretien.

Il nous semble que le prix de ces petites installations, occupant très peu de place, sera très favorable; ne dépassera pas, par exemple, 1 000 francs, et que le rendement *total* pourra s'élever à 5o °/₀.

Si ce programme était réalisé, le prix de la lumière électrique serait : par carcel incandescent,

Centime.

Par « carcel incandescent » et par heure. 1.8

Par « carcel-arc »   — o.4

donc un peu plus élevé que le prix du carcel électrique obtenu par l'intermédiaire du moteur à gaz; mais on serait affranchi de la nécessité et des frais de surveillance qu'exigent le moteur à gaz et les machines à vapeur.

Et dans ces conditions, l'éclairage électrique pourrait se généraliser très rapidement.

203. Air comprimé. — Ce que nous venons de dire de l'eau comprimée s'applique également aux moteurs à air, encore peu en usage et peu connus. Le prix de l'air comprimé par unité d'énergie est un peu moins élevé que celui de l'eau à haute pression, mais il est probable que le rendement des moteurs à air sera toujours inférieur à celui des moteurs hydrauliques.

204. Résumé. — A notre avis, l'unité de lumière : le

carcel; et l'unité de puissance motrice : le cheval effectif, s'obtiennent ou pourront s'obtenir aux prix suivants :

En centimes par heure :	Un cheval moteur.	Carcel-gaz.	Carcel incandescent.	Carcel-arc.
Par le gaz d'éclairage et sans compter les frais de surveillance	16.8	1.4	1.3	0.3
Par une distribution d'eau ou d'air comprimé.	28.0	—	1.8	0.4
Par production individuelle, sur place, à la vapeur, la puissance de l'installation égalant au moins 10 chevaux et frais de surveillance compris. . .	15.0	—	0.8	0.2
Par usine électrique desservant un rayon de 500 mètres. . .	30.0	—	0.8	0.2
Par usine électrique distante de 1 500 mètres.	40.0	—	1.1	0.25

Ainsi donc, fabriquée sur place, à l'endroit même de la consommation, et pourvu que celle-ci soit assez importante pour répartir, sur un grand nombre de lampes, les frais d'amortissement et de surveillance, la lumière électrique par incandescence est moins chère que la lumière du gaz.

Quant à la lumière des arcs, elle est dans les mêmes conditions : sept fois plus économique.

Mais le coût de l'énergie électrique à fournir augmente rapidement avec les distances.

CHAPITRE VINGT-TROISIÈME.

CONCLUSION.

205. — Certes, toute considération économique étant écartée, il n'est pas un mode d'énergie qui se prête, mieux que l'électricité, aux exigences d'une distribution. Rien n'est plus commode que le placement et la conduite d'un fil de cuivre qui, sous un diamètre relativement faible, amènera, en tel point que l'on veut, cet agent si souple que nous nommons le courant électrique. Et celui-ci, par des machines aussi simples que peu encombrantes, se transforme à volonté en chaleur, en lumière, en travail mécanique, etc.

Il n'est pas étonnant qu'à l'époque de l'exposition internationale d'électricité à Paris, en 1881, où la praticabilité de la production et de l'utilisation industrielle de l'électricité fut démontrée sur une si grande échelle, de vastes projets furent conçus et énoncés, et que furent prédites des révolutions totales dans l'art d'éclairer, de chauffer, et de produire l'énergie mécanique.

L'engouement de la première heure fit même entrevoir l'utilisation des énergies naturelles telles que le vent, les marées, les cours d'eau et les chutes, pour la satisfaction des besoins multiples que le progrès et la civilisation ont créés dans les grands centres de population.

Je ne demanderais pas mieux que de pouvoir encourager ces espérances. Mais l'homme technique, comme l'historien, se doit à la vérité avant tout, à ce qu'il croit être la vérité.

Pour nous :

L'électricité ne se prête pas à un transport économique, c'est la conséquence fatale de la loi de Joule.

Il est possible de créer au cœur d'une grande ville, là où l'on peut compter sur une consommation très importante, concentrée en un espace restreint, une usine centrale d'électricité, pour lutter avantageusement avec le gaz au point de vue purement économique. Mais l'avenir n'est pas aux usines centrales d'électricité, le consommateur de quelque importance ayant tout intérêt à produire lui-même, chez lui, l'énergie électrique dont il peut avoir besoin.

Des usines centrales, desservant des zones *restreintes,* existent déjà dans quelques grandes villes d'Europe. Elles livrent aux consommateurs le cheval électrique effectif aux prix moyens suivants, par heure :

Hambourg	. . . . fr.	1.07
Rome	. . . .	0.98
Turin	. . . .	1.10
Toulouse	. . . .	0.98
Paris	. . . .	0.98
Amsterdam	. . . .	1.04

Disons en moyenne un franc par heure.

Or, pour une installation de 100 lampes de 2 carcels, le prix de revient du cheval électrique effectif, obtenu sur place, par fabrication individuelle, peut être estimé à

22 centimes par heure,

abstraction faite du loyer de l'emplacement occupé par les machines mais en comprenant les frais du personnel.

Ces chiffres sont suffisamment éloquents par eux-mêmes : ils disent clairement : *l'électricité ne se prête pas à un transport économique.*

Dans l'état actuel de nos connaissances il faut renoncer à l'idée d'une grande usine distribuant, *directement,* l'électricité sur toute une ville, portant dans chaque maison et jusqu'aux endroits les plus reculés d'une agglomération, l'agrément et les avantages hygiéniques de l'éclairage par l'électricité.

Il faut également renoncer à l'idée de voir chaque atelier, chaque petit industriel, puiser la force motrice à ci tte usine unique.

Quant aux forces naturelles : si l'on voulait utiliser, par exemple, le travail d'une chute d'eau pour le distribuer dans toute l'étendue d'une ville voisine, je ne pense pas que le moyen le plus économique. soit la transformation, sur place, de ce travail en énergie électrique et sa distribution sous cette forme d'énergie. Mieux vaudrait utiliser le travail de la chute, par exemple, à comprimer l'eau dans des accumulateurs, qui fouleraient le liquide dans une canalisation s'étendant à toute la ville.

Puis, pour l'éclairage électrique, on pourrait installer un grand nombre de petites usines dont les machines dynamo-électriques seraient actionnées par l'eau comprimée, et qui desserviraient chacune un rayon très restreint.

Pour l'eau, l'air, ou les gaz sous pression, la loi économique du transport est toute différente que pour l'électricité. Ceux-là ne subissent pas la loi de Joule.

L'eau et l'air comprimés sont susceptibles, comme le gaz d'éclairage, d'être distribuée économiquement sur toute l'étendue occupée par une vaste population. Ils sont de la force motrice, et, comme tels, peuvent produire l'électricité chez le petit consommateur.

C'est dans cette direction que doivent tendre les efforts des innovateurs. Que l'on cherche à simplifier le moteur à gaz, que l'on trouve des turbines hydrauliques irréprochables, ou des moteurs à air de bon rendement, et le problème de la distribution économique de l'énergie sera résolu, en même temps que celui de la lumière électrique à bon marché.

Aux États-Unis d'Amérique, les applications de l'électricité ont pris une extension bien plus grande que dans la vieille Europe. C'est que, là-bas, on s'inquiète bien moins de ce que coûte une chose, pourvu qu'elle soit bonne, commode, agréable et belle. Tout progrès y est toujours bien accueilli. Cela va-t-il bien ? — Oui ! — Qu'est-ce que cela coûte ? — Peu importe !

On y est aussi moins prudent.

A haute tension l'électricité se transporte relativement à bon compte, mais elle devient dangereuse pour ceux qui manient les appareils et les fils. Dans plus d'une ville américaine les transports électriques se font couramment à 4 000 volts ; mais on n'y compte pas les victimes de ces potentiels élevés.

A 100 volts l'électricité est inoffensive, mais son transport est onéreux.

INDEX ALPHABÉTIQUE.